中外语言应用研究丛书

AI视野下动态语境构建研究

U0151456

A Study on the Dynamic Context Construction from the Perspective of Artificial Intelligence

高文利 ● 著

上海交通大学出版社
SHANGHAI JIAO TONG UNIVERSITY PRESS

内容提要

　　智能机器人实现深度自然语言理解,理解人们的交际意图需要动态构建语境。本书首先讨论了语境的定义:语言理解时工作记忆中激活的情景知识、上下文知识和背景知识;然后讨论了语境知识的形式化表示方法:静态的实体知识表示及动态的事件知识表示;最后分别研究了情景语境、上下文语境和背景语境的动态构建方法。

　　本书综合运用语用学、知识表示、人工智能等领域的相关知识,尝试探索出实现动态语境构建的可操作性方法,为最终实现交际意图识别铺下一块前进的基石。

　　本书适合对语言学、语用学、自然语言理解、人工智能等领域感兴趣的本科生、研究生阅读。

图书在版编目(C I P)数据

　　AI 视野下动态语境构建研究 / 高文利著. — 上海 ：
上海交通大学出版社,2021.9
　　(中外语言应用研究丛书)
　　ISBN 978 - 7 - 313 - 25284 - 5

　　Ⅰ.①A… Ⅱ.①高… Ⅲ.①人工智能语言－研究
Ⅳ.①TP312.8

　　中国版本图书馆 CIP 数据核字(2021)第 165035 号

AI 视野下动态语境构建研究
AI SHIYE XIA DONGTAI YUJING GOUJIAN YANJIU
....

著　　者:高文利				
出版发行:上海交通大学出版社		地　　址:上海市番禺路 951 号		
邮政编码:200030		电　　话:021 - 64071208		
印　　刷:上海万卷印刷股份有限公司		经　　销:全国新华书店		
开　　本:710mm×1000mm　1/16		印　　张:18.5		
字　　数:299 千字				
版　　次:2021 年 9 月第 1 版		印　　次:2021 年 9 月第 1 次印刷		
书　　号:ISBN 978 - 7 - 313 - 25284 - 5				
定　　价:78.00 元				

宁波财经学院人文学院资助出版

教育部人文社会科学研究规划基金(18YJAZH021)阶段性成果

前 言

我们正在步入智能化时代,各种智能机器人正在逐步走入我们的生活。人们渴望能用自然语言与智能机器人进行交互,甚至还梦想这种人机交互能如同人与人之间的交流那样自然、顺畅、高效。而人们之间的言语交际的实质就是一个利用话语的字面意义激活动态语境知识实现交际意图的表达和识别的言语行为过程。而要实现"交互意图识别",首先得根据话语信息的"提示",从海量的人类知识中构建出"动态语境",然后才能运用动态语境中的相关知识来进行"意图推理",从而识别交际意图。学者们在语境领域的研究成果非常丰硕,从静态语境、到动态语境,再到认知语境,取得了重大进展,为动态语境构建研究打下了坚实的基础。但目前从人工智能(artificial intelligence, AI)视野,以"机"为研究导向,来深入探讨语境的本质,探索可操作性的语境构建方法的研究成果不多,如何动态构建语境还是一个急需研究的课题。本书从语境的本质、语境知识及其表示、语境动态构建过程三方面进行了探索。

一、语境的本质

言语交际则是指人们运用语言这一工具传递信息、交流思想,以达到某种目的的社会活动。会话含义理论认为言语交际的关键在于合作原则,违法合作原则就会产生会话含义;言语行为理论认为,言语交际是"以言行事"的言语行为,一个言语行为可以看成是由叙事行为、施事行为、成事行为组成的。关联理论认为言语交际的关键在于关联性,即如何获取最佳关联。本书认为,交际意图先于言语交际行为存在,是言语交际行为的启动因素和终极目标,发话人的言语表达围绕这个核心,受话人的言语理解也是在追寻这个核心。总之,言语交际的实质就是交际意图的传释。

在言语交际中，语境起到了至关重要的作用。认知心理学认为，我们理解世界的范围和程度取决于我们的认知能力和已有的知识结构，也就是说，参与主体话语理解的只能是我们认识到的世界的部分面貌，它们以知识的方式被我们把握。语境是主体话语理解所需的相关知识，并且是发话者和受话者的共有知识。因而本文尝试给出的语境定义是：语境是为了实现交际意图的传释而试图激活的交际双方共有的知识。

根据这些知识的来源，我们可以把语境进一步细分为上下文语境、现场语境和背景语境。这些知识如果来源于上下文，我们就称之为上下文语境；如果来源于交际现场，我们就称之为现场语境；如果来源于交际双方的长时记忆，我们就称之为背景语境。上下文语境又可以分为前言和后语；现场语境包括时间、空间、言语交流方式、发话人现场信息、受话人现场信息；背景语境又可以分为社会知识、个人背景信息两部分。

根据言语交际主体的不同，我们还可以把语境分成表达语境和理解语境。表达语境是在言语交际中，发话者为了使受话者理解一段主体话语所传递的真正意义（交际意图）而试图激活的交际双方共有的相关知识命题。理解语境是在言语交际中，受话者为了理解发话者的一段主体话语所传递的真正意义（交际意图）而激活的交际双方共有的相关知识命题。由于本书的研究目的是实现深度自然语言理解而探索语境的动态构建方法，因而本书只讨论理解语境的构建问题。

本书认为，理解语境构建的实质是受话者为了理解发话者的交际意图，根据发话者给出的各种"提示"中寻找"线索"，激活交际双方共有的相关知识命题，并将相关知识命题调入工作记忆的过程。据此，本书提出了一个理解语境的构建模型。在该理解语境的构建模型中，输入的信息只有来自交际现场所感知的话语信息和交际场景的信息。理解语境的构建过程就是获取交际现场的各种信息，获取话语信息并调用语言知识解析，并将话语所涉及的各种实体、事件的相关信息、背景知识调入工作记忆中的过程。

二、语境知识及其表示

要想对语境知识进行"计算"（计算机处理），首先就得运用恰当的知识表示方法来表示语境知识。知识表示是为描述世界所作的一组约定,是知识的符号化、形式化或模型化,是把人类知识表示成机器能处理的数据结构和系统控制结构的策略。常用的知识表示方法有一阶谓词逻辑、产生式规则、语义网络、框架、面向对象、Petri 网等,每种知识表示方法各有利弊。

本体是为了知识的共享、重用而建立的概念模型的明确的形式化规范说明,是知识表示的顶层设计。本体具有详尽性、专业性、明确性、形式化、抽象性、目的性、民族性、语言相关性的优点,为知识的表示、共享和重用提供了技术支持。本书的主要目的是探索通用的语境知识表示方法,自然追求语境知识能在整个语义网络中进行共享,因而本书采用本体的知识表示方法来表示语境知识。

为了解决智能系统所需的知识,国内外相继建成了许多本体库,如 WordNet、VerbNet、FrameNet、ConceptNet、HowNet、HNC 等,极大地推进了对人类知识的再认识。但从实现交际意图识别的研究目的来看,这些本体库仍存在一些不足:①对实体的相关知识挖掘得还不够。无法实现"蛋糕"与"奶油""蛋糕"与"蜡烛"间的联想,而这些都是人们在言语交际中理解话语所必备的常识。②对事件的动态过程的相关常识挖掘得不够。③对事件与相关实体间的联系挖掘得还不够。如"过生日"事件与"蛋糕"的联系,"付款"事件与"手机"的联系。

知识就是人们对客观世界的反映,构建语境知识本体时就不能不受到对客观世界的宏观定义的制约。我们从哲学角度定义客观世界:世界上万事万物的共同本原是物质;一切物质都存在一定的时间、空间之中;物质世界处于永恒的运动之中;相对静止是重要的,任何事物的发展都是绝对运动和相对静止的统一;相对静止时,物质表现为一定存在状态;绝对运动时,事件表现为事件参与实体的状态在时间流中的变化。这样,从相对静止的视角来看世界,世界可以表示为各种实体的知识:实体及其存在状态;从绝对运动的视角来看世界,事件可以表示为各种事件的知识:事件参与实体的状态在时间流中的变化。总之,世界知识可以看成实体知识和事件知识的集合。

实体可以分为时间、空间、万物、构件四类。每一个实体知识(即存在状态)可以从结构、属性、关系三个角度来描述。

(1)从结构的角度来看,实体都由若干构件组成。我们首先把构件分为生物构件和非生物构件。生物构件具有不可分离性,他们必须依附于实体整体;而非生物构件则是可分离的,可以脱离实体整体单独存在。然后我们把生物构件进一步细分为植物构件和动物构件。植物构件如根、茎、叶、花、果,动物构件如头、躯干、四肢等。还可以进一步细分为一般构件和专门构件,如"鸟"的专门构件有羽毛、翅膀、冠等;"鱼"的专门构件有鳃、鳞、鳍等。

(2)一切事物和存在都表现为一定的性状和数量,即表现为属性的集合。实体属性知识可以这样表示:(属主,属性名,属性值),其中属性名描述的是属性的名称,如"性别"就是人的一个属性;属性值描述实体对象的某个属性的具体取值,如用"男"或"女"来表示人的"性别"属性的具体取值。我们可以从生理属性、心理属性、社会属性、物理属性这四个角度来详细描写实体的相关属性,其中前三者主要是人类相关的,最后的物理属性主要是物体相关的。

(3)世界是普遍联系的,实体间存在各种各样的关系。关系包括静态关系和动态关系,但动态关系属于动态的"事件"知识,后面再讨论。这里暂时只讨论静态关系,如实体间的静态空间关系。静态空间关系主要包括拓扑关系、方位关系和距离关系。空间对象经过拓扑变换后始终保持不变的空间关系,这被称为拓扑关系,如相交、相邻、相离、包含于、包含、内切等都属于拓扑关系。在静态的空间里,目标物是通过参照物来确定位置或方向的。参照系有绝对参照系、相对参照系、内在参照系。距离反映了空间实体之间的几何接近程度,距离关系描述是人们日常生活对话中最常出现的描述之一。

辩证唯物主义的物质观认为,物质处于永恒的运动之中,运动则是绝对的、无条件的和永恒的;同时并不否认静止的存在,并认为相对静止是重要的,任何事物的发展都是绝对运动和相对静止的统一,都是动和静的结合与统一。如果在某一观察时刻,某实体的状态没发生变化,那该实体就处于相对静止状态,因而也就不构成事件。综上所述,本书把事件定义为实体状态在时间流中的变化。

关于事件本体的研究才刚刚起步,但刘宗田的事件六元组是一个突破性成果,开始摆脱了过去用静态概念的方式来表示事件本体的做法。现有的事件本体存在如下不足:①对事件的动态过程描述不充分。②对事件的更小粒度的组成事件挖掘得还不够。③对事件与相关实体间的联系挖掘得还不够。④对事件间的相互影响的常识知识挖掘得还不够。

本书采用对象快照模型来表示事件知识。在对象快照模型中,实体对象被描述为时间快照的序列,即设$\{t_i\}$为实体对象O生命周期内的一个时间分割,实体对象被描述为:O=｛O_{ti}｝,这里 O_{ti} 表示实体对象 O 在时间点 t_i 的一个快照,一个快照就是该对象的一个状态,包含该对象的所有特征,并且这些状态可能在时间流中发生变化。该模型既可以表示静态的知识,即在所观察的时间段内,实体的存在状态没发生变化;也可以表示动态的知识,通过描述时间流中的实体状态来揭示运动变化,如"他昨天从宁波飞到了长沙。"可以通过描述运动的起点和终点,以及乘坐的交通工具来表示动态知识。该模型成功地将静态知识和动态知识统一起来。

　　形式上,一个事件可表示为 e,事件可以表示为:e=｛e_{ti}｝,这里 e_{ti} 表示事件对象 e 在时间点 t_i 的一个快照,一个快照就是该事件对象的一个状态,包含该事件对象的所有特征,并且这些状态可能在时间流中发生变化。

　　形式上,在事件过程中时间点 t_i 的一个事件快照可表示为 es_{ti} ,事件快照可以表示为一个三元组: $es_{ti}=(O_{ti},V_{ti},A_{ti})$,其中, O_{ti} 表示在事件过程时间点 t_i 事件的参与对象; V_{ti} 表示在事件过程时间点 t_i 事件发生的场所及其特征等; A_{ti} 表示在事件过程时间点 t_i 事件的参与对象间的广义作用关系。

　　本书采用"分级描写"方式描写事件动态过程。分级描写就是指把一个大的事件动态过程根据人们的认知习惯分割成相应的数个组成事件,然后又把这些组成事件进一步细分为更小的组成事件,以此类推,直到人们认知习惯上不再进一步分割,然后对这些原子行动进行动态过程描述。本书采用动态图来表示原子行动,即描述在一定时间流中,事件的参与对象的存在状态、环境对象的存在状态、事件参与对象间的作用关系的具体状态。

　　传统的图论主要研究固定节点、固定边的静态图,这种静态图在描述现实世界的真实情况时有着很大的不足,因为在现实世界中,实体对象间的关系却每时每刻都在发生变化。因而需要对传统的图论进行扩展,将静态图进一步扩展到动态图。动态图是指会随时间发生变化的图。在时间域[1,n]上的动态图是一个数据图序列,即动态图可以被描述为一系列图快照的集合,因而我们可以把动态图定义为: $G_D^{[1,n]}=(G_1,G_2,\cdots,G_n)$,其中每一个图快照 $G_i(1\leqslant i\leqslant n)$ 是一张静态图。如果我们承认静态图可以表示世界上实体存在状态,也能表示实体间的所有静态关系,那么,我们就可以用动态图表示世界的一切变化。从动态图的视角来看,世界中的千变万化可以归纳为变属性、变关系、变节点。

　　本书先采用"分级描写"将事件分解到原子行动,然后用动态图来描述原子行动,最后这些动态图再组合起来形成更大的动态图,就实现了对整个事件的动态过程的详细而完整地描述,也就将整个事件的详细过程知识挖掘了出来。

三、语境动态构建过程

语境知识采用了恰当的知识表示方法表示后,我们就看对这些知识进行计算机处理了。我们从现场语境的动态构建、上下文语境的动态构建、背景语境的动态构建三个方面来讨论语境动态构建过程。

(一)现场语境的构建

从受话人现场认知的角度来看,现场语境主要包括言语交际时间、交际空间的现场信息、发话人的现场信息、受话人的现场信息、言语作用的现场信息这些要素。

现场语境的动态构建过程主要包括两个环节:①现场语境知识的获取与表示过程;②现场语境知识在工作记忆中的整合过程。

对于智能机器人来说,现场语境知识的获取过程就是现场语境要素的识别过程,它要经过如下几个过程:①实体识别;②实体关系识别;③场景识别;④行为识别。智能机器人一边在现场语境要素的识别过程中,一边把阶段性的识别成果以恰当的知识表示方法表示后,发送给工作记忆。

在工作记忆中运用 Neo4j 数据库来完成知识整合。Neo4j 数据库是最流行的图模型数据库,具有非关系、易构建关系的特点,为动态图的组织和存储提供了有效方式。Neo4j 数据库基于属性图模型,其存储管理层为属性图中的节点、节点属性、边、边属性等设计了专门的存储方案,这使得 Neo4j 数据库在存储层对于图数据的存取效率天生就优于关系型数据库。

本书采用 Cypher 来完成相关的图操作。Cypher 是一种声明式图数据库查询语言,它具有丰富的表现力,能高效地查询和更新图数据。Cypher 专注于清晰地表达从图中检索什么,而不是怎么去检索。这样用户可以将精力集中在自己所从事的领域,而不用在数据库访问上花太多时间。Cypher 的图操作主要包括对节点及其属性、关系的相关操作。

知识的整合过程就是相关的图操作过程。语境构建系统在收到实体识别结果后,立即在工作记忆中创建相关节点表示相关实体;收到实体关系识别结果后,在相应的两个节点之间创建相应的边;收到场景识别结果后,创建表示场景的节点,并创建场景与相关实体的关系边;收到行为识别结果后,将相应的事件表示在图中。

(二)上下文语境的动态构建

只有句际的上下文语境才是"文"的真实所指。在书面交际中,上下文语境的上限为一本书;在口语交际中,上下文语境的上限为交际的连续性,一旦中断,前面的内容就被认定为背景语境。

由于上下文都是由一个一个的句子组成,上下文语境动态构建过程就是把句子表示的知识用恰当的知识表示方式表示出来,并整合进工作记忆中。由于这些知识存在工作记忆中,对这些知识调用就非常简单了,直接在内存中调用就是。上下文语境动态构建的实质就是把从上下文中获得的相关信息整合进工作记忆中,主要包括语句意义的表示和知识整合两个环节。

语句意义的表示以语句语义的获取为基础,目前这方面还存在很多难题。本书以表示空间关系的句子为例,探索其知识表示方法。本书研究了静态空间关系的表示,这只要用静态图就可以完成静态空间关系的表示。除此之外,本书还探讨了动态空间关系的表示。

动态空间关系又被称为"位移事件",过去的研究成果主要对位移的概念结构进行了全面深入的认知分析,力图解释位移事件的所有概念成分,全面地描述位移事件的概念要素,深入探讨了位移事件概念要素在句中的各种表现形式,这给本书的研究带来极大的启迪,但这些理论是基于语言学视角的研究,主要研究语义成分与句法成分之间的对应关系。本书则是从 AI 视角,探索从句法形式到空间语义的映射方式,探索空间语义的形式化。

通常情况下,大多数实体不会长时期具有恒定不变的空间特征,其空间位置与属性具有随时间变化的特性。本书讨论了如下基本动态时空关系:①移动对象接近参考物;②移动对象到达参考物;③移动对象交叠参考物;④移动对象进入参考物;⑤移动对象交叠而出参考物;⑥移动对象移出参考物;⑦移动对象离开参考物;⑧移动对象远离参考物;⑨移动对象穿过参考物;⑩移动对象返回参考物;⑪移动对象围绕参考物。此外,本书还用动态图将上述这些动态空间关系的相关动态知识表示出来,为空间关系识别及推理打下基础。

上下文语境动态构建的知识整合主要包括两个方面:实体整合和事件整合。其中,实体整合包括实体确定、实体属性整合、实体关系整合;事件整合包括事件确定、事件参与实体整合、事件关系整合。

(三)背景语境的动态构建

来源于长时记忆的语境知识,就是背景语境。本书根据背景语境的知识信息的社会性,即这些知识信息是全社会都应知道的还是仅仅只是言语交际双方才知道的,把背景知识分为社会知识和个人信息。根据社会知识的普及性,本书把社会知识进一步细分为常识和专业知识两部分;根据个人信息的来源,把个人信息进一步细分为发话人信息和受话人信息两部分。

背景语境的动态构建有三个方面:①根据现场语境信息调用背景知识;②根据话语信息调用背景知识;③根据语用推理信息调用背景知识。

目　录

1 绪论

1.1 研究背景与研究意义

1.1.1 研究背景

随着中国社会老龄化现象的日益严重,能够取代人类完成部分工作的服务型机器人越来越受社会关注。近年来,智能服务机器人的研究取得了新的进展,各种智能机器人正在逐步走入我们的生活。为了更好地使机器人为人类服务,人们在寻找最方便的人机交互方式。显然最自然的交互方式莫过于自然语言,因为人们总是习惯用自然语言来表达他的意图。因此人们渴望能用自然语言与机器人进行交互,甚至还梦想这种交互能如同人与人之间的交流那样自然、顺畅、高效,而不是只能全部用祈使句向机器人下达指令。因而自然语言理解就成了人机交互的重要研究内容。

通过自然语言理解的研究历程,我们可以清晰地看到自然语言理解研究的发展脉络:不断为计算机配备越来越多的知识(分词知识→句法知识→语义知识→常识→语境知识→语篇知识……),并"教会"计算机运用这些知识来理解自然语言。目前研究界已经在不同程度上将语音识别、汉语分词、句法分析和语义分析等方面的知识实现了形式化表达,使得这些方面的研究都取得了很大的进展,但有关语用知识的形式化研究却进展缓慢。

人们之间的言语交际的实质就是一个利用话语的字面意义激活动态语境知识实现交际意图的表达和识别的言语行为过程。如人们习惯在家中说"我渴了"来表达"请拿杯水来"的意图,如果家中的服务机器人不能理解这一意图,那也就谈不上有什么智能,也不会受到人们的喜爱。看来,要真正实现运用自然语言进行人机交互,就得攻克"交互意图识别"这一难题。而要实现"交互意图识别",就得根据话语信息的"提示",从海量的人类知识中构建出"动态语境",然后才能运用动态语境中的相关知识来进行"意图推理",从而识别交际意图。

因此动态语境构建方法研究是实现交际意图识别的关键技术之一,也是是实现人机自然交互梦想的关键所在,这一课题具有重要的理论价值与现实意义。

1.1.2　研究意义

就理论价值而言,一方面有助于进一步深化自然语言理解的研究,有助于将自然语言理解的研究内容从脱离语境的字面意义的研究,进一步推进到基于动态语境的交际意图的识别研究。另一方面有助于从言语交际实质的角度来理解智能,为人工智能的框架问题提供哲学的视域和分析方法,从而进一步推动对智能奥秘的探索。

就实用价值而言,一方面有助于智能机器人的人机交互意图推理系统的实现。动态语境的构建是实现人机交互意图推理的前提,而这两者的实现可以为机器人装上超级智能大脑。另一方面有助于提升智能服务机器人的智能交互水平。这样可以改善用户体验,增强产品的市场竞争力,推动我国机器人产业发展。

1.2　国内外研究现状

1.2.1　语境研究的现状及趋势

1.2.1.1　国外的研究现状及趋势

国外的语境研究历史悠长。古希腊哲学家亚里士多德在其《修辞》中就涉及了语境问题[1]。他认为,语境对词语意义的理解具有十分重要的作用。对一个词语意义的判断,要结合它所在的具体语境。在不同的语境中,同样是一个词语,但意义有可能不同。但他并没有明确提出"语境"这一概念,也没有详尽地论述语境的相关问题。

19 世纪初期,美国的哲学家皮尔士(C. S. Peirce)提出"索引词语"这一新概念,拉开了西方语境研究的帷幕[2]。他认为像"I""you""he"等索引词语对语境有着很强的依赖性,脱离了具体语言环境,索引词语就无法确定其实际所指的内容,所以语境对确定索引词语的具体意义作用巨大。

德国语言学家魏格纳(Philipp Wegener)最先于 1885 年提出"语境"这个语言学概念,但其"语境思想在语言学界并没有引起很大反响"[3]。德国逻辑学家弗雷格(Gottlob Frege)被认为是西方语境理论发展中的里程碑,因为他真正明确提出以"语境原则"来把握意义[4]。

英国人类学家马林诺夫斯基(Bronislaw Malinowski)分别于 1923 年、1935年提出了"情景语境"(context of situation)和"文化语境"(context of culture)两个概念,并系统性地阐述了语境思想[5-6]。"情景语境"指人们在进行交际的过程中的一些诸如时间、地点等具体的情境因素,"文化语境"则指沉淀在某一特定社会文化群体之中的社会文化习俗等因素。马林诺夫斯基的语境观既包括了具体的情境语境,也包罗了积淀在深处的社会文化语境,这两大类都是对话语所存在的外部环境的分析。可以看出,他比较重视语言外的宏观方面的语境研究,所以在一定程度上忽略了语言语境在理解话语中的重要性。但是,他的语境研究对后人的研究仍然具有十分重要的指导意义。他将其语境思想应用到人类学和翻译学研究领域中,构建了初步的语境理论,他也因此被称为现代语境论的鼻祖。

伦敦学派的代表人物弗斯(John R. Firth)吸收了马林诺夫斯基的观点,他最早将语境概念引入到语言学研究领域,这是语境研究的一次重要转向,此后语境就成了语言学研究的重要内容之一。弗斯进一步提出了"上下文语境"(context of linguistics)和"情景语境"的概念,且首次尝试对语境要素进行分类,将情景语境概括为三个要素:参与者的有关特征、相关事务以及言语活动产生的影响[7]。弗斯把语境看作由言语和非言语因素组成的有机整体,既注重了对语言内的语境问题的研究,同时又侧重于对语境中语言使用的外部环境的研究。他在语境理论中特别对"情景语境"进行了具体的划分,使得情境语境的内容更加具体化。弗斯对语境要素所做的这种分类是语言学历史上的首次尝试,因而具有十分重要的开拓意义和深远的历史意义。

弗斯的学生韩礼德(M. A. K. Halliday)提出了著名的"语域"(register)理论。在该理论中,他将情景语境要素重新划分和界定为语场(field)、语旨(tenor)和语式(mode)[8]。语场指语篇所涉及的社会活动,可分为政治、生活、科技等领域,它指话语的内容范围。语场决定了交际的性质,构成话语的主要范围,并且影响词汇和话语结构的选择与使用,并对话语的发展起着导向作用。语旨指有关参加者之间的角色关系,主要指参与者的性质以及他们的身份与角色:参与者之间是什么样的角色关系,包括各种永久性和暂时性关系,在对话中参与者的言语角色类型以及他们之间社会性重要关系的集合。语式就是所选的表达渠道,主要指参与者期望语言为他们在情景中起什么作用,即语篇在语境中的功能,其中包括是口语形式还是书面形式,或是两者的混合形式,以及修辞方式,即语篇要达到的诸如劝说、说明、说教之类的效果。

韩礼德的语境研究更注重从社会结构和语义系统上进行阐述。他认为社会结构限定了交际的社会语境,反映在语言模式中的语场、语旨、语式无不与特定的社会语境有着密切的联系;社会结构决定了家庭的交际模式,限定了与特定的社会语境有关的意义和意义类型;而语义系统和语境有着密切的联系,概念意义反映了社会活动的语场,人际意义反映了社会关系的语旨,语篇意义反映了语言在语境中的使用方式。韩礼德的语境研究进一步促进了语境理论研究的发展和完善。

马丁(Martin)的语境模型是在叶姆斯列(Hjelmsle)的语符学理论以及格雷戈里(Gregory)、韩礼德(Halliday)的语境理论基础之上发展而来的[9]。马丁对模型中各个层面都一分为二,每一个层面都被看作一个由表达层面(expression plane)和内容层面(content plane)组成的符号系统。可以说,马丁的语境模型就是由层层符号叠加在一起的符号系统。马丁语境模型的理论价值体现在两个方面。一方面,它将韩礼德语境理论中没有得到深入研究的文化语境概念具体化为语类(genre)和意识形态(ideology)两个层面,"从而给文化语境这一原先比较空泛的概念增加了具体的内容"[9]。另一方面,马丁从人类语言学的角度将语类概括为一种社会交际活动类型,它是生成语篇宏观结构的一个独立的语境层面。虽然马丁的语境模型影响深远,但仍有值得商榷的地方,比如语域的概念界定不清,模型中层面的划分以及各层面之间的关系都需要进一步研究和澄清[10]。

20 世纪 70 年代,乔姆斯基(Noam Chomsky)的转换生成语法在美国语言学界居主导地位。转换生成语法主要是从形式的角度来描写语言,并不关注语言应用中的语境问题。美国社会语言学家海姆斯(Dell Hymes)对此质疑,提出了"交际能力"(communicative competence)理论[11],其核心思想就是交际者应该考虑其语言行为是否与语境要求相吻合。海姆斯的交际能力理论让人们重新认识到了语境对语言的生成、理解以及研究的重要性。除了提出交际能力理论之外，海姆斯还对语境的构成要素做了系统而深入的研究。他总结了八个语境要素，即背景与场合（setting & scene）、参与者（participants）、目的（ends）、行为序列（act sequence）、基调（keys）、交际渠道（instrumentalities）、规约（norms）以及语类（genre）。

这一时期的语境理论认为，语境是预先设定且静止不变的，语境先于交际过程而存在，交际者根据这个语境来确定意义，因而被后来的研究者称为"静态语境"。随着研究的不断深入，学者们逐步认识到"静态语境"理论存在不足：语境被认为是预先设定且静止不变的，忽略了言语交际参与者的主观能动性这一语境要素。但是，在实际的言语交际过程中，语境各要素自始至终都在不断变化着，"静态语境"理论忽视了语境的动态特征，从而停留在静态的描述上，所以无法清楚地说明语境的根本性质，导致语境研究陷入窘境。

语境的研究中融入了动态的因素，从此语境研究进入了一个新的阶段。丹麦语用学家梅伊（Jocob Mey）首先正式提出"动态语境"这个概念。甘柏兹（Gumperz）与库克-甘柏兹（Cook-Gumperz）提出了"语境构建论"[12]，认为语境并不是由交际双方事先确定的，而是由双方在交际过程中共同构建的。他们称这个构建过程为"语境化"（contextualization）。语境化的过程其实是语境化提示（contextualization cue）与参与者的背景知识之间的一个相互影响、相互作用的过程。

英国语言学家莱昂斯（Lyons）也探讨过语境化问题。他将语境化定义为一个"使话语与语境相衔接、连贯的过程"[13]。虽然该定义与甘柏兹和库克-甘柏兹的语境化定义有所不同，但两者在本质上基本是一致的，都注意到了语境和语篇之间动态的互动关系。

1986 年，斯波珀（Sperber）和威尔逊（Wilson）在《关联：交际与认知》（*Relevance：Communication & Cognition*）一书中提出了"关联理论"（relevance theory）。斯波珀和威尔逊从认知心理学的角度将语言交际看作一个"明示—推理"的过程，提出语言交际是在关联原则支配下按一定推理思维规律进行的认知活动。关联理论认为，在交际时说话者将交际意图以语言形式表达出来，受话者依靠自己的认知能力努力推断出与交际相关联的信息，以达到对话语的理解。斯波珀和威尔逊认为："语境是心理产物，是听话者对世界的一系列假定中的一组……正是这些假设,而非实际的客观世界,制约着对话语的理解。"[14]关联理论认为,言语交际就是受话人找到发话人话语"同语境假设的最佳关联,通过推理推断出语境的暗含,最终取得语境效果,达到交际成功"。语境假设其实就是一系列认知假设。对语境做出假设需要受话人凭借其认知结构中的逻辑信息、百科信息和词汇信息。最佳关联是指理解话语时"付出有效的努力之后所获得的足够的语境效果"。

1987 年比利时语用学家维索尔伦(Jef. Verschueren)在《语言适用理论》(*Pragmatics as a Theory of Linguistic Adaptation*)一书中首次提出了"语境顺应论"(contextual correlates of adaptability)。语境顺应是指在语言的使用过程中,语言形式和语境要素之间是一个相互顺应、相互选择的动态过程。语言的使用是交际者在言语交际中在遵循一定的原则和使用一定策略的基础上,对语言进行不断选择的过程。正是因为语言的变异性、商讨性和顺应性,才使得交际者能在语言使用过程中不断地做出选择。变异性,是指语言存在一系列可供选择的可能性,它体现在语言的历时和共时两方面,具有动态性。商讨性,是指语言的选择不是机械地做出刻板的选择,而是在运用一定的交际选择和策略的基础上进行的。顺应性,是指交际者能够从可供选择的不同语言选项中做出适宜的选择,以便保证交际的顺利进行。交际双方根据各自的认知背景选择相应的语言形式,"从而能动地改变或创造语境,使之向有利于实现交际目的的方向发展"[15]。这种改变了的语境将会激发新一轮的选择。这种语境观与关联理论对语境的理解是一致的。

维索尔伦还用图详细描述了语境的构成要素及其相互关系(见图 1-1)。

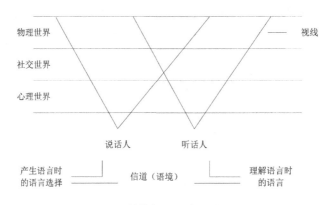

图 1-1   语境的构成要素及其相互关系

如图 1-1 所示,维索尔伦的语境是由信道、说话人、听话人、心理世界、社交世界和物理世界构成的有机统一体,其中的视线表明在言语交际过程中,三个世界的语境因素都通过说话人和听话人的认知机制得以激活,共同影响语言的产生和理解。

从图中我们还可以发现,虽然维索尔伦关于语境所持的观点是一种动态语境观,但是兼有系统功能语言学派关于语境的客观性、静态性以及认知语言学关于语境的认知属性,可以说是一种综合的语境观。

荷兰著名语言学家范代克(Van Dijk)分别于 2008 年和 2009 年在剑桥大学出版社出版了两本专著:《话语与语境:社会认知途径》[16](*Discourse and Context: A Sociocognitive Approach*)和《社会与话语:社会语境如何影响语篇与会话》[17](*Society and Discourse: How Social Contexts Influence Text and Talk*)。这两本专著首次把语义学、语用学、认知心理学和社会学等多学科视角引入语境研究,形成了一个系统的、多学科的语境理论,对语言学研究和其他相关学科有着重要意义。

范代克认为语境不是客观的社会情境,而是话语参与者对社会情境的以社会为基础的主观表征。他对语境的基本观点是:"影响话语的(或被话语影响的)不是社会情景,而是交际参与者定义该情景的方式。"[18]他强调语境不是客观环境或直接影响,而是作为社会团体成员的交际参与者设计,并在互动过程中不断地更新的主观(主体间的)建构。

范代克的语境思想主要体现在他的"语境模型"(context model)里。他将语境模型定义为"一种特殊的动态的心理模型"。这个模型主要包括三个范畴:背景,参与者,交际行为/事件或其他的行为/事件。语境模型中有一个运作机制 K-device,这是语境模型运作的重要保证,"它不停地激活、构建、更新心理模式,以使交际动态地适应于不断变化的社会环境"[18]。范代克语境模型在言语分析中具有很强的解释力,解决了此前语境研究中一些无法解决的问题,具有重大的理论意义和应用价值,但是该理论仍欠系统性,有待进一步完善和细化。

1.2.1.2 国内的研究现状及趋势

虽然我国早在春秋时期就有语境思想的萌芽,但最早明确提出语境概念的当属陈望道。陈望道先生在 1932 的《修辞学发凡》中提出修辞要适应题旨和情景的"题旨情景"说[19],其含义就类似于我们现在所讨论的"语境"。此外,他还提出了"六何"论:何故、何事、何人、何地、何时、何如,大致相当于我们现在所说的"语境要素"。虽然陈先生的"题旨情景"说和"六何"论揭开了我国近现代语境研究的序幕,但是这一理论在相当长的一段时间内并未得到充分的重视和进一步的深入研究。

但刚开始,语境研究的着眼点并非语境本身而是修辞,语境研究的目的是为修辞服务的。罗常培在《语言和文化》中提出了以下几点的关于语境的观点:语言是社会的产物;语言不是孤立的;语言材料可以帮助考证文化因素的年代;词义不能离开上下文而孤立存在[20]。张弓指出"修辞是为了有效地表达意旨,交流思想而适应现实语境,利用民族语言各因素以美化语言……要因时因地制宜",并提出了"结合现实语境,注意实际效果"的修辞原则[21]。王德春提出了"使用语言的环境"这一概念,称之为"言语环境",他认为"分析言语环境是建立修辞学的基础"[22]。

20 世纪 70 年代末至 90 年代初,我国的语境研究呈现出繁荣发展的局面。学者们逐渐发现语境对语法研究的重要性。吕叔湘[23]就指出语法结构的省略与语境密切相关;陈平[24]谈到了语境对话语语法分析的重要性;邓守信[25]讨论了汉语动词在"活动、完结、达成、状态"这四种语境中的时间结构。

学者们讨论了语境对语义的理解的重要性。朱德熙[26]、陆稼祥[27]、徐思益[28]、金定元[29]都讨论了语境对语义的重要性。他们认为无论是话语的多义、言外之意还是话语歧义,其理解都离不开语境。

语境历来都是修辞学的重点研究对象。袁毓林[30]通过分析十二种传统修辞格对语用规则的违反情况及其对语境的依赖程度,指出了语境对修辞效果的重要性;王德春[31]认为语境既是修辞学的重要分科,也是修辞学的基础;王维成[32]则认为语境是"修辞学体系的灵魂",主张以语境为准则来建立修辞学体系。

20 世纪 90 年代以来,我国的语境研究进入了一个全新的阶段,紧跟西方的语境研究的发展趋势,语境的动态研究得到了学者们的高度重视。何兆熊、蒋艳梅认为静态语境研究不适应动态的言语交际过程,交际者是具有主观能动性的个体,因为在交际过程中发话者可以操纵语境,而听话者则可以选择语境[33]。他们还指出动态的语境研究将交际者"视为具有主观能动性的个体",并"强调如何提高交际者的释义效率"。侯国金[34]指出既重视静态语境,更重视动态的语境,因为语境的客观因素和主观因素都是可变的。朱永生[35]详细探讨了互文性对语境动态研究的重要性,指出互文性研究有助于解决动态语境研究中的话语主体、话语意图和话语连贯这三个方面的问题。廖美珍指出语境动态性的根本原因和动力是说话人的行为的目的性;他指出,"语境动态性的根本原因和动力是说话人对其目的的追求",或者说是"人的(行为的)目的性"[36]。

随着研究的进一步深入,动态语境中主体的认知特性引起了学者们的极大关注。熊学亮认为语境就是认知语境,"主要指的是语用者的语用知识",是"语用因素结构化、认知化的结果","是与语言使用有关的、已经概念化或图式化了的知识结构状态"[37-38]。他认为认知语境由具体语言使用中所涉及的情景知识、语言上下文知识和背景知识三个语用范畴构成。

王建华等在其语境学专著《现代汉语语境研究》中将语境分为言内语境、言伴语境和言外语境[39]。他认为认知语境仅是整体语境的一个组成部分,他没有把认知语境看作一种心理建构体。他指出,认知语境是言外语境中最为灵活、内隐性最强的一种语境,这种语境主要由"交际者的知识背景、认知水平、心理能力、评判能力、审美能力等"构成。王建华还进一步研究了认知语境对言语交际的支配作用和对语义的制约作用。支配作用主要是指语言交际必须建立在合作原则、信息共享和交际主体平等的基础之上;制约作用主要体现在三个方面:"认知语境最简语义论""认知语境的索引论"和"认知语境的极端决定论"。

1.2.2　语境形式化研究的现状及趋势

语境形式化研究比较迟缓,还远远没有达到形式化的高度。坎普(Hans Kamp)把语境(context)对句子意义的影响引入语篇表征理论(DRT)中[40];巴威斯(Jon Barwise)和佩里(John Perry)在情境语义学(situation semantics,SS)理论中,对说话时的语境概念进行了形式化处理的尝试[41];塞尔(John Searle)和范德维肯(D. Vanderveken)建立了言语行为理论的逻辑分析系统"语用逻辑"[42];克拉默(E. Krahmer)提出了预设语篇表征理论(presuppositional discourse representation theory)的形式化模型[43];罗伯茨(C. Roberts)以篇章语用学为基础,探讨了话语信息结构的形式化问题[44];邦特(Harry Bunt)和布莱克(W. Black)则探讨了语境、会话分析、话语焦点、言语行为理论等各种语用问题的形式化处理方法[45];艾伦(James Allen)构建了言语行为计算模型[46]。国内也有少数学者在积极探索语境形式化,其中影响较大的成果有如下几种。

1.2.2.1 徐盛桓的语句解读常规关系分析理论模型

徐盛桓于 2003 年提出了一种文学作品语句解读的语用推理模型:语句解读常规关系分析理论模型[47](见图 1-2)。他强调,无论是要从显性表述选择和确定什么常规关系,还是要确定隐性表述对"部分表达"作出什么补足或阐释,都要通过语用推理才能把握。

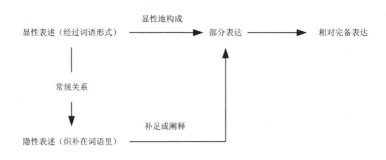

图 1-2 语句解读常规关系分析理论模型

徐盛桓还以溯因推理为机制对这一语用推理模型作了形式化的刻画:先规定以有关的语句(或语句集)D,然后以 D 作为根据来搜索并确定有关的常规关系 SR。这规定蕴涵着 D 应是在 SR 的情境之中,亦即要求二者能相交(n)以建立非空集的交集:D∩SR=φ

待解读的词语(W)又要能同这个交集建立相交关系,即 W 也应是在(D∩SR)的情境之中,这样才能得出确切具体的解读(PR):W∩(D∩SR)→APR

徐盛桓认为在人们的记忆储存里,有若干不言而喻的"常规关系",人们正是运用了这些常规关系才实现话语理解的。语用推理时可从句子中提及的对象或事件所形成的共轭关系和蕴涵、前提关系来判断常规关系,充分利用这些常规关系来实现语用推理。这一思路是完全正确的,这一点可能会对未来的语用学产生十分深远的影响。

1.2.2.2 李德华、刘根辉的计算语言学探索

李德华、刘根辉系统地探讨了计算语用学的相关问题,并给出语境的形式化定义。他们认为,语境实质上就是一组客观条件约束的语言使用环境[48]。基于语境分析的自然语言理解,实际上是用一组条件集来分割语义集,使之在结果中只包含一个语义元素,或者少量的语义集元素。

首先定义了语义空间,定义一:设 M,P,X 是非空集合,若 M^*,$P^*\subseteq X$,则称 X 为语义空间,其中,M 是语言中各个词的所有意义构成的集合,M^* 是 M 的集合闭包;P 是语言中各个句子的所有意义构成的集合,P^* 是 P 的集合闭包。

定义词语的语境,定义二:Ω 是一个四元组,$\Omega=(C,L,B,\delta)$,其中,C 是上下文语境元素集;L 是现场语境元素集;B 是背景语境元素集;δ 是选择函数,是从 $C\times L\times B$ 到 $(C\cup L\cup B)^*$ 的映射,$C\times L\times B$ 表示笛卡儿积,$(C\cup L\cup B)^*$ 表示集合的闭包。

定义基于语境分析的词语含义 T 是一个五元组:$T=(W,M,G,\Omega,\lambda)$,其中,W 是焦点词 $w_i(i\in N)$ 的集合;M 指 W 中各元素 w_i 的语义集合,其组成元素 $m_{ik}(i,k\in N)$ 表示第 i 个词的第 k 个语义项;G 是 $w_i(i\in N)$ 的语法信息集合,其元素 $g_{ik}(i,k\in N)$ 来自语法信息词典,表示第 i 个词的第 j 个语法信息项;Ω 是 w_i 的语境集合,其元素由定义二确定;λ 是转换函数,是从 $G\times\Omega$ 到 M^* 的映射,即词 w_i 在语境 Ω 的条件约束下,其含义将超越其单个义项 m_{ik} 和语法信息项 g_{ik} 所确定的含义,而产生新的特定的组合意义。

李德华指导他的学生刘根辉对计算语用学进行了深入而系统的研究,深入探讨了计算语用学研究的实现途径和方法,对实施行为的语用描述作了形式化处理,建立了解释自然语言理解中的言语行为的理论模型,这都是难能可贵的探索,给后来的研究者带来很多启迪。

1.2.2.3 HNC 的语境框架理论

HNC 理论是"概念层次网络"的英文 hierarchical network of concepts 的简称,是由中国科学院声学研究所黄曾阳先生创建的,是一个关于自然语言理解的创新理论。HNC 理论的核心是作用效应链,根据作用效应链,HNC 理论提出了可供工程实现的完整的自然语言处理的理论框架。

2007 年,缪建明、张全基于 HNC 语境理论的整体思路,运用 HNC 理论对语境框架进行了设计。他们认为,任一个语言段落/篇章构成的语境都是由有限类型的"语境单元"这一基本构件组合而成。而语境单元是一个三要素的结构体,三要素分别是领域 DOM、情景 SIT 和背景 BAC,而背景 BAC 又分为事件背景 BACE 和述者背景 BACA。语境单元存在两种基本类型:叙述 narrate 型和论述 discuss 型,分别记为 SGUN 和 SGUD。情景要素 SIT 由领域句类 SCD 描述。领域句类 SCD 概念的引入是情景 SIT 可计算的关键步骤。至于领域 DOM

和事件背景 BACE 的可计算性则通过概念基元符号体系的设计体现[49]。HNC 语境理论就是通过这一表示式试图形式化描述交际引擎的运作机制的。

HNC 理论完全摆脱了我国传统的这套语法学的束缚,而从语言的深层入手,以语义表达为基础,为汉语理解开辟了一条新路,其语境框架理论也值得高度重视,但该理论还需要进一步完善。

1.2.3　动态语境构建研究存在的问题

综上所述,在语境领域的理论研究成果非常丰硕,在动态语境的理论研究上也取得了巨大的成绩,这为动态语境构建打下了坚实的基础,但从人工智能的角度来看,如果想要智能机器人具备交际意图识别能力,能通过自然语言,如现代汉语,与人们自由顺畅地进行交流,那么智能机器人就要以具备动态语境构建能力为前提。要实现动态语境构建,目前的相关研究还存在如下一些问题:

(1)目前学者们对语境的研究主要运用哲学思辨的研究方法,探讨语境的定义、构成及性质等,这些研究都是以“人”为研究导向的;而从 AI 视野,即以“机”为研究导向来深入探讨语境的本质,探索可操作性的语境构建方法的研究成果不多。

(2)语境是认知语境,具有动态构建性,这些观点基本上得到了整个研究界的认可,但从 AI 视野来看,语境究竟包括哪些方面的知识? 该如何表示这些知识? 这些问题现在都是非常棘手的问题,都急需攻克。

(3)理解话语依靠关联性,但谁与谁关联? 关联的方式有哪些? 人们又是怎样利用这种关联来构建语境的?

总之,如何动态构建语境,即如何根据发话人的话语,结合交际现场的相关信息,充分调用受话人的背景知识,构建出能够支撑交际意图识别的语境,还是一个急需研究的课题。

1.3　研究构想

1.3.1　研究目标

本书构想的理想智能机器人的体系结构如图 1-3 所示,这样的智能机器人能基于动态语境实现人机间的自然语言交互,能依据动态语境的约束实现交互意图识别,即能实现深度自然语言理解。该系统的深度自然语言理解模块处理的大体流程如图1-4所示:这样的智能机器人能通过自身的视、听等感知能力构建现场语境,并识别主人对其所说的话语;然后调用动态语境知识进行话语的字面意义分析;在此基础上再调用动态语境的相关知识进行交际意图推理,最终实现交互意图识别。

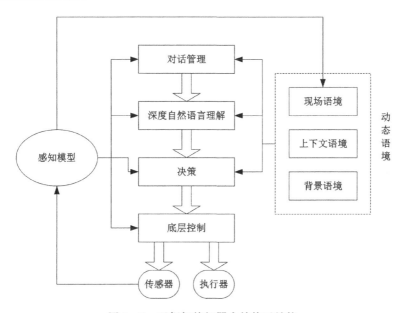

图1-3 理想智能机器人的体系结构

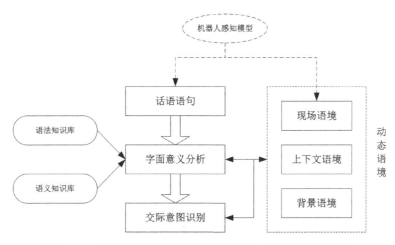

图1-4 理想智能机器人的深度自然语言理解模块处理流程

本书的研究目标为:研究实现人机交互意图识别所需的动态语境的构建方法,即探索如何动态构建现场语境、上下文语境、背景语境的方法。人机交互系统要求这样的语境具备:①动态性。可以动态构建,并能与系统进行实时动态交互。②可推理性。其知识必然是形式化的,并能实现自动推理。也就是说,配备这种系统的智能机器人在家中听到主人说"我渴了"时,不仅能理解话语的字面意义,还能推理出主人的交互意图:为主人拿瓶饮料来。

1.3.2　研究思路及主要研究内容

1.3.2.1　研究思路

本书的研究主要分成三步:首先探讨语境的本质;其次研究语境的构建基础;最后探索动态语境的具体构建方式,包括现场语境的动态构建、上下文语境的动态构建和背景语境的动态构建。本书的研究思路如图 1－5 所示:

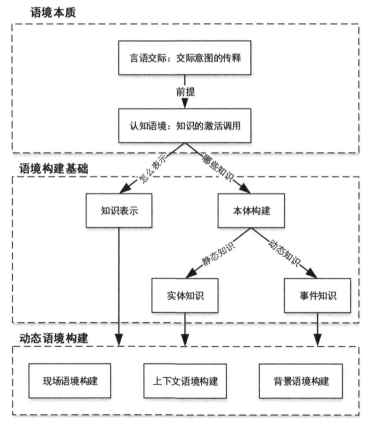

图 1－5　本书的研究思路

1.3.2.2　主要研究内容

（1）语境的本质。①介绍言语交际的研究理论。从对会话含义理论、言语行为理论、关联理论等研究理论的讨论中,得出交际目的是言语交际行为的启动因素和终极目标,没有无目的的言语交际行为。话语意义是以意图为核心的认知建构。②探讨语境的定义。区分表达语境和理解语境。③探讨理解语境的构建模型。这部分内容将在本书的第 2 章讨论。

（2）语境的构建基础。①知识表示方法概论。讨论已有的各种知识表示方法的利弊,为选择恰当的语境知识表示方法打下基础。这是本书的第 3 章。②语境知识的本体构建。探讨已有的知识本体,提出从动态、静态两个方面来构建语境知识的本体。这是本书的第 4 章。③实体知识。挖掘时间、空间、万物、构件这些不同类别的实体的知识。这是本书的第 5 章。④事件知识。挖掘事件的相关知识,探索事件的动态过程的描述。这是本书的第 6 章。

（3）现场语境的构建方法。这是本书的第 7 章。①现场语境的本质:现场感知的相关信息。②现场语境的构成内容:时间、空间、发话人、受话人、言语作用。③现场语境要素的识别与表示。④现场语境知识的表示方法。

（4）上下文语境的构建方法。①探索上下文语境构建的实质。上下文语境是由一句句话语上下相联构成的。机器人理解语言的特点决定主要是处理"上文","下文"也要变成"上文"才能处理。②上下文语境知识的表示方法。这是本书的第 8 章。

（5）背景语境的构建方法。①背景语境的构成。只要是来源于长时记忆的知识,都是背景语境知识。②常识。探索如何根据话语和现场语境的信息,从常识知识库中激活、调用相关的知识送至工作记忆中。③个人信息。探索发话人、受话人个人信息的激活方式。④背景语境知识的激活途径。这是本书的第 9 章。

本章参考文献:
[1] 胡泽洪.语境与语言逻辑研究[J].湖南师范大学社会科学学报,1993(6):21.
[2] 胡湘婉.语境理论研究述评[D].合肥:安徽大学,2012.
[3] 朱永生.语境动态研究[M].北京:北京大学出版社,2005.
[4] 彭利元.言内语境研究述评[J].湖南工业大学学报(社会科学版),2008,13(1):147.
[5] MALINOWSKI B. The Problem of Meaning in Primitive Languages[M]// OGDEN C

K，RICHAEDS I A. The Meaning of Meaning. New York，NY：Harcourt，Brace and World，1923：296‑336.

[6] MALINOWSKI B. Coral Gardens and Their Magic（Vol. II）[M]. London，Routledge，1935:58.

[7] FIRTH J R. Papers in Linguistics，1934—1951 [M]. London：Oxford University Press，1957.

[8] HALLIDAY M A K. Language as Social Semiotic：The Social Interpretation of Language and Meaning [M]. London：Edward Arnold，1978.

[9] 朱永生，徐玉臣. Halliday 和 Martin 语境模型的对比[J]. 中国外语，2005,2(3)：14‑20.

[10] 成利军. 语境研究综述[J]. 安阳工学院学报，2017,16(3)：78‑84.

[11] HYMES D. On Communicative Competence [C]//PRIDE J & HOLMES J. Sociolinguistics. Harmondsworth：Penguin，1972：269‑293.

[12] GUMPERZ J J，COOK-GUMPERZ J. Context in Children's Speech. [C]// GUMPERZ J J，COOK-GUMPERZ J. Papers on Language and Context. Berkeley：CA，1976.

[13] LYONS J. Linguistic Semantics：An Introduction [M]. Cambridge：Cambridge University Press，1995:265.

[14] SPERBER D，WILSON D. Relevance：Communication and Cognition [M]. Oxford：Blackwell，1986/1995.

[15] VERSCHUEREN J. Understanding Pragmatics[M]. Lonand New York：Arnold，1999.

[16] VAN DIJK T A. Discourse and Context：A Sociocognitive Approach [M]. Cambridge：Cambridge University Press，2008.

[17] VAN DIJK T A. Society and Discourse：How Social Contexts Influence Text and Talk [M]. Cambridge：Cambridge University Press，2009.

[18] 汪徽，张辉. Van Dijk 的多学科语境理论述评[J]. 外国语，2014,37(2)：78‑84.

[19] 陈望道. 修辞学发凡[M]. 上海：复旦大学出版社，2014.

[20] 罗常培. 语言与文化[M]. 北京：北京大学出版社，1950:88‑95.

[21] 张弓. 现代汉语修辞学[M]. 天津：天津人民出版社，1963.

[22] 王德春. 使用语言的环境[J]. 学术研究，1964(5).

[23] 吕叔湘. 汉语语法分析问题[M]. 北京：商务印书馆，1979.

[24] 陈平. 话语分析说略[J]. 语言教学与研究，1987(03)：4‑19.

[25] 邓守信. 汉语动词的时间结构[[J]. 语言教学与研究，1985(4).

[26] 朱德熙. 汉语句法里的歧义现象[J]. 中国语文，1980(2).

[27] 陆稼祥. 论"情景意义"[J]. 浙江师范学院学报，1982(2).

[28] 徐思益. 在一定语境中产生的歧义现象[J]. 中国语文，1985(5).

[29] 金定元. 语用学：研究语境的科学[[J]. 中国语文天地，1986(1).

[30] 袁毓林. 简论语用常规的修辞偏离[J]. 河南师范大学学报（哲学社会科学版），1986(Z1)：84‑88.

[31] 王德春. 修辞学探索[M]. 北京：北京出版社，1983.

［32］王维成. 语用环境、语体风格和修辞学体系［J］. 杭州大学学报（哲学社会科学版），1988（01）：94-101.

［33］何兆熊，蒋艳梅. 语境的动态研究［J］. 外国语，1997（6）：16-21.

［34］侯国金. 动态语境与语境洽商［J］. 外语教学，2003，24（1）：22-26.

［35］朱永生. 语境动态研究［M］. 北京：北京大学出版社，2005.

［36］廖美珍. 目的原则和语境动态性研究［J］. 解放军外国语学院学报，2010，33（4）：1-5.

［37］熊学亮. 语用学和认知语境［J］. 外语学刊，1996（3）：1-7.

［38］熊学亮. 认知语用学概论［M］. 上海：上海外语教育出版社，1999.

［39］王建华，周明强，盛爱萍. 现代汉语语境研究［M］. 杭州：浙江大学出版社，2002.

［40］Kamp H. A Theory of Truth and Semantic Representation［A］. In：Groenendijk J.，T. Jansenn and M. Stokhof eds. Truth，Interpretation and Information，Holland，Dordrecht：Foris Publications，1981.

［41］Barwise J. and J. Perry. Situations and Attitudes［M］. Cambridge，Massachusetts：Bradford Books，MIT Press，1983.

［42］Searle J. R. and D. Vanderveken. Foundations of Illocutionary Logic［M］. Cambridge：Cambridge University Press，1985.

［43］Krahmer E. Presuppositional Discourse Representation Theory［A］. In Dekker P. and M. Stokhof eds. Proceedings of the Tenth Amsterdam Colloquium ILLC. Amsterdam，1996.

［44］Roberts C. Information Structure in Discourse：Towards an Integrated Formal Theory of Pragmatics［A］. In：Hak Yoon J. and A. Kathol eds. Ohio State University Working Papers in Linguistics，Vol. 49：Papers in Semantics. 1996.

［45］Bunt H. and W. Black eds. Abduction，Belief and Context in Dialogue［J］. Studies in Computational Pragmatics（Natural Language Processing，No. 1）. Amsterdam and Philadelphia：John Benjamins，2000.

［46］艾伦. 自然语言理解［M］. 刘群，等译. 北京：电子工业出版社，2005.

［47］徐盛桓. 常规关系与语句解读研究——语用推理形式化的初步探索［J］. 现代外语，2003，（4）：111-119.

［48］李德华，刘根辉. 面向信息处理的语境形式化研究［J］. 中文信息学报，2004，18（3）：32-38.

［49］缪建明，张全. HNC 语境框架及其语境歧义消解［J］. 计算机工程，2007，33（15）：10-12.

2 语境

2.1 言语交际的研究理论

交际,指人与人之间的交往,通常指两人及以上通过语言、行为等表达方式进行交流意见、情感、信息的过程,是人们运用一定的工具传递信息、交流思想,以达到某种目的的社会活动。交际可以分为言语交际和非言语交际。

言语交际则是指人们运用语言这一工具传递信息、交流思想,以达到某种目的的社会活动。人们是怎样进行言语交际的? 言语交际是人们生活中常见的行为,每个人每天都要进行大量的言语交际行为,但要揭开言语交际的奥秘还是非常困难的。为了揭开言语交际的神秘面纱,研究者一直在努力。

2.1.1 会话含义理论

美国语言哲学家格赖斯(H. Grice)于 1967 年在哈佛大学的讲座做了三次演讲。其中在第二讲《逻辑与会话》中,格赖斯提出了合作原则和会话含义理论[1]。

格赖斯指出,在正常的交流情况下,交谈参与者会共同遵守一般原则:合作原则(cooperative principle),即参与交谈时,要使你说的话符合你所参加的交谈的公认目的或方向。接着,格赖斯提出了四条准则,认为遵守这些准则就是遵守合作原则。格赖斯提出的四条准则及其相关次准则是:

(1)量的准则(maxim of quantity):指所提供的信息的量。

　①所说的话应包含当前交谈目的所需要的信息;

　②说的话不应包含多于需要的信息。

(2)质的准则(maxim of quality)：所说的话力求真实。

①不要说自知是虚假的话；

②不要说缺乏足够证据的话。

(3)相关准则(maxim of relevance)：所说的话是相关的。

(4)方式准则(maxim of manner)：清楚明白地说出要说的话。

①避免晦涩；

②避免歧义；

③简洁；

④有条理。

格赖斯认为，一般情况下人们都是遵守合作原则的。在现实交集中，人们由于种种原因，并不总是严格地遵守合作原则及其相关准则和次准则。当发话人违反了这些准则或次准则的时候，受话人就会迫使自己超越话语的表面意义，去设法领悟发话人所说话语的隐含意义，即"会话含义"(conversational implicature)。

格赖斯还进一步把会话含义分为两类：一般性会话含义和特殊性会话含义。前者是指不需要特殊语境就能够推导出来的含义，后者则指需要依赖特殊语境才能推导出来的含义。大部分违反或利用会话准则得出的含义都是特殊会话含义。

格赖斯会话含义理论对推动语用学的发展做出了重要的贡献。理论一经提出就引起了语言学界的广泛关注。有一批学者致力于不断完善格赖斯会话含义理论，取得了许多有成效的研究成果，其中列文森(S. C. Levinson)提出的会话含义"三原则"被学者们称为新格赖斯会话含义理论[2-3]。

(1)量原则(Q－原则)。

说话人准则：在你的知识范围允许的情况下，不要说信息量不足的话，除非提供足量的信息违反信息原则。

听话人推论：相信说话人提供的也是他所知道的最强信息。

(2)信息原则(I－原则)。

说话人准则：尽量少说，只提供最小极限的语言信息量，只要能达到交际目的就够了。

听话人推论：通过找出最为特定的理解来扩展说话人话语信息的内容，直到断定说话人的真实意图为止。

（3）方式原则（M－原则）。

说话人准则：不要无故使用冗长、隐晦或有标记的表达形式。

听话人推论：如果说话人使用了一个冗长的或者是有标记的表达形式，就会有跟使用这种无标记表达形式不同的意义。

格赖斯会话含义理论旨在说明言语交际中说话人如何能够传递比其话语真值条件内容更加丰富的意思。这一理论的提出，对于哲学和语用学研究都具有里程碑式的意义。它试图将人类活动能力纳入形式逻辑的框架，从哲学上讨论推理在言语交际中的作用，并理清在语境中意义的产生、语用和理解[4]。这一理论的提出打破了哲学中关于语义真值研究的长久桎梏，为语言学划出了一块新的天地。

会话含义理论提出至今，研究有了很大进展，我们也发现了该理论存在的一些不足之处：会话含义的定义以及产生会话含义的必要条件，这两个基本问题一直存在不完备的地方，尤其是会话含义产生的必要条件。

2.1.2　言语行为理论

英国哲学家奥斯汀（Austin）于 1955 年在哈佛大学做了题为《论言有所为》（"How to Do Things with Words"）的系列演讲。言语行为理论由此产生。奥斯汀的言有所为，从理论上"着手推翻认为真值条件是语言理解的中心这一语言观点"[5]。

奥斯汀首先区分了"言有所述"和"言有所为"。前者的作用是描述事物的状态或陈述某种事实，有真假意义的区别；后者的作用就是做某件事，实施某种行为，无所谓真假。奥斯汀把有所为之言的句子叫作施为句，其功能是"以言行事"。奥斯汀进一步把施为句分为两种：显性施为句和隐性施为句。

显性施为句"全都具有第一人称单数、现在时直陈式主动态动词"，可用"I＋V^p"这种句法形式来表示，其中 V^p 表示施为动词。如："I do""I bet""I name"等。

隐性施为句是指没有施为动词，但也能表达有所为之言的施为句。如："Shut it.""I'll be there."。

奥斯汀把施为句跟叙述句对立起来的根本目的，是强调施为句在言语交际中的特殊重要性，借此推翻认为逻辑－语义的真值条件是语言理解的中心的传统观点。但随着对施为句的深入研究,奥斯汀发现施为句理论存在不少问题:①没有找到区分施为句和叙述句这两类话语的句法形式上的过硬标准;②隐性施为句的提出扩大了施为句的范围,而叙述句可以被看作隐性施为句。于是奥斯汀放弃了施为句跟叙述句相对立的二分理论,提出了言语行为三分说的新言语行为理论。

奥斯汀把言语行为分为三类:叙事行为、施事行为、成事行为。

(1)叙事行为。一个叙事行为大致相当于发出一个有意义的句子,叙事行为的功能是以言指事。

(2)施事行为。完成一种施事行为就是完成在说某种事情中所存在的语力(force),如"请求""致谢""威胁"等。施事行为的功能是以言行事。

(3)成事行为。说某种事情必定会在听话人或其他人的感情、思想或行动上产生某种影响或效果。成事行为的功能是以言成事。

实际上在言语交际中,这三种言语行为是一个整体。叙事行为发出声音,组成单词和句子,表达一定的意义,以言指事;施事行为在说某种事情中存在某种语力,以言行事;成事行为通过说某种事情在听话人或其他人的思想感情或行动上产生一定的影响和效果,以言成事。

奥斯汀还根据语力把施事行为分为五大类:①裁决型;②行使型;③承诺型;④行为型;⑤阐释型。

奥斯汀开辟了一条从行为角度研究语言使用的新道路。尽管他的言语行为理论还有些不完备之处,需要后继者修正补充,使之进一步完善,但他作为言语行为理论的开拓者,在语言学上占有重要的一席之地。

美国当代语言哲学家塞尔是奥斯汀言语行为理论的杰出后继人。奥斯汀始终认为句意(或字面意义)和语力有根本性区别。塞尔则认为"不存在不带语力特征的句子"[6]412,"注意的研究和言语行为的研究,不是两种独立的研究,而是从两种不同的角度所做的同一研究。"[6]18,塞尔用"命题行为"取代了奥斯汀的"表意行为",从而把言语行为分为四大类:①发话行为;②命题行为;③施事行为;④成事行为。

塞尔在批评奥斯汀对施事行为的分类的基础上,提出了13条分类标准,将施事行为重新分类为:①断言行为;②指令行为;③承诺行为;④表态行为;⑤宣告行为。

塞尔提出了间接言语行为理论,对发展、完善言语行为理论作出了重要贡献。"间接言语行为理论是通过实施另一种施事行为的方式来间接地实施某一种施事行为。"[6]31塞尔认为,要理解间接言语行为,首先就要了解句子的"字面语力",然后由"字面语力"再推导出"间接语义",即句子间接表达的"施事语力"。

塞尔进一步把间接言语行为分为规约性间接言语行为和非规约性间接言语行为。规约性间接言语行为指根据句子的句法形式,按照习惯对"字面语力"作一般性推导而得出的间接言语行为。如"能开下门吗?"非规约性间接言语行为比较复杂,并且也不稳定,要依靠语境和说话双方的共知语言信息来推导。如"没油了。"

塞尔指出说话人和听话人表达或理解间接言语行为的依据,可归纳为以下四条:①共同具有的背景信息,包括语言的和非语言的;②听话人的理解和推断能力;③言语行为理论;④会话合作的一般原则。

作为奥斯汀言语行为理论的杰出后继人,语言哲学家塞尔在20世纪六七十年代修正了奥斯汀理论中的失误,并且有创建性地提出了言语交际应遵守的构成规则和在言语交际中起重要作用的间接言语行为理论,使言语行为理论趋于完善化、系统化,成为解释人类语言交际的一种重要的有效的理论。

2.1.3　关联理论

关联理论由斯波珀和威尔逊1986年在《关联性:交际与认知》这本书中系统提出的。

在语码模式和推理模式的基础上,斯波珀和威尔逊提出了明示—推理的交际模式[7]。语码模式的核心就是将言语交际的过程视为说话者和听话者的编码和解码的过程。推理模式认为,言语交际的过程是听话者根据说话者的话语所提供的信息,结合交际主体双方的共同知识推断出说话者的真正意图的过程。而明示—推理交际模式是说话者在交际主体之间产生一个向听话者传递意图的刺激,通过这种刺激的方式让听话者产生一系列的语境假设,然后听话者再根据选择的认知语境对听到的话语进行推理。只有当两个人的认知语境都是共同显现的(即"互明"),交际才能够成功进行。

斯波珀和威尔逊主张用关联性解释语言交际过程中意义的理解问题,其主要理论观点如下:

（1）关联性定义。关联性是指假设命题 P 同一系列语境假设之间存在的关系，即会话过程中的话语和前后话语，以及会话赖以存在的语境都有一定的联系。关联性被看作输入到认知过程中的话语（广义上包括思想、记忆、行为、声音、情景、气味等）的一种特性。

（2）关联原则。根据关联理论，交际理解与认知理解都是寻找关联性。威尔逊[7]37认为：关联性与理解是同一块硬币的正反两面。虽然交际理解与认知理解在本质上都是寻找关联性，但两者是有区别的，区别在于关联性的量的大小。

①认知原理：人类认知常与最大关联相吻合。

②交际原理：每一个明示的交际行为都传递着自身的最佳关联假设。

（3）认知效果。认知效果是关联理论的重要概念，它是指话语所提供的信息和语境之间的一种关系。语境效果是关联的充分必要条件。话语和语境之间存在三种认知效果，从而使话语具有关联性：

①信息和现有语境假设相结合，产生新的语境含义；

②新信息加强现有的语境假设；

③新信息和现有语境产生矛盾，排除现有语境假设。

（4）关联性条件。虽然在其他条件相同的情况下，处理某一输入所取得的认知效果越大，其关联性就越强，但认知效果不是确定关联性的唯一条件。因为输入的加工处理和认知效果的取得，都需要在心理上付出一定的努力，在其他条件相同的情况下，为加工处理付出的努力越少，其关联性就越强。这种关联性条件被表述为：

①效果越大，关联性越强；

②为进行加工付出的努力越少，关联性越强。

（5）最佳关联性假设。根据关联的认知原则，交际中人们将注意力和需要加工处理的信息集中在有关联的信息上面。根据关联的交际原则，说话人发话时就期待着话语具备最佳的关联性。当话语具备足够的关联性值得听话人进行加工处理，尤其是当话语具备最大关联性、说话人愿意并且能够将其说出来时，那么这个话语就是最佳关联性话语。具体表述如下：

一个话语具有最佳关联性，当且仅当：

①它起码要具备足够的关联，值得对它进行加工处理；

②它与说话人的能力及偏爱相一致，是具有最大关联的话语。

(6)关联期待。受话人是怎样对话语作出单一而正确的解释的呢？关联理论认为这是因为他/她有关联期待这个依据。这就是话语理解的导向和制约。每个话语产生的关联期待准确而强有力，足以能够排斥所有其他的解释而确立唯一解释，所以当我们找到那个能满足关联期待的解释时，我们就能确定那是唯一的解释。

关联期待是检验语用理解正确与否的标准。那么什么是关联期待呢？关联期待是指：听话人有权期待话语具有足够的关联，值得受话者付出精力进行加工处理，并且它具有发话者的能力和意愿允许范围内的最大关联性。关联期待决定受话者在理解话语时语境形成的方向和深度。

(7)话语理解。关联理论认为，话语的理解就是"明示—推理"的过程，也就是以最少的努力推出认知效果：

①按处理的先后顺序审视理解时的各种语境假设（包括消除歧义、确定指称、语境假设、隐含等）；

②一旦达到期待的关联程度，推理过程就停止。

言语交际行为理论和会话含义理论偏于哲学思考，强调抽象的"会话含义"推导，仅仅考虑语言自身的要素，忽视了人的认知在建构话语意义上的作用。关联理论看到了以往研究的不足，走出了另外的道路。关联理论自创立以来，在学术界引起了广泛兴趣。

周建安认为，关联理论认为语言交际是一个认知过程，认知的实现在于它本身体现出来的关联性，也就是说，语言交际之所以能够进行，是因为人类有一个共同的认知心理，就是通过相关的知识来认识事物，即认知主体与认知对象的相关联，这是关联理论最基本的出发点，即关联原则[8]。交际行为具体表现为推理的认知过程，这由认知行为的本质所决定。交际者进行交际时将交际意图以语言形式表达出来，让交际对象注意到他的这个意图，交际对象则依靠自己的认知能力，推断出受交际意图支配、依附于语言表达形式、与自己的认知环境相关联的交际信息，达到对话语的理解。

杜福兴认为，关联理论既抓住了语用与认知的本质，又发现了它们在同质基础上的区别；该理论不仅对话语理解的推理做出全面、合理的解释，而且发现了话语理解的导向和制约机制[9]。这些贡献将为语用认知学的发展产生不可估量的影响，具有划时代的意义。

吕明臣认为,关联理论对语用学的贡献有目共睹,从话语意义建构的方面看,存在两点不足:①关联理论所说的话语和认知语境相关联还是个笼统的概念,没有指出具体的关联项目。②关联理论强调了认知语境效果,但对话语意义是什么没有说明,甚至没有强调交际意图[10]。

2.1.4　目的原则

我国学者廖美珍发表了一系列论文,把哲学上的目的性原则应用于言语行为分析和研究,提出解释言语行为和言语活动的语用新原则"目的原则"。

廖美珍首先指出经典言语行为理论存在的两大令相关学界诟病的问题:一是脱离交际的互动系列过程研究独立的言语行为,二是言语行为的三分造成的分裂。他认为,言语既然是行为,行为一定有目的,目的原则可以一统所有的三个行为[11]。

廖美珍将目的原则表述为:"任何理性(正常)的人的理性(正常)言语行为都是有目的的,或者说,任何理性(正常)的人的理性(正常)行为都带有目的的保证——'交际目的'。说话就是表达目的,说话就是实践(实行)目的,说话就是实现目的。"[12]

接着,她阐述了目的原则下的交际观:

(1)言语交际定义:在目的原则下,言语交际是目的催发的,或者目的驱动的,发生在两个或者两个以上主体间的,以目的为主导的,追求目的的言语互动过程。

(2)目的原则和交际意义:交际如果要有意义和价值,必须有目的;或者说,没有目的,交际就没有意义。

(3)目的原则与交际过程:交际是由目的驱动而产生的,一个交际活动的终止总是以目的的实现为标志(象征)。

(4)目的原则与交际语境:交际离不开语境,也可以说语境离不开交际。目的是语境的重要组成部分。

(5)目的原则与交际互动:交际是互动,是目的推动下的互动,是以目的实现或者未实现为结果的互动。

(6)目的原则和主体间性:交际在特定的主体间进行的。交际主体是围绕目的而形成和建构语境的。

（7）目的原则与其他交际要素的关系：交际要涉及礼貌、面子、权势、地位、性别、教育、身份等因素。但是，只有目的才是"本"和"纲"。

廖美珍还进一步阐释了目的原则下的交际模式：交际是一种有层面的互动过程。任何一个交际行为都可以从以下四个层面进行分析。

（1）基础层面。也可叫作"预设层面"，预设整个交际活动的目的。

说话人：目的驱使说话人说话；言语行为带有目的保证；实施言语行为的前提。

听话人：目的驱使说话人说话；言语行为带有目的保证；话语值得加工的前提条件。

（2）表达和理解层面。对应于叙事行为。

说话人：目的表达。

听话人：表达理解。

（3）实施和领悟层面。对应于施事行为。

说话人：目的实施。

听话人：目的领悟。

（4）目的追求和反应层面。对应于成事行为。

说话人：目的追求。

听话人：目的反映。

正因为言语交际是一种有层面的互动过程。言语交际的成功和失败也是有层面的。言语交际的成功有表达理解、目的领悟、目的采纳三个层面；同样地，言语交际的失败也有表达未理解、目的未领悟、目的未采纳三个层面。

虽然格赖斯也提到人们是为了一定的目的而合作，塞尔也强调了"意向性"的重要性，但都没有把"目的"提升到足够高的地位，廖美珍把它提升为目的原则，推进了言语交际研究。合作原则、礼貌原则或得体原则等都无法解释言语行为，如言语攻击行为，目的原则可以很好地解释。目的是言语交际行为的启动因素和终极目标，目的原则切中了言语交际的本质，值得进一步深入研究。

2.1.5　话语意义的建构论

我国学者吕明臣对话语意义的建构过程进行了深入研究，取得比较明显的研究进展。下面我们介绍其主要研究成果。

（1）话语意义。吕明臣认为，话语意义是在言语交际行为中由主体的认知建构的，是人心里内在的主观的东西，而不是客观的存在[10]。这是讨论话语意义构成的基本出发点。

话语意义和语言意义具有不同的性质，主要反映在下面三个方面：①概括性和具体性的差异。②社会性和个人性的差异。③动态性和静态性的差异。话语意义是语言意义的某种"兑现"。从某种意义上说，言语交际行为就是语言的消费，是把语言意义这种一般的"等价物""兑现"成特定的话语意义。反过来说，语言意义是从话语意义中抽象概括出来的东西，成为一种规约凝结在语言的符号结构之中。

从认知心理学的信息加工理论看，话语意义是认知主体将储存在长时记忆中的知识调出，在短时记忆中连接重组过程中建构出来的。

（2）话语意义来源。话语意义来源于语言结构、主体需要、主体投射、背景、交际情景、副语言这六个方面，而来自这六个方面的意义构成了话语的意义总体。话语意义来源即各自在话语意义中的地位可以描述为：

话语意义{语言结构制约｜主体需要｜主体投射｜背景渗透｜情境映现｜副语言参与}

（3）话语意义的构成成分。

①表意成分。这里的"意"是指意向。言语交际行为的核心是交际意图的表达。言语交际意图由两部分构成：意向和意向内容。意向说的是"什么样的意欲"，意向内容说的是"意欲什么"。在言语交际行为中，意向成分必不可少，它是话语意义的重要构成成分，因为单纯的意向内容（也就是命题）并没有交际的价值，只有当它是"某种意向"的内容时才获得意义。

②表事成分。表事成分是指话语意义中那些表现世界的事情、知识、道理的部分。表事成分主要指言语交际意图中的意向内容，表事成分并不能单独成为话语意义，它必须和表意成分构成言语交际的意图——成为某种意向的内容才能成为话语意义。

③表情成分。表情成分是指话语意义中的情感因素。在言语交际中，不仅有交际主体意图的表达，而且有关于某种意图的情感体验及价值判断。这些情感体验及价值判断会在话语意义中有意或无意地表现出来。比较下面两例：

A：快点儿来呀，大家都在等你。

B：还不来呀？大家都在等你。

这两个例子表达的交际意图都是请求，但 B 和 A 相比显然带有"不满、埋怨"的情感。

④表象成分。言语交际行为中，话语有时会激活一些相关事物的形象，这些形象的东西也构成话语意义的一部分。比如李白的诗句"飞流直下三千尺，疑是银河落九天"，对它的真正理解需要调动交际主体对描述对象的想象。在日常言语交际中，话语的意义中也不乏形象的东西。表象之"象"，不仅指源于视觉之"物象"，也指听觉之"象"、味觉之"象"、触觉之"象"。话语能够激活人的感觉经验，这些感觉经验在话语中成为其意义的一部分。

话语意义中，各种构成成分的地位并不平等，其中，表意成分和表事成分是必有的，而表情成分和表象成分则是可选择的。表意成分和表事成分是更为基本的东西，表情成分和表象成分是渗透在它们之中的。

（4）话语意义是以意图为核心的认知建构。动态地看话语意义，它不是先于言语交际行为存在的，而是在言语交际行为中建构的。先于特定言语交际行为存在的是交际意图，这是言语交际行为发生的动机，也是话语意义建构的基础。交际意图是核心，话语意义是主体围绕这个核心建构出来的。

所有的理论家均不否认语言是人类重要的交际工具。语言可以帮人做点什么，这是语言产生的根本原因，也是语言的全部价值所在。对使用语言行为来说，特定的交际目的就成了言语交际行为的核心，言语交际说话人的言语表达围绕这个核心，听话人的言语理解也是在追寻这个核心。

目的是言语交际行为的启动因素和终极目标，没有无目的的言语交际行为；语言形式是目的的实现手段，是言语交际行为主体相互连接的外在手段。言语交际的目的都具有突出的地位，因为其他的三个要素都是为了言语交际目的才存在的，是言语交际目的将它们凝结在了一起。

但交际目的不等于言语意义，为了清楚起见，用"话语意义"来指称言语交际的意义，用"交际意图"指称言语交际的目的。在言语交际中，话语意义既包含有意图，也包含与意图相关的意义。

（5）交际意图。交际意图是言语交际行为的目的，也是言语交际行为的动机。一般来说，任何言语交际行为都是有交际意图的。交际意图是构成话语意义的基础和核心，要了解话语意义就要了解交际意图。交际意图由两部分组成：

意向和意向内容。意向决定了交际意图的性质,意向内容是某种性质意向的具体对象。我们用下面的图式来表示交际意图的结构:

意向[X]

图式的意思是:主体有关于"X"的意向。"X"是意向的内容,决定交际意图属性的是意向而不是内容。

①告知图式。告知就是交际主体将某种信息告诉对方。

②请求图式。请求就是要求对方做或不做什么。

③意愿图式。意愿就是表明说话者愿望的意图,包括意志、希望、承诺等。

(6)"提示—线索"建构论。

吕明臣认为,应该将说话人的表达看作对交际意图的一种"提示",而不是"整体包装"。从听话人的角度看,理解言语交际行为就是通过言语交际形式寻求交际意图,言语交际形式是寻求的"线索",而不是可以将其"剥开"就能找到内在交际意图的"外在包装"。

交际意图的表现在特定的认知语境中实现,交际意图的理解也是在特定的认知语境中完成的。"提示"只是凸显了包含有交际意图在内的认知语境的某部分,由此才成为理解或寻求交际意图的"线索"。"线索"的作用是在认知加工中将主体带入特定认知语境中,从而找到交际意图。

交际意图的表达和理解是言语交际行为的核心,围绕着交际意图,说话人选择用来"提示"的话语形式,听话人根据这种"提示"进行辨认。在说话人的提示和听话人的辨认这个互动过程中,产生了以交际意图为核心的衍生意义,从而使整个话语意义得以建构出来。

所谓"建构"就是选择:说话人从特定的交际意图出发选择话语形式;听话人从被说话人选择并给定的话语形式出发选择特定的交际意图。话语意义就是在说、听双方的这种选择中生成的。主体对话语意义的认知加工不是简单的符号转换,而体现为一种创造性的建构。

(7)言语交际中话语形式选择的相关原则:

①关联性原则。在言语交际行为中,主体要把握的一个最基本的、也是最重要的关联是:话语形式和交际意图的关联。在言语交际行为中,关联是确定的,但具体哪个话语形式和哪个交际意图相关联则是不确定的,需要考虑其他的因素来认定。

②显著性原则。在言语交际行为中,一般来说,当其他条件相同的情况下,交际意图和话语形式的关联越显著,就越容易被主体加工,这就是显著性原则。一般来说,在诸种可能被话语形式激活的相关交际意图中,能凸显出来的就具有显著性。

③简洁性原则。简洁性就是以尽可能少的话语形式做交际意图的标识,简洁性是言语交际经济性的体现。清代人魏禧在《日录论文》中谈到对简洁性的要求时说:"字约而义丰,辞简而义明。"也就是说,简洁是在满足交际意义的表现基础上的简洁,简洁不能妨碍意义的表达。言语交际行为中,如果某种交际意图是确定的,那么表现该交际意图的话语形式越少就越经济。

④适宜性原则。适宜性就是适切性或得体性,指在言语交际中,标识交际意图的话语形式应该最大限度地适合言语交际的主体、背景、情境。广义上说,就是适应社会文化的心理,使话语形式具有心理的可接受性。利奇的"礼貌原则"、列文森的"面子理论"涉及的都是话语的适宜性问题。不过,"礼貌""面子"只是适宜性的一个方面,适宜性包含的范围更广一些。

(8)话语意义实现途径:

①明示途径。明示是指用词汇化或语法化的成分标识交际意图。

②暗示途径。暗示指话语形式和交际意图的连接不是直接的,即不用词汇化或语法化的语言作为交际意图的标识,从交际意图到话语形式都经过一些中间的推断环节。

③隐喻途径。在言语交际行为中,隐喻提供了一种把交际意图和话语形式标识连接起来的途径,从而实现主体交际意图的表达和理解。交际意图和话语形式标识的连接是依靠主体认知到的事物之间的某种"相似性"。

(9)话语意义建构过程。话语意义建构过程实际上就是言语交际主体的认知加工过程,主体的认知加工包括两个互有联系的过程:说话人的认知加工和听话人的认知加工。话语意义可以理解为是这两个认知加工过程的产物。

总体上,说话人的认知加工是依次按如下四个阶段进行的:交际意图输入、假设形成、选择决策、话语形式生成。而听话人的认知加工则是依次按如下四个阶段进行的:话语形式输入、假设形成、假设选择、形成交际意图。

吕明臣明确指出,在言语交际行为中,一个最基本的、也是最重要的关联是:话语形式和交际意图的关联。吕明臣的研究使关联理论中模糊而笼统的"关联"

概念逐步清晰起来,进一步完善了关联理论。但话语意义的构建过程还可以进一步深入研究。

2.2　语境的再思考

2.2.1　语境的本质

语言是人类重要的交际工具,但语言的交际功能却只有在合适的语境中才能完美地实现。在言语交际中,如果离开语境,仅仅只通过言语形式本身,那么发话人往往不能恰当地表达自己的意图,而受话人也往往不能准确理解说话人的真正意图。这是因为受话人要准确地理解发话人的话语所传递的意图,仅理解言语形式的"字面意义"是远远不够的,还必须根据当时的言语环境动态构建出认知语境,来推导发话人言语行为的真正意图。如"屋里真冷!"可能表达多种意图:劝你加点衣服,劝你赶快离开,劝你弄点热东西来吃,请你关上门窗,请你打开空调……离开语境,是无法得知说话人的准确意图的。在言语交际中,语境对话语意义的表达和理解起着极其重要的作用。

国外的语境研究已有较长历史,古希腊哲学家亚里士多德在其《修辞》中就涉及了语境问题。我国春秋时期也早已有了体现语境思想或语境意识的论述,孔子在《论语·乡党》中说道:"孔子于乡党,恂恂如也,似不能言者。其在宗庙朝廷,便便言,唯谨尔。"这是在提醒我们,说话要注意时机和场合。根据现有的文献资料,"语境"(context)作为一个语言学概念,是德国语言学家魏格纳最先于1885年提出来的,但其"语境思想在语言学界并没有引起很大反响"[13]。

虽然中外语言学家高度重视语境,也从各个角度对语境进行了深入研究,并取得了丰硕的成果。但究竟应该如何给语境下一个恰当的定义,到目前为止,国内外语言学界尚无一致的意见。下面试举一些学者的观点:

语境是语用的中介场[14]。

语境就是时间、地点、场合、对象等客观因素和使用语言的人、身份、思想、性格、职业、修养、处境、心情等主观因素构成的使用语言的环境[15]。

语言……总是以一定的条件为前提,并受其影响和制约的。这种前提条件,就是语境—语言环境[16]。

语言环境,也可以叫作"交际场"。在现实的交际活动中,只有当交际的双方有条件地联系起来,组合而成为一个"交际场",交际活动才能够正常地开展,信息的交流才能正常地进行下去[17]。

语境是语用交际系统中的三大要素之一;它是与具体的语用行为密切联系的、同语用过程相始终的、对语用活动有重要影响的条件和背景;它是诸多因素构成的、相对独立的客观存在,又同语用主体和话语实体互相渗透;它既是确定的,又是动态的,以语境场的方式在语用活动中发挥作用[18]。

语境是人们运用自然语言进行言语交际的言语环境[19]。

这些定义都没有对语境的内涵进行清晰的描述,只是笼统地把语境称为"语言使用的环境";它们又试图通过外延的描述来界定语境,但这个外延包罗万象,把社会与个体、心理与物理各个层面的东西都归为语境,以至于语境成了人类知识的大集成。

从上面这些学者的看法可以看到,人们对语境这个概念的定义、性质的认识并不统一。仇鑫奕认为,为了准确理解语境概念的内涵、外延,给语境下一个恰当的定义,必须深入地分析和反思以下七个方面的内容[20]:

①语境是客观的场景,还是心理产物,还是交际主体相互主观构建(解释)的背景?

②语境是在言语交际之前既定的,还是在交际过程中动态形成的? 如果是动态形成的,那么它是由交际的参加者构成的,还是由其自身构成的交际主体,除了受语境制约,是否还可以为了自身的交际目的构造语境? 如果语境是不断构造的,那么其过程是不是积累性的?

③语境是相对什么而言的? 是不是单一的和唯一的? 是否具有确定性?

④语境是否为言语交际主体共享,或者说是否被限制在交际双方的"互有知识"范围内? 不同的交际主体是否有不同的语境?

⑤应当将语境置于什么层次上进行研究? 抽象的、一般意义上的普通语境是否存在?

⑥给语境下定义必须解决哪几个问题?

⑦建立一个描写性的语境模式必须解决哪几个问题?

上面所列的七个方面对于全面深入研究语境是很有启发意义的,对推动语境研究起到了非常重要作用。徐默凡的《论语境科学定义的推导》一文[21],深入了讨论语境的科学定义,揭示了语境的本质。

(1)参与主体话语理解的只能是认知语境。

话语的理解也是一个认知过程,也必然遵循认知规律。心理学研究证明,人类在一次认知中,由于注意力的限制,每次只能选择一部分事物作为观察的主要对象,并称之为认知的主体对象。由于人类短时记忆的容量有限,一段话语是交际中具有完整意义的最小单位,比一段话语更大的语言单位,比如段落或篇章,一般不能在一次理解中成为认知的主体对象。我们把语言理解时的主体对象确定为正在被受话者集中关注的一段话语,并称之为主体话语。主体话语之外也存在一定的环境,影响着对主体话语的理解,我们就称之为语境。

格式塔心理学家考夫卡(Kurt Koffka)认为,一次行为的环境可以分为"地理环境"和"行为环境"两个方面[22]。地理环境就是客观存在的环境,行为环境则是行为者观念中的环境,是我们对地理环境认识的结果。他用了一个生动的例子来说明这两个环境的差别:风雪交加中,有一名男子骑马穿过雪原,来到一家客栈。店主在门口诧异地迎接这名男子,问他从何处来,男子直指背后。店主惊恐地说:"你是否知道你骑马穿过了康斯坦斯湖?"听了这话,男子当场因后怕而倒毙。考夫卡指出,在该男子骑马过湖时,地理环境是随时会开裂的危险的冰冻湖泊,但他赖以采取过湖行为的行为环境则是想象中平坦坚固的积雪平原。地理环境和行为环境的差异导致了该男子的后怕毙命。

考夫卡认为,虽然行为环境形成于地理环境,而且不一定是地理环境的正确反映,但最终决定我们行为的仍然是行为环境。也就是说,是我们关于世界的知识,而不是世界实体本身决定着我们的行为。

主体话语的理解也是一种人类行为,影响这种行为的环境——语境也可以分为地理环境和行为环境两个方面,我们相应地称之为"实体语境"和"认知语境"。实体语境就是主体话语之外的以实体方式存在的客观环境,认知语境就是受话者头脑中关于实体语境的知识。在理解话语时,参与主体话语理解的只能是认知语境。

(2)语境以知识的方式参与主体话语的理解。

认知心理学认为,我们理解世界的范围和程度取决于我们的认知能力和已有的知识结构,超越认知能力和知识结构的世界对我们而言就相当于是不存在的。也就是说,参与主体话语理解的只能是我们认识到的世界的部分面貌,它们以知识的方式被我们把握。对于交际中所能感受到的相同的客观世界,由于交际双方的认识不同,就会造成理解困难,这就从反面证明了参与理解的只是关于客观世界的知识,而不是客观世界本身。最后,背景语境是受话者头脑中的所有记忆,本身就是一种认知语境,因为一个人的经验、经历、技能、常识等都只能以知识的方式存在于记忆中。

哲学认识论研究认为,知识就是客观现实在人的头脑中形成的理性认识,既包括对经验事实的直接把握,也包括对事物本质或规律的间接概括。人类的所有知识都是由判断构成的。所谓判断,就是认知主体对认知客体的情况(包括性质、状态、关系等)有所断定的一种思维形式。对某一认知客体的所有判断的集合,就是我们关于这一客体的所有知识。判断是一种思维形式,把判断的内容用语言表达出来就形成了命题。命题是表达判断的语句,是知识的最小单位。前文所说的语境以知识的方式参与主体话语的理解,参与理解的不是混沌一团的知识整体,而是一个个的命题,是可以用语言加以表达的一个个判断。

(3)语境是主体话语理解所需的相关知识。

对于理解一段主体话语来说,受话者需要的知识是有限的,并不需要所有的个人知识。对于那些在理解时不起作用的知识,我们应该把它们排除在语境之外。我们可以把理解主体话语时真正起作用的知识称为"相关知识",那么语境就应该是相关知识而不是所有的个人知识。

(4)语境是发话者和受话者的共有知识。

对于一次交际来说,实际上有两种语境知识,一种是发话者在发出话语时利用的语境知识,另一种是受话者在理解话语时激活的语境知识。理论上,只有这两种语境完全一致时,受话者理解的意义才能还原发话者要传达的意义,从而完成一次成功的交际。这种语境知识交际双方都要利用,那么显然是两者的共有知识了。

(5)语境是发话者激活的共有知识。

语境必须是交际双方的共有知识,这是没有疑问的。然而交际双方的知识,特别是背景知识,并不是可以观察的实体,究竟哪些知识是共有知识并没有一个明确的标准。我们认为,所谓交际双方的共有知识并不是交际双方客观上的共有知识,而只是发话者对受话者的知识状况进行估计的结果。

受话者发出话语时,必须对受话者的知识状况进行估计,分析哪些知识是受话者已知的（即哪些知识是交际双方的共有知识），因而可以激活加以利用；哪些知识是受话者未知的，因而必须加以详细说明。同时，发话者在组织话语时也必须给出足够的提示信息，提示受话者激活利用哪些知识。受话者只有根据发话者的提示激活相应的知识，才有可能对主体话语进行准确的理解。因此，所谓的共有知识实际是发话者估计的、由发话者主观决定的共有知识。

综上所述，本书非常赞成徐默凡对语境下的定义："语境是一次交际中，发话者为了使受话者理解一段主体话语所传递的真正意义而试图激活的交际双方共有的相关知识命题，这些命题最终表现为帮助主体话语形成意义的预设命题、帮助主体话语补充意义的补充命题以及帮助主体话语推导言外之意的前提命题这样三种形式。"[21]本章在此基础上也尝试给出语境的定义：语境是为了实现交际意图的传释而试图激活的交际双方共有的知识。

2.2.2 表达语境与理解语境

我们首先从一个例子来了解言语交际中表达语境和理解语境的区别。《雷雨》中有一段对话，由于交际双方所构建的语境不同，造成了周萍对父亲周朴园问话的误解，从而虚惊了一场：

周朴园：我听人说你现在做了一件很对不起自己的事情。

周　萍：(惊)什——什么？

周朴园：(走到周萍的面前)你知道你现在做的事是对不起你父亲的么？并且——对不起你母亲的么？

周　萍：(失措)爸爸。

周朴园：(仁慈地)你是我的长子，我不愿当着人谈这件事。(稍停)(严厉地)我听说我在外边的时候，你这两年来在家里很不规矩。

周　萍：(更惊恐)爸，没有的事，没有。

周朴园：一个人敢做，就要敢当。

周　萍：(失色)爸！

周朴园：公司的人说你总是在跳舞场里鬼混，尤其是这两三个月，喝酒、赌钱，整夜地不回家。

周　萍：哦，(放下心)您说的是——

周朴园：这些事是真的么？(半响)说实话！

周　萍:真的,爸爸。(红了脸)

周朴园所说的"你现在做了一件很对不起自己的事情",是以他所构建的表达语境("公司的人说你总是在跳舞场里鬼混,尤其是这两三个月,喝酒、赌钱,整夜地不回家")为前提的。但周萍在理解该话语时所构建的理解语境却是自己与后母的不正当关系,所以造成了误解。

(1)表达语境。

在言语交际中,发话人必须为受话人提供识解话语的语境线索,帮助听话人构建理解话语所需的认知语境。受话人能否理解话语,关键在于当前话语和现实语境能否为受话人的理解提供足够推理依据。因此,发话人构建表达语境的目的之一是为受话人提供识解话语和语用推理的基础和依据,帮助受话人找到双方共享的语境知识。

高明的发话者在交际中会根据表达的需要,创设种种语境,为自己的表达提供自由开放的空间,实施既定的语用策略,以完成既定的交际任务。

总之,表达语境是在言语交际中,发话者为了使受话者理解一段主体话语所传递的真正意义(交际意图)而试图激活的交际双方共有的相关知识命题。

发话人构建表达语境的手段是多种多样的,可以利用一系列语言手段构建,如指示语、语用预设、话语标记语、交际性语言、预示语、委婉语等,也可以利用许多非语言手段构建,如体态语、时空语、伴随物、副语言等。

(2)理解语境。

话语意义的理解要依赖于具体的语境,语境中的话语受语境制约。只有在具体的语境中,人们才能准确地理解话语意义。话语理解实质上是受话者运用智力因素主动构建理解语境,推导意义和交际意图的过程。

受话者构建理解语境是为了消除话语的多义性和模糊性。自然语言具有多义性与模糊性,但具体的语境可以消除话语意义的多义性与模糊性,也就是说语境对话语理解有制约和解释功能。

受话者构建理解语境是为了推导话语的隐含意义。在交际中,出于某种考虑,发话者有时不用直接明了的话语形式来传达自己的意思,而是话中有话,顾左右而言他,意图的传递与话面意思发生偏离时,话语的意义和说话人的意图是隐含的,必须结合特定语境进行智力推理,才能准确理解话语的隐含意义和说话人的其实意图。

　　总之,理解语境是在言语交际中,受话者为了理解发话者的一段主体话语所传递的真正意义(交际意图)而激活的交际双方共有的相关知识命题。

　　根据这些知识的来源,我们把现场语境细分成上下文语境、现场语境、背景语境。如果这些知识来源于目标话语所在的前言和后语,则称之为上下文语境;如果这些知识来源于言语交际现场,则称之为现场语境;如果这些知识来源于受话者的长时记忆,则称之为背景语境。

　　在言语交际中,如果交流顺畅高效,人们几乎意识不到表达语境和理解语境的差别,这时理解语境几乎等同表达语境,或者说至少没有什么区别。但如果发话者给予的语境线索不够清晰,或者错误估计了受话者的共有知识,就会导致两者不一致的情况,这时就会影响到交际效果,造成受话者误解,甚至不解发话者的真实意图的情况。

　　由于本书的研究目的是实现深度自然语言理解而探索语境的动态构建方法,因而,本书只讨论理解语境的构建问题,不再讨论表达语境的构建。

2.3　语境构建概论

2.3.1　语境的构建性

　　语境是静态的给定的,还是动态的构建的? 这是语境重要的性质,也是语境研究者关注的焦点之一。人们对语境性质存在两种不同的观点:

　　一种是静态给定语境观。韩礼德把语场、语旨和语式统称为情景。布朗(Brown)提出语境所涉及的因素有共有知识、百科知识、交际意图或目的、类似的语篇经验。费什曼(Fishman)认为语境包括地点、时间、身份和主题。海姆斯提到的语境因素有"话语的形式和内容、背景、参与者、目的、音调、交际工具、风格和相互作用的规范等"。莱昂斯(Lyons)把对语境的认识称为一种知识体系。陈望道主张情境(语境)包括"六何"。王希杰认为语境是交际活动中由语言世界、物理世界、文化世界和心理世界所组成的四个世界的统一。王德春认为语境由客观因素和主观因素构成。这些研究者本质上都把语境作为一种客观存在,认为语境是先于交际过程静态地存在于人们思想中的一系列客观性知识。静态语境观把交际双方置于受控于语境的被动地位,强调语境在交际中的规范和制约作用,这就使语用主体失去了在交际过程中选择和构建语境的主动性[23]。

　　另一种是动态构建语境观。近几十年的语境研究发生了认知转向,目前学者多持动态观,认为语境是构建的,交际双方共建的,动态的。斯波伯和威尔逊把语境定义为"心理产物,是听话者对世界的一系列假定中的一组"[7],即存在于听话者大脑中的一系列假设。在具体的交际中,交际双方能够选择适当的假设来构建特定的认知环境。维索尔伦认为语言适应是指语言适应环境,或者环境适应语言,或者两者同时适应[24]。也就是说,"语言适应"不是单向性的适应。梅伊认为:"语境是动态的,它不是静态的概念,从最广泛的意义上说,它是言语交际时不断变动着的环境。"[25]费策尔(Fetzer)干脆说:"语境是一种动态的建构。"[26]范代克也强调语境是主观建构的动态认知发展过程[27]。熊学亮认为认知语境是人的知识结构对外部世界结构化(即概括或抽象化)的结果[28]。语言使用者运用自己的认知能力把具体语境因素内化为大脑中的种种关系,在言语交际时,可以根据需要,自觉或不自觉地激活储存在大脑中的相关认知语境内容。廖美珍则指出语境动态性的根本原因和动力是说话人对其目的的追求[29]。这些观点都把语用主体的认知活动上升到主导地位。既然语境是认知的产物,那么语境就是一个动态的概念,它随着人的认知能力的增强和认知活动的推进而变化。

　　与传统的静态语境观相比,动态化的认知语境观把种种具体的语境因素当作一个心理结构体,把语用主体置于言语活动的中心地位,视交际者为具有主观能动性的个体,赋予了语言使用者更多的主动权。

2.3.2　理解语境的构建模型

语境是怎样构建的? 这个问题得从表达语境和理解语境两个角度来回答。

2.3.2.1　表达语境的构建

该领域的突出研究成果当属刘澍心的专著《语境构建论》,他认为在交际中,交际双方有一个共同的目标:发话人将交际意图顺利地传递给听话人,受话人顺利地理解发话人的交际意图。因此发话人总是会利用各种方法和手段向受话人显现自己的意图。因此,对于发话人而言,发话人在说话的同时也在构建语境[30]。

　　表达语境的构建是"指说话人有意识构建有利于表达和理解的策略性语境

和解释性语境的主体行为。场合、对象、时机、方式等客观存在的语境因素,在以人为中心的言语活动中并不是超越所有说话人的机械反映,而是具体使用者的选择性认知。说话人从自身认知出发,以现实的交际需要为目的,对这些客观因素进行选择,进而构建成具体的语言环境。也就是说,由客观世界构成的可能语境因素能否进入说话人的现实语境取决于说话人对听话人认知图示与认知能力的预测以及自身所要实现的交际意图的需要。"

他指出,发话人可以利用一系列语言手段构建语境,如指示语、语用预设、话语标记语、交际性语言、预示语、委婉语等,也可以利用许多非语言手段构建语境,如体态语、时空语、伴随物、副语言等。他还深入讨论了各种语言、非语言手段对语境的构建功能。

他指出了表达语境构建的总原则:发话者为了实现自己的交际意图,而有意识地对各种语言、非语言手段进行选择,构建有利于自己交际目的实现的语境。但仍然没有清晰回答"表达语境是如何构建的"这一问题,也没有给出可操作性的表达语境构建方法,该领域还有待进一步研究。

2.3.2.2　理解语境的构建

对理解语境构建的最早研究成果是关联理论,该理论认为,话语理解是一个根据语用提供的信息或假设去寻找话语的最佳关联性的一个推理过程。受话者可以做出各种各样的与话语相关联的语境假设,然后通过推理来判定话语与语境假设的最佳关联,获取该新信息或新假设所产生的语境效果,从而推出话语的含意,理解说话人的交际意图。

关联理论认为,在交际中人们总是要对头脑中的庞大信息系统进行选择,调用一系列语境假设。但是对于这些语境假设的产生过程及其出现顺序,斯波伯和威尔逊却未能作出清楚的解释。

语境假设的产生过程是怎样的?曾莉[31]对此进行了探索。她介绍了柯林斯和奎利恩提出的心理模式:在我们的记忆中,概念是按等级编排的,这些概念的特征被储存在一个等级体系中。对交际和理解的思维作业来说,一个概念和一个特征之间的联想,如果是直接的,加工就比较顺利;如果这一联系是间接的,那么就必须要通过中间概念才能使人容易理解。从规约性或者共享性来看,以概念表征的形式贮存在听话人的大脑中的语境假设也构成一个等级体系,首先语言语境假设的规约性和共享性最强,构成第一层级,它基本上是针对明说话语的理解；其次是比较接近它的常规关系语境假设，主要针对一般会话含意的理解；再次是文化背景语境假设，规约性或共享性虽没有前面两者强，但相对还算高，它既介入一般会话含意的理解，也介入特殊会话含意的推理；最后是现场情景语境假设，规约性和共享性非常弱，基本上是针对特殊会话含意的推理。

曾莉提出了语境假设的产生过程：当说话人发出话语刺激后，听话人按照共性因素的大小，以寻找最佳关联为原则，以不断地扩充语境进行下下因果推导为途径，在大脑皮层适度紧张的控制下，在新信息与相关语境中去不断寻找最佳关联，不断进行下下因果关系的推理，直到获得会话含意。具体过程为：①产生语言语境假设。②产生常规语境假设。③产生社交语境假设。作者认为语境假设是按照联想的容易性、稳定性的顺序来产生的。

另外，黄华新也从理解语境的角度讨论过认知语境的建构过程，他认为，"认知语境的建构过程是指认知主体通过自己的认知能力，根据对当前物理环境的模式识别，运用已有图式结构中的知识形成语境假设的过程。它包括模式识别、图式激活、知识选择和假设形成四个阶段。[32]"

我们认为，理解语境是在言语交际中，受话者为了理解发话者的一段主体话语所传递的真正意义（交际意图）而激活的交际双方共有的相关知识命题。因此理解语境构建的实质是受话者为了理解发话者的交际意图，根据发话者给出的各种"提示"寻找"线索"，激活交际双方共有的相关知识命题，并将相关知识命题调入工作记忆的过程。理解语境的构建模型可以用图2-1来表示：

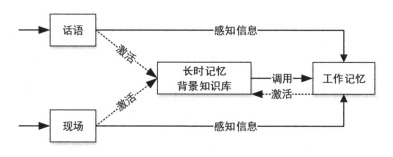

图2-1　理解语境构建模型简图

在理解语境的构建模型中，输入的信息只有来自交际现场所感知的话语信息和交际场景的信息。理解语境的构建过程就是获取交际现场的各种信息，获取话语信息并调用语言知识解析，并将话语所涉及的各种实体、事件的相关信息、背景知识调入工作记忆中的过程。

从不同的知识来源来说,理解语境构建可以分为现场语境构建、上下文语境构建、背景语境构建。

(1)现场语境构建。根据现场直接感知的非语言信息,先后完成实体识别、实体间关系识别、场景识别、行为识别这些过程,并用恰当的知识表示方式将相应的识别结果表示出来,将这些知识整合进工作记忆中。详见本书第 7 章的讨论。

(2)上下文语境构建。把从上下文语境中获得的相关信息整合进工作记忆中,主要包括语句意义的表示和知识整合两个环节。以后需要调用上下文信息实际上是在工作记忆中完成。详见本书第 8 章的讨论。

(3)背景语境构建。背景语境构建就是将所需的各种背景知识调入工作记忆中的过程,主要包括三个方面:①根据现场语境信息调用背景知识;②根据话语信息调用背景知识;③根据语用推理信息调用背景知识。详见本书第 9 章的讨论。

2.3.3 不同阶段的理解语境构建

从话语意义理解的过程来看,理解语境构建可以分为字面意义解读和交际意图推理两个阶段。

在言语交际中,受话人接收到发话人发出的一段主体话语后,理解该主体话语都要经过两个阶段:字面意义解读和交际意图推理,而这两个阶段的实现都需要构建相应的理解语境。下面我们分别讨论这两个阶段的理解语境的构建。

2.3.3.1 字面意义解读阶段的理解语境构建

"字面意义"通常指话语的可通过词汇和句法复取获得的借由表达式编码的最小意义。本章在使用这一概念时并要求该意义完全独立于语境。字面意义解读相当于理解奥斯汀三分说中的叙事行为。

语言本身是一个非自足的系统,其具体意义表达需要语境才能实现,尤其是指示词意义的确定。不仅如此,发话人往往追求表达的经济性,交际中往往能省则省,不言自明的内容都不说,发话人省略的内容也需要在语境中补充。因此主体话语的字面意义的解读也需要构建相应的理解语境。如正在厨房炒菜的 A 对经过身边的 B 说:"没油了。"B 首先激活相应的语言知识,获取到了"没""油""了"三个词的词汇意义;并由现场语境"厨房"确定了"油"的具体含义:食用油;由现场语境"A 在炒菜"猜测是油壶没油了,眼睛一扫,看到油壶果真没油了。到此,B确定了 A 所说的主体话语的字面意义是"厨房的油壶里没有食用油了"。

从上面的例子可以看出,字面意义解读大体经过了下面五个环节(见图 2-2)。

(1)词汇确定。受话人听到话语,首先得把听到的音节识别成相应的词汇,难点在于区分同义词,如在某一网络视频中,男人质问女人:"nǐ zěnme néng chūguǐ?"我们很自然地就把"chūguǐ"识别成"出轨",当后面听到"大鬼""小鬼"时,才明白前面提到的"chūguǐ"应是"出鬼",原来两人在讨论打牌。

(2)词汇意义的查询。受话人需要激活语言知识库,查询话语中词语的相关知识。

(3)指示词意义的确定。受话人需要激活现场语境才能确定,如"你,你,还有你,来一下。"这句话中的三个"你"分别所指的具体对象只能在交际的现场才能明确。有时候,受话人需要激活背景语境才能确定,如要理解"去年 6 月",受话人需要调用背景知识,明确"今年"是具体哪一年,才知道其意义所指。

(4)多义词意义的确定。有些多义词的意义在词语组合中就可以实现消歧,如"打酱油""打毛衣",这时根据语言知识库就可以解决;但有时候,如"没油了。",受话人需要激活现场语境才能明确多义词的具体意义。

(5)省略补全。发话人在表达中省略的部分,受话人需要激活相应的语境来补全。发话人承接上下文省略的,受话人需要激活上下文语境来补充;发话人承接现场语境省略的,受话人需要激活现场语境来补充;发话人承接背景语境省略的,受话人需要激活背景语境来补充,如发话人已经告知受话人谁会来,那么受话人听到"来了。"时,就会调用相关的背景知识来补全相关信息。

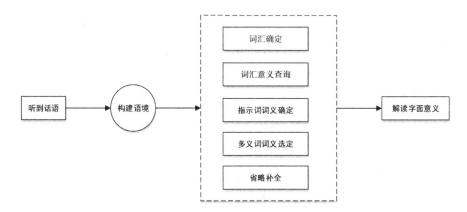

图 2-2　字面意义解读阶段的理解语境构建

2.3.3.2 交际意图推理阶段的理解语境构建

受话者在解读了话语的字面意义以后,就会判断话语的字面意义是否直接就是发话者的交际意图。如果是,受话者就不再进一步寻求话语的其他意义了,如受话者听到发话者真诚地对他说"祝贺你考上了研究生。",受话者就会认为发话者的交际意图就是"祝贺";如果不是,受话者就会进一步调用相关知识构建理解语境,去推断发话者的交际意图。如上例中 B 确定了 A 所说的主体话语的字面意义是"厨房的油壶里没有食用油了",B 判断这不是 A 的话语的交际意图,于是 B 进一步调用相关知识,譬如,现场语境知识:A 在忙着炒菜,还有菜需要炒。油壶里面没食用油了。背景知识:炒菜需要放油,往往从油壶放油到锅里,炒菜时得先在油壶里填上油。家里的食用油总是储存在什么地方……然后利用这些知识进行推理:还要继续炒菜,需要油壶里有食用油,A 很忙没空自己将油壶添满油,A 是请 B 将油壶添满。

从上面的分析可知,受话者如果没有直接从字面意义中得到交际意图,就会进一步构建理解语境来进行交际意图推理,直到最终识别交际意图。其过程可以用图 2-3 来表示:

图 2-3 交际意图推理阶段的理解语境构建

总之,在言语交际中,受话人理解主体话语都要经过两个阶段:字面意义解读和交际意图推理,在每一个阶段受话者都需要构建相应的理解语境来实现。上面我们讨论了话语理解的两个阶段以及理解语境构建的大体过程,那么理解语境的详细构建过程是怎样的呢? 这个问题我们将在本书的后面几章进行详细讨论,而在此之前,我们还有许多基础性的工作需要完成。

2.3.4 理解语境的基本构建单位

言语交际不仅包括面对面的口头交流,也包括非面对面的书面语交流(当然也包括在线交流,如 QQ、微信等);有时候的言语交流仅仅只有一句话,有时候又是长时间的交流,聊天侃地,从东聊到西,从小聊到大。相对应的理解语境也就有一句话、一段话到一个语篇的理解语境。为了构建理解语境,我们得先确定理解语境的最基本的构建单位。很明显,从简单的结构开始构建复杂的结构才是最可行的,因而比较合理的构建单位应该是一句话的理解语境,而不是从一段话开始构建理解语境,更不可能是从更加的复杂的篇章开始。

但句子又可以分为单句和复句,在构建理解语境时需不需要进一步区分呢?邢福义先生在 1994 年华中师范大学语言学研究所的一次学术报告会上提出的"小句中枢"说很有启发意义。小句中枢说认为小句处于汉语语法系统的中枢地位:小句所具备的语法因素最为齐全,小句跟其他语法实体都有直接联系;小句能控制和约束其他语法实体,因而成为其他语法实体所从属所依托的核心,并由此产生了小句成活律、小句包容律和小句联结律等"小句三律"。复句、句群等超句法单位,可以通过小句的串联得到。"小句中枢"是"在语言和言语两个领域中、为解决语言结构和语言运用的问题而提出的一种本位学说,符合当代语言学的发展方向[33]。"本小节根据"小句中枢"这一思想,也认为构建理解语境时的基本单位应该是小句的理解语境,复句、句群等超句法单位的理解语境,可以通过小句的理解语境的进一步构建而得到。

在言语交际中,我们可以按照时间顺序把话语分为初始句和后续句。初始句是在言语交际中发话人表达的第一句话语,而后续句是接在初始句后面的话语。为什么要进行区分呢? 这是因为初始句的理解与后续句的理解有很大的不同。理解初始句时,受话人还没有前期语境,不知道对方说什么话题,难以预测,无法事先准备相关的知识。即使受话人有时也会努力揣摩发话者的心思,但不一定能够准确猜中对方的发话主题;有时甚至注意力根本就不在发话人身上。相对而言,后续句的理解就轻松多了,由于有了前面话语的语境,受话人对交流内容已经有了一定的预期,理解话语所需的知识容易定位,可以比较轻松调用。总之,从理解语境构建的角度来看,初始句和后续句的理解语境构建有着很大的不同,得分开讨论。

综上所述,构建理解语境时的基本单位是小句的理解语境。首先从初始句的理解语境开始构建,然后构建后续句的理解语境。由小句的理解语境的构建完成复句的理解语境,由小句、复句的理解语境的构建完成句群的理解语境,最终完成语篇的理解语境的构建。理解语境的构建层次可以用图 2 - 4 表示:

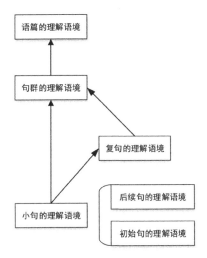

图 2 - 4   理解语境的构建层次示意图

本章参考文献：

[1] GRICE H P. Logic and Conversation[M]. In P. Cole. J. Morgan (eds.) Syntax and Semantics, vol. 3: Speech Acts. New York: Academic Press, 1975.

[2] LEVINSON S C. Pragmatics and the Grammar of Anaphora[J]. Journal of Linguistics, 1987,23:379 - 431.

[3] LEVINSON S C. Pragmatic Reduction of the Binding Conditions Revisited[J]. Journal of Linguistics, 1991, 27:107 - 161.

[4] 唐瑞梁. 格赖斯语用观批判[J]. 重庆文理学院学报(社会科学版),2007,26(6):65 - 68.

[5] LEVINSON S C. Pragmatics[M]. Cambridge: Cambridge University Press,1983:228.

[6] SEARLE J R. Speech Acts. An Essay in the Philosophy of Language[M]. Cambridge: Cambridge University Press,1969.

[7] SPERBER D, WILSON D. Relevance: Communication and Cognition[M]. Oxford: Blackwell,1986 / 1995.

[8] 周建安. 论语用推理机制的认知心理理据[J]. 外国语(上海外国语大学学报),1997(03): 33 - 37.

[9] 杜福兴. 评关联理论的主要贡献[J]. 外语学刊,2011,(6):55 - 58.

[10] 吕明臣. 话语意义的建构:言语交际过程中主体的认知加工[D]. 长春:吉林大学,2005.

[11] 廖美珍. 目的原则与交际模式研究(续)[J]. 外语学刊, 2009(6):101 - 109.

[12] 廖美珍. "目的原则"与目的分析(上)[J]. 修辞学习,2005(3):1 - 10.

[13] 朱永生. 语境动态研究 [M]. 北京:北京大学出版社,2005.

[14] 冯炜. 语境是语用的中介场[J]. 山东大学学报(哲学社会科学版),1988(2):27 - 33.

[15] 王德春,陈晨. 现代修辞学[M]. 南昌:江西教育出版社,1989.

[16] 西光正. 语境与语言研究[C]//国际汉语教学讨论会论文选,1990.

[17] 王希杰. 论语言的环境[J]. 广西大学学报(哲学社会科学版),1996(01):60-68.

[18] 王建华. 关于语境的定义和性质[J]. 浙江社会科学,2002(2):189-192.

[19] 索振羽. 语用学教程[M]. 北京:北京大学出版社,2018:2.

[20] 仇鑫奕. 语境研究的变化和发展[J]. 修辞学习,1999(03):4-6.

[21] 徐默凡. 论语境科学定义的推导[J]. 语言文字应用,2001(2):46-56.

[22] 考夫卡. 格式塔心理学原理[M]. 杭州:浙江教育出版社,1997:34-36.

[23] 何兆熊,蒋艳梅. 语境的动态研究[J]. 外国语,1997(6):16-22.

[24] VERSCHUEREN J. Understanding Pragmatics[M]. London:Arnold,1999.

[25] MEY J L. Pragmatics:An Introduction[M]. 2nd ed. Beijing:Foreign Language Teaching and Research Press,2001:40

[26] FETZER,A. Re-contextualizing Context:Grammaticality Meets Appropriateness[M]. Amsterdam:John Benjamin Publishing Company,2004.

[27] VAN DIJK T A. Society and Discourse:How Social Contexts Influence Text and Talk[M]. Cambridge:Cambridge University Press,2009.

[28] 熊学亮. 语用学和认知语境[J]. 外语学刊,1996(3):1-7.

[29] 廖美珍. 目的原则和语境动态性研究[J]. 解放军外国语学院学报,2010,33(4):1-5.

[30] 刘澍心. 语境构建论[M]. 长沙:湖南人民出版社,2006.

[31] 曾莉,王苹. 语境假设的产生过程[J]. 语言研究,2007,27(4):106-108.

[32] 黄华新,胡国. 认知语境的建构性探讨[J]. 现代外语,2004,27(3):248-254.

[33] 李宇明. 汉语语法"本位"论评——兼评邢福义"小句中枢说"[J]. 世界汉语教学,1997(01):17-24.

[34] 陈望道. 修辞学发凡[M]. 上海:复旦大学出版社,2014.

[35] 冯广艺. 汉语语境学概论[M]. 银川:宁夏人民出版社,1998.

[36] 冯广艺. 语境适应论[M]. 武汉:湖北教育出版社,1999.

[37] 王建华,周明强,盛爱萍. 现代汉语语境研究[M]. 杭州:浙江大学出版社,2002.

[38] 王建华. 现代汉语语境研究[M]. 杭州:浙江大学出版社,2002.

[39] 王冬竹. 语境与话语[M]. 哈尔滨:黑龙江人民出版社,2004.

[40] 曹京渊. 言语交际中的语境研究[M]. 济南:山东文艺出版社,2008.

[41] 孙长彦. 语境奥秘的探究[M]. 银川:宁夏人民出版社,2009.

[42] 周淑萍. 语境研究——传统与创新[M]. 厦门:厦门大学出版社,2011.

3 语境知识表示概论

3.1 语境知识

3.1.1 知识及其分类

在计算机领域,将知识的概念与数据和信息的概念相对比,这样更加容易理解。数据(data)是对客观事物的性质、状态及相互关系等进行记载的物理符号或物理符号的组合。它仅仅是人们运用各种工具和手段观察外部世界所获得的原始材料,只描述发生了什么事情,不提供判断或解释与行动的可靠基础。

信息(information)是经过加工处理以后,能对接受者产生影响的有一定含义的数据。信息是来源于信息论的术语。信息论的创始人香农(C. E. Shannon)在描述信息时说"信息是用来消除随机不确定性的东西"。信息是数据在特定场合下的具体含义,具有时效性。同一个数据在不同的场景下会有不同的解释,如数字在不同的单位限定下会有不同的表达意义。信息就是对数据的解释,消除了数据的不确定性。数据是信息的载体,在计算机世界,所有信息都是以数据"0/1"的形式存储、使用和传播。

什么是知识?从信息论的观点看,知识(knowledge)是以各种方式把一个或多个信息关联在一起的信息结构,是信息通过加工、整理、解释、挑选和改造而形成的,也是对客观世界规律性的总结。

从知识库的观点看,知识是某领域所涉及对象有关方面、状态的一种符号表示,是对事实和规则的一种描述。

从认识论的角度来看,知识是人类在长期的生活、实践、科学研究及实验中积累起来对客观世界的认识和经验总结,是经过实践检验的、可以用来决策和指导行动的信息,是人们在改造世界中所获得的认识和经验的总和。

从上可知,数据是记录信息的符号,信息是对数据的解释,知识是信息的概括和抽象。数据经过解释处理形成了信息,信息经过加工形成知识。知识是由信息描述的,信息由数据为载体存在。从数据到信息的转换是一个数据处理过程,从信息到知识的转换是一个认知过程。数据、信息和知识之间相互依存的辩证关系如图 3-1 所示。

图 3-1　数据、信息和知识之间的关系

3.1.1.1　知识的属性

知识具有如下几个属性[1]:

(1)真伪性:知识是客观事物及客观世界的反映,它具有真伪性,可通过实践检验其真伪,或用逻辑推理证明其真伪。

(2)相对性:一般知识不存在绝对的真假,都具有相对性。在一定条件下或特定时刻为真的知识,当时间、条件或环境发生变化时可能变成假的。

(3)不完全性:知识往往是不完全的。这里的不完全大致分为条件不完全和结论不完全两大类。

(4)不确定性:现实中知识的真与假,往往并不总是"非真即假",可能处于某种中间状态,即所谓具有真与假之间的某个"真度",即模糊度和不精确度。例如"小王的成绩是优秀","优秀"就是一个模糊概念,因为我们并没有明确定义优秀。在知识处理中必须用模糊数学或统计方法等来处理模糊的或不精确的知识。

(5)可表示性:知识作为人类经验存在于人脑之中,虽然不是一种物质东西,但可用各种方法表示。一般表示方式包括符号表示法、图形表示法和物理表示法。

(6)可存储性、可传递性和可处理性:既然知识可以表示出来,那么就可以把它存储起来既可通过书本来传递,也可通过教师的讲授或者通过计算机网络等来传输,同时知识可从一种表示形式转换为另一种表示形式。知识一旦表示出来,就可同数据一样进行处理。

3.1.1.2 知识的分类

知识的分类(category of knowledge)是从不同的研究视角、研究目的及其对知识的不同认识程度,对知识进行分类的方法。知识的分类方法很多,从不同的角度可以将知识分成不同的类别。

(1)根据知识的作用及表示来分类,可分为事实性知识、过程性知识、控制性知识。

事实性知识:用于描述事物的概念、定义、属性或状态、环境、条件等的知识;回答"是什么?""为什么"的知识。

过程性知识:用于问题求解过程的操作、演算和行为的知识;回答"怎么做?"的知识。

控制性知识:关于如何使用过程性知识的知识,如系统的推理策略、搜索策略和求解策略等。

(2)根据知识的专业角度来分类,可以分为常识知识和专业知识。

常识知识:即通用性知识,是人们普遍知道的知识,可用于所有的领域。它是人类社会中经过长期验证使用,众所周知、不言自明的知识。

专业知识:又称领域知识,是面向某个具体领域的知识,只有相应专业领域的人员才能掌握并用来求解领域内的有关问题。

(3)根据知识的获取难度来分类,可分为显性知识与隐性知识。

显性知识:我们通常所描述为知识的,即能通过书面文字、图表和数学公式加以表述的知识,又被称为"可言说的知识"或"清晰的知识"。

隐性知识:指人类知识总体中那些无法言传或不清楚的知识,又被称为"前语言的知识"或"不清晰的知识"。这一概念是迈克尔·波兰尼(Michael Polanyi)在1958年提出的。

(4)根据知识的确定程度来分类,知识可以分为确定性知识和不确定性知识。

确定性知识:可以给出其"真"或"假"的知识。

不确定性知识:具有不确定性(不精确、模糊、不完备)的知识。

3.1.2 语境知识的构成

学界对语境知识构成的范围看法各有所不同,但是值得肯定的是,不管是小范围的狭义语境论,还是大范围的广义语境论,都认为语境是由内部若干个更小的因素有秩序地排列而成的有机整体。学者们的争论主要在于语境知识究竟具体包含哪些因素或者说哪些方面。

(1)何兆熊的语言、语言外知识。

何兆熊将语境研究与语用研究结合,以使用语言的知识为着眼点,把语境分为语言知识的语境和语言外知识的语境两大类[2]。语言知识的语境,又包括所使用的语言的知识和对语言的上下文的了解;语言外知识的语境,又包括情景知识,如交际活动的时间、地点、交际的话题、交际的正式程度、参与者的相互关系,背景知识,如特定文化的社会规范等、会话规则、关于客观世界的一般知识,参与者相互了解的知识。具体如图3-2所示:

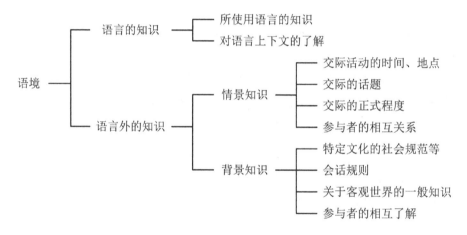

图3-2 何兆熊的语言、语言外知识

(2)王德春的主、客观因素。

王德春把构成语境的因素分为两大类:言语环境的客观因素和言语环境的主观因素[3]。客观因素包括时间、地点、场合、对象等因素。主观因素则包含了身份、职业、思想、修养、性格、处境和心情等因素,其中处境和心情又被归为临时主观因素这一小类中。在交际过程中,言语环境中的各种因素总是交错在一起对语言的使用产生影响。具体如图3-3所示:

(3)王均裕的语言、非语言因素。

王均裕从语言因素语境、语体语境、前言后语语境、社会特殊习惯用语语境、非言语因素语境、社会文化语境、交际双方境况、交际双方自身特点等多个不同

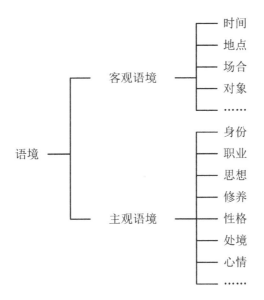

图 3-3 王德春的主、客观因素

的侧面对语境进行了详细的划分。他首先把语境分为语言因素语境和非语言因素语境[4]。语言因素语境是由语言活动过程中影响其语言行为的多种语言现象所构成的语境,可以进一步分为前言后语语境、语体语境和社会特殊习惯用语三类。

非语言因素语境子系统是由与语言活动有关联的种种非语言因素构成的语境系统,可以分为交际双方境况、社会文化环境、时空环境三部分。其中,交际双方境况又可以进一步细分为交际双方的自身特点、交际双方的关系、交际双方的信息背景即双方的知识背景;社会文化环境是语言活动的大语境,可以进一步细分为横向系统和纵向系统两类;时空环境可以进一步细分为宏观时空环境、微观时空环境两类。具体构成可见图 3-4。

(4)王建华的言内、言伴、言外语境。

王建华认为根据语境同语言的关系,第一层可以将语境分为言内语境、言伴语境、言外语境三种[5]。

在第二层,言内语境又分为句际语境和语篇语境两种;言伴语境又分为现场语境和伴随语境两种;言外语境又分为社会文化语境和认知背景语境两种。

在第三层,句际语境又可分为前句、后句或上文、下文等因素;语篇语境又可

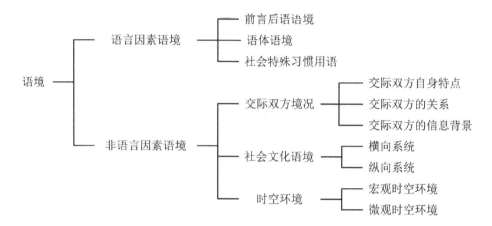

图 3-4　王均裕的语言、非语言因素

分为段落、语篇等因素。现场语境又可分为时间、地点、场合、境况、话题、事件、目的、对象等因素;伴随语境又可分为情绪、体态、关系、媒介、语体、风格以及各种临时语境等因素。社会文化语境又可分为社会心理、时代环境、思维方式、民族习俗、文化传统等因素;认知背景又可分为整个现实世界的百科知识、非现实的虚拟世界的认识等因素。具体内容如图 3-5 所示:

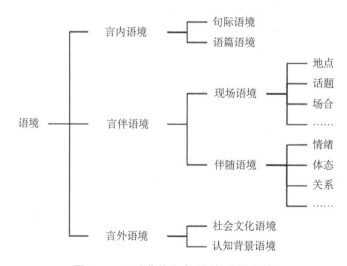

图 3-5　王建华的言内、言伴、言外语境

（5）索振羽的三分法。

索振羽认为,语境是由上下文语境、情景语境、民族文化传统语境构成[6]。其中,上下文语境包括口语的前言后语和书面语的上下文;情景语境包括时间、地点、话题、场合、交际参与者;民族文化传统语境包括历史文化语境、社会规范和习俗、价值观。具体内容如图 3－6 所示:

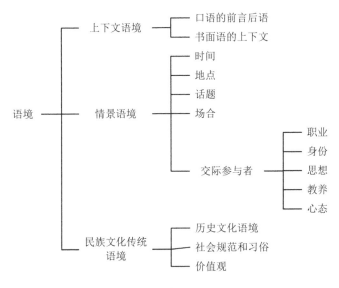

图 3－6　索振羽的三分法

在语境知识的构成问题上,斯波珀和威尔逊的三分法,即认为语境知识包括逻辑信息、百科信息和词汇信息,这得到了国内学者的普遍赞同。

本书认为,从动态语境构建的角度来看,用知识的来源来对语境知识进行分类是一个非常科学的方法,因为它既符合动态语境构建的可操作性要求,又能保证分类标准的一致性。本书根据动态语境构建过程中知识的来源,把语境知识分为上下文语境、现场语境和背景语境。上下文语境又可以分为前言和后语,现场语境包括时间、空间、言语交流方式、发话人现场信息、受话人现场信息,背景语境又可以分为社会知识、个人背景信息两部分。整个动态语境的构成可以表示为图 3－7。这些部分的详细讨论请见本书第 7~9 章的进一步讨论。

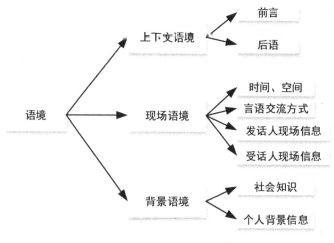

图 3-7　动态语境的构成

3.2　知识表示

3.2.1　知识表示的含义

计算机可处理的问题必须满足三个条件,即这个问题必须可形式化,针对问题必须存在一个算法,且这个算法必须是可计算的。在将计算机应用于"数值计算"时,原问题和形式化后的问题是一致的,也就是说数据结构和算法的语义是直接的,其间没有转义映射。在将计算机应用于"知识处理"时,由于面对的问题形形色色,原问题和形式化后的问题理论上是同态的,也就出现了知识表示问题,即为了计算必须将非数值语义和语义间的关系转化为符号,用指称的办法来保持和恢复计算结果的语义。

"知识表示"有狭义和广义两种不同的理解。狭义的"知识表示"是从计算机科学的角度来给出的定义,即知识表示是为描述世界所作的一组约定,是知识的符号化、形式化或模型化[7]。各种不同的知识表示方法,是各种不同的形式化的知识模型。从计算机科学的角度来看,知识表示是研究计算机表示知识的可行性、有效性的一般方法,是把人类知识表示成机器能处理的数据结构和系统控制结构的策略。知识表示的研究既要考虑知识的表示与存储,又要考虑知识的使用。知识表示是知识工程的关键技术之一,主要研究用什么样的方法将解决问题所需的知识存储在计算机中,并便于计算机处理。本书也是在这一意义上使用"知识表示"这一概念的。

广义的"知识表示"则是从整个人类知识视域,而不仅局限于计算机科学领域来理解这一概念。马创新认为:"知识表示的过程就是把隐性知识转化为显性知识的过程,或者是把知识由一种表示形式转化成另一种表示形式的过程。[8]"所以,他认为知识表示方法包括"面向人的知识表示方法"和"面向计算机的知识表示方法"两大类。前者主要有图形、图像、地图以及语言符号系统、其他符号系统等;后者主要指产生式、谓词逻辑、框架、面向对象、语义网络等面向计算机处理的知识表示方法。面向计算机处理的知识表示方法是以面向人的知识表示方法为基础,再考虑到计算机的可实现性而设计的。

智能系统的工作过程是一个获得并应用知识的过程,恰当的知识表示对于智能系统的构建具有重要意义。对于智能系统而言,一个好的知识表示方法应具备以下性质[9]:

(1)表达充分性。具备充分地、正确地、有效地表达有关领域中各种知识的能力。

(2)推理有效性。表示是利用的基础,利用是表示的目的。能够与高效率的推理机制密切结合,支持系统的控制策略。

(3)操作维护性。便于实现模块化,并检测出矛盾的及冗余的知识;便于知识更新和知识库的维护。

(4)理解透明性。知识表示便于人类理解,易读、易懂,便于知识的获取。

3.2.2　常见的知识表示方法

智能活动主要是获得知识并运用知识的过程。因此,知识性是人工智能专家系统的主要特征之一。而造就它的关键技术在于知识的表示、获取和应用。知识的表示方法是至关重要的,它不仅决定了知识应用的形式,而且也决定了知识处理的效率和实现的域空间规模的大小,其成功与否直接关系到智能设计专家系统的水平。下面我们就介绍几种常见的知识表示方法。

3.2.2.1　一阶谓词逻辑

一阶谓词逻辑表示法就是一种重要的、被广泛采用的人工智能中知识表示的方法[10]。

在谓词逻辑中,命题是用谓词表示的,一个谓词可分为谓词名和个体两个部分。个体表示某个独立存在的事物或者某个抽象的概念,谓词名用于刻画个体的性质、状态或个体间的关系。例如,"小王和小李是朋友"这个命题可用谓词表示成 Friend(Wang, Li),其中"Friend"是谓词名,"Wang"和"Li"是个体,"Friend"刻画了"Wang"和"Li"的关系特征。

谓词的一般形式是:$P(x_1, x_2, x_3, \cdots, x_n)$,其中 P 是谓词名,通常用大写英文字母表示;$x_1, x_2, x_3, \cdots, x_n$ 是个体,通常用小写英文字母表示。

在谓词中,个体可以是常量,也可以是变元,还可以是一个函数。例如,"小张的妈妈是医生"这一命题可以表示为:Doctor(Mother(zhang)),其中"Mother(zhang)"是一个函数。个体常量、个体变元、函数统被称为"项"。在用谓词表示客观事物时,谓词的语义是由使用者根据需要主观定义的。

谓词中包含的个体数目被称为谓词的元数。例如 $P(x_1, x_2, \cdots, x_n)$ 就是 n 元谓词。如果每个 x_i 都是个体常量,变元或函数,则这个谓词就是一阶谓词;如果 x_i 本身又是一个一阶谓词,则 $P(x_1, x_2, \cdots, x_n)$ 为二阶谓词,依次类推。谓词中个体变元的取值范围被称为个体域,当谓词中的变元都用个体域中的个体取代时,谓词就具有一个确定的真值:T 或 F。

一阶语言 L 的合式公式是由命题逻辑中的五个真值联结词:"¬""∨""∧""→""↔"和引入的两个刻画谓词与个体关系的量词"∀"和"∃"按照一定的规则构成的。其中"∀"表示对个体域中的所有个体,"∃"表示对个体域中的至少一个个体。

一阶谓词逻辑知识表示法的优点:

(1)谓词逻辑将一个原子命题分解为个体词和谓词两个模块,符号简单,而且接近自然语言,所表示的知识容易转换为计算机的内部形式,易于理解和模块化,便于实现计算机推理的机械化和自动化。

(2)谓词逻辑系统小到可以只有简单符号和真、假值组成,大到可以加入谓词、量词甚至函数来扩充自己的表达能力。所以此表示方法易于对知识的增加、删除及修改等维护和管理。

(3)谓词逻辑系统是二值逻辑系统,具备完整的理论基础和严格的形式定义及推理规则,可以保证自然演绎推理和归结演绎推理的精确性与知识在逻辑上的一致性。这一点是其他表示方法所不具备的。

一阶谓词逻辑知识表示法的不足：

（1）知识表示范围的局限性。谓词逻辑是二值逻辑，只能表示精确性的知识，不能表示不精确、模糊性的知识，而这些知识又是客观的、大量存在的。另外，谓词逻辑难以表示启发性知识及元知识。所以谓词逻辑表示知识体现出来的最大缺陷就是表达的知识不够丰富。

（2）容易产生组合爆炸。在知识推理过程中，随着事实性知识数目的增大及盲目地使用推理规则，有可能形成组合爆炸。目前解决该问题的比较有效的方法是可以定义一个过程或启发式控制策略来选取合适的规则。

（3）效率低。由于谓词逻辑的推理完全以形式化方式进行，知识的语义和推理的过程截然分开，抛弃了知识中的大量信息，使得推理过程冗长，工作效率降低。

3.2.2.2 产生式规则

产生式规则是最早采用的知识表示方法[11]。产生式规则表示法用"如果……，则……"的形式表示知识，它具有直观、自然，便于进行推理的特性。

产生式规则通常用于表示因果关系的知识，其基本形式是：

$$P \rightarrow Q，或者 IF\ P\ THEN\ Q$$

其中，P 是产生式规则的前提，用于指出该产生式将选用的条件；Q 是一组结论或操作，用于指出当前提所指示的条件被满足时，应该得出的结论或应该执行的操作。整个产生式规则的含义是：如果前提 P 被满足，则可推出结论 Q 或执行 Q 所规定的操作。例如：

IF 该动物有羽毛 THEN 该动物是鸟

其中，"该动物有羽毛"是前提 P；"该动物是鸟"是结论 Q。

产生式规则既可以表示确定性的知识，又可表示不确定性的知识。人们在日常生活及科学实验中经常遇到一些模糊概念或模糊数据，例如：今天的天气，八成适合打篮球。这里的"八成"表示模糊概念"适合打篮球"的确信程度。像这样含有模糊概念、模糊数据或者带有确信程度的语句被称为模糊命题。我们可以用模糊产生式规则来表示模糊知识，模糊产生式规则的一般形式是：

$$IF\ A\ THEN\ B\ with\ CF(B,\ A)$$

其中，A 表示前提或者证据，可以是多个子前提 A_i 的逻辑组合；B 表示结论断言，CF(B, A) 被称作可信度因子，用来描述规则可信度，其值一般由领域专家主观给出。

产生式规则表示法的优点[12]：

(1)自然性：表示形式与人们求解问题时的思维方式非常相似。

(2)模块性：规则库与推理机相对独立,而且每条规则都具有相同的形式,这就便于对规则库进行模块化处理,为知识的增、删、改带来方便。

(3)有效性：可以把专家系统中需要的多方面的知识用统一的知识表示模式有效地表示出来。这也是目前已建造成功的专家系统大多采用它的一个重要原因。

(4)清晰性：每一条规则都有固定的格式,都由前提和结论(操作)两部分组成。产生式规则具有所谓自含性,即一条产生式规则仅仅描述该规则的前提与结论之间的静态的因果关系,且所含的知识量都比较少。这就便于对规则进行设计和保证规则的正确性,同时,也便于在知识获取时对规则库进行知识的一致性和完整性检测。

产生式规则表示法的不足：

(1)推理效率低下。采用传统的产生式规则表示法的因果推理过程是靠一系列的"匹配—冲突解决—执行操作"过程循环实现的,而且在每个推理周期,都要不断地对全部规则的条件部分进行搜索和模式匹配。从原理上讲,这种做法必然会降低推理效率,而且随着规则数量的增加,效率低的缺点会越来越突出,甚至会出现组合爆炸问题。

(2)不直观。数据库中存放的是一条条相互独立的规则,相互之间的关系很难通过直观的方式查看。

(3)缺乏灵活性。对复杂、大型以及动态概念不能很好地表示,结构往往需要事先以手工编码的方式确定,而且往往是固定的,不能动态地修改;对于真实的应用环境的全部问题的描述代价太大,很难保证能顺利实施。

3.2.2.3 语义网络

语义网络是知识表示中最重要的方法之一,是一种表达能力强而且灵活的知识表示方法。它是通过概念及其语义关系来表达知识的一种网络图。从图论的观点看,它是一个"带标识的有向图"。其中带标识的节点表示知识领域中的物体、概念、时间、动作等,节点一般划分为实例节点和类节点两种。结点之间带有标识的有向弧表示结点之间的语义联系(又称为语义边),它是语义网络组织知识的关键[13]。

语义网络语言 SNetL 的形式为三元组：

$$（node1, relation\_name, node2）$$

其中，node1 和 node2 分别代表两个语义节点，relation_name 表示这两个节点的语义联系。如"张三有车"就可以表示为（张三，有，车）。

语义网络最初曾被认为表示能力比较弱，难以表示复杂的知识，如命题、事件、规律、情景演变、计划等。学者们为此作了大量的工作，现在语义网络已经成为强大的表示工具。这些工作主要通过详细定义语义网络的节点和边的特殊含义及语义网络的特殊处理手段来扩展语义网络表示能力，它们被统称为扩展语义网络。如索瓦（John F. Sowa）提出的概念图[14]和沙博理（Stuart C. Shapiro）提出的命题语义网络[15]通过将事件作为概念，事件的各种要素作为属性成功地表达了事件知识，都是语义网络的一种基于解释的扩展形式。

知识图谱是结构化的语义知识库，用于以符号形式描述物理世界中的概念及其相互关系。其基本组成单位是"实体—关系—实体"三元组，以及实体及其相关属性—值对，实体间通过关系相互联结，构成网状的知识结构。从图的角度来看，图谱在本质上是一种语义网络，是语义网络在搜索引擎上的应用[16]。

语义网络知识表示法的优点[17]：

（1）表达能力强大。作为一种结构化的知识表示方法，语义网络不但可以表征简单的知识，而且也可以表征具有复杂结构的知识，即语义网络具有利用简单的知识来表达更复杂知识的能力。语义网络表示法把事物之间的联系用网络的结构形式显示地表征出来，使得语义网络具有更大的灵活性，用其他方式表征的知识几乎都可以用语义网络表征出来。语义网络可以表征事物之间的任意复杂关系，而这种表征是通过把许多基本的语义关系关联到一起实现的，基本语义关系是语义网络表征知识的基础。

（2）语义网络最大的结构特征就是结点和结点间的关联性，而人的概念系统是由概念以及概念之间的联系构成的，因此语义网络自身所具有的结构特征适合于表征人类概念系统。

（3）利于展开联想，与人类的记忆方式相似。语义网络不仅可以作为在计算机内部表征知识的一种方式，它还可以作为人类联想记忆的心理学模型，在心理学领域也具有重要研究价值。

语义网络知识表示法的不足：

(1)语义网络没有统一的表征规范和组织原则。没有一个统一的形式化表征规范，一个给定的语义网络所能表征的知识完全依赖于系统自定义的语义关系。例如，语义网络的结点具体代表什么，结点之间连线具体代表什么等，都还没有一个统一的标准。在应用语义网络进行具体的知识表征时，往往使网络结点以及结点间连线所承载的语义负荷都太重，显得很牵强。

(2)管理复杂。语义网络中结点的联系可以是线状、树状或网状的，如果节点过多，就难以进行推理和维护。

(3)没有合理且高效的推理机制。基于语义网络的问题求解过程主要是通过匹配、搜索等方式实现的。先根据待求解的问题构造一个问题网络片断，这样就可以在语义网络知识库中找出与之匹配的网络，然后根据网络结点之间的各种联系进行推理。可见，通常的语义网络是以静态形式存在的，没有自身的动态行为，是独立于其之外的推理机的检索对象。这种问题求解的方式需要一个非常合理的网络搜索过程，否则，在面对一个组织比较复杂的语义网络时，问题求解的效率和质量会非常糟糕。虽然语义网络能够表征大量的概念和丰富的概念关联，然而，如果它没有统一的表征规范和组织原则、没有合理且高效的推理机制，那么它还很难适应任务多样的问题求解。

3.2.2.4　框架

框架(frame)是一种描述概念或对象的静态数据结构。在专家系统中是一种对知识的结构化表示方法。框架来源于心理学对人类认知模式的描述。框架支持把知识组织成更复杂的单元，以反映问题域中对象的组织方式。1975年明斯基提出了在计算机中对有关概念的典型信息编码的数据结构，并首次使用"框架"一词来描述这种结构。其对框架的描述是：当一个人遇到新的情况(或其看待问题的观点发生实质性变化)时，他会从记忆中选择一种结构，即"框架"。这是记忆对概念的固化，按照需要改变其属性值就可以用其刻画现实事物。

框架的基本形式为槽的集合，每个槽包有若干侧面。槽用于描述事物对象的特征属性，侧面用于描述此事物特征属性的子属性。槽和侧面对应的属性值为槽值和侧面值。如图3-8所示，这是一个框架单元的一般结构。大多数问题不适用一个框架来表示，需要很多框架组成的框架系统。框架之间具有继承性，一个框架可以是另一个框架的槽值，一个框架也可以同时作为几个不同框架的槽值。子框架可以集成父框架的某些属性或者值,也可以对父框架进行补充和修改。框架不仅刻画了单一事物的属性特征,而且能够很好地刻画事物之间的联系。这种对事物对象的描述很好地契合了目前面向对象的编程思想。C++、Java 等面向对象编程语言使得专家系统的开发更加高效与灵活。

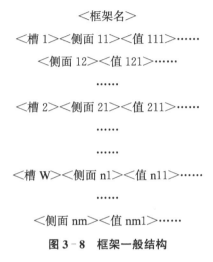

<框架名>

<槽1><侧面11><值111>……

<侧面12><值121>……

……

<槽2><侧面21><值211>……

……

……

<槽W><侧面n1><值n11>……

……

<侧面nm><值nm1>……

图 3-8 框架一般结构

框架系统等价于一种复杂语义网,每个框架单元代表一个语义节点。面向框架的推理机制就是在这个语义网中进行搜寻。本质上,基于框架的推理就是对框架单元的匹配过程。框架用于描述具有固定格式的事物、动作和事件,在某些情况下能够推理出未被观察到的事实。

框架知识表示法的优点:

(1)框架系统的数据结构和问题求解过程与人类的思维和问题求解过程相似。

(2)框架结构表达能力强,层次结构丰富,提供了有效的组织知识的手段,只要对其中某些细节作进一步描述,就可以将其扩充为另外一些框架。

(3)可以利用过去获得的知识对未来的情况进行预测,而实际上这种预测非常接近人的认识规律,因此可以通过框架来认识某一类事物,也可以通过一系列实例来修正框架对某些事物的不完整描述。

框架知识表示法的不足:

(1)缺乏形式理论,没有明确的推理机制保证问题求解的可行性和推理过程的严密性。

（2）由于许多实际情况与原型存在较大的差异，因此适应能力不强。

（3）如果框架系统中各个子框架的数据结构不一致，就会影响整个系统的清晰性，造成推理的困难。

3.2.2.5　面向对象

面向对象（object-oriented）技术自 20 世纪 80 年代兴起以来，以其表达自然、支持数据抽象、代码重用、采用它开发的程序具有良好的用户界面和结构以及易于维护和扩充等优点，使其得到了广泛应用。随着面向对象技术的深入发展，面向对象的知识表示方法逐渐广泛应用于专家系统中。

面向对象是针对"面向过程"提出的，所以与传统的结构方法有本质的区别。面向对象的方法将客观世界看成由许多不同种类的对象构成的，每一个对象都有自己的内部状态和内在运动规律，不同对象之间的相互联系和相互作用构成了完整的客观世界。所谓面向对象，就是将现实世界的实体抽象为程序中的一个封装好的对象类，用一组数据（属性）描述它的特征，并且支持一组对它施加的操作（方法或事件）。

广义上，对象可以理解为客观世界的任何事物。按照面向对象方法学的观点，一个对象的形式可定义为四元组＜对象＞:: ＝（ID，DS，MS，MI）。其中 ID 代表对象标志符、DS 代表数据结构、MS 代表方法集合、MI 代表消息接口。这种方法可以将知识抽象为对象的内部状态和静态特征属性进行封装和隐藏，而知识的处理方法表示为对内部状态和特征属性的操作，并由消息接口与外界发生联系。

面向对象知识表示方法有以下几个基本概念[18]：

（1）对象。在外部客观世界，对象就是实体。外部实体对象在计算机系统中的内部表示被称为软件对象，简称对象。软件对象是外部属性数据和这些属性数据上的容许操作（方法或操作）的抽象封装。对象的属性域可以是简单类型的数据，也可以是另一个对象。包含其他对象作为其组成部分的对象被称为复合对象。复合对象能表达复杂的数据结构。每个对象有一个对象引用，它是对象的唯一标识。

（2）类。具有相同属性和方法的一组对象的一般描述，被称为对象类，简称类。使用程序设计语言的术语，对象类是一种抽象类型。当用简单数据类型如整型、数组等表示一个外部实体对象时，人们很难将外部实体对象和它的计算机表示关联起来,两者之间的概念实在差别太大。抽象数据类把实体的相关属性和操作封装在一起,允许人们用很自然的方式去模拟外部实体对象,而复合对象定义更增强了这种抽象数据类型的能力,使得只用统一的对象概念就可以自然地模拟和表示很复杂的外部实体对象。

(3)实例。类中的每个对象都是该类的对象实例。系统运行时通过类定义中属性初始化可以生成该类的对象实例。

(4)属性。对象的属性是用来描述对象的状态和特征。属性对外部来说是不可见的,只能通过对象的方法对它进行操作。

(5)方法。对象的方法用以说明对象所具有的内部处理方法或对受理的消息的操作过程,它反映了对象自身的智能行为。

(6)消息。外部发送给对象的信息被称为消息。对象通过其唯一的对外接口——消息接口接收外部信息。发送消息的对象被称为发送者,接收消息的对象被称为接收者。消息接口以消息模式集的形式给出,每一消息模式有一个消息名,通常还包含必要的参数表。当接收者从它的消息接口受理发送者的某一消息时,首先判断该消息属于哪一消息模式,找出与之匹配的内部触发,然后执行与该消息相联系的方法,进行相应的消息处理或回答某些信息。

在面向对象的系统中,问题求解或程序的执行是依靠对象间传递消息完成的。最初的消息通常来自用户的输入,某一对象在处理相应的消息时,如果需要又可以通过传递消息去请求其他对象完成某些处理工作或回答某些信息,其他对象在执行所要求的处理时同样可以通过传递消息与别的对象联系,如此下去,直到得到问题的解。

(7)继承。面向对象的继承性是指一个类可以继承其基类的全部描述,而且这种继承具有传递性,从而一个类可以继承层次结构中在其上面的所有类的全部描述。这就是说,属于某个类的对象除了具有该类所描述的特性外,还具有该类上层所有类描述的全部特性。面向对象系统中的继承机制实现了基类与类、子类及对象中的方法和数据的自动共享。

(8)封装。封装是一种信息隐蔽技术,它使对象设计者与对象的使用者分开,使用者无需知道对象行为的实现细节而只需通过对象协议中的消息便可访问该对象。显式地把对象的外部定义和对象的内部实现分开是面向对象系统的一大特色。封装性本身就是模块性,模块的定义和实现分开,使面向对象的软件系统便于维护和修改,这也是软件工程所追求的目标之一。

面向对象知识表示方法的优点:

(1)模块性。一个对象是系统中基本的运行实体,其内部状态不受或很少受外界的影响,具有模块化最重要的特性,即抽象和信息隐蔽。

(2)封装性。从字面上理解,封装就是将事物包起来,使外界不知道其实际内容。在程序设计中,封装就是将一个实体的属性(数据)和操作(程序代码)集成为一个对象整体。封装提供了对象行为实现细节的隐藏机制,用户只需根据对象提供的外部特性接口访问对象。

(3)继承性。继承性是父类与子类之间共享数据和方法的机制,是类之间的一种关系。在定义和实现一个类的时候,可以在一个原有的类的基础之上进行,把这个原有的类所定义的内容作为自己的内容,再加入若干新的内容。继承性是面向对象程序设计语言不同于其他语言的最主要的特点。继承机制显著提高软件的可重用性和有效性。

(4)多态性。在收到消息时,对象要予以响应。不同的对象收到同一消息可产生完全不同的结果,这一现象叫作多态。在使用多态的时候,用户可以发送一个通用消息,而实现的细节则由接收对象自行决定。这样,同一消息可以调用不同的方法。

3.2.2.6 Petri 网

Petri 网是一种用网状图形表示系统模型的方法,它具有恰当描述与处理并发和不确定现象的能力,是动态系统建模和分析的有效工具之一[19]。Petri 网的概念最早是在 1962 年美国学者佩特里(C. A. Petri)的博士论文中提出来的[20],后来该模型成为包括自动机模型和形式语言理论的理论计算机科学的一个分支。Petri 网是一种描述状态变迁的并发模型,它对系统中各异步成分之间的关系描述自然、直观、简单易懂,在分析并行系统的状态、行为技术方面尤为突出。

Petri 网是一种网状信息流模型,它的结构元素主要包括库所(place)、变迁(transition)和弧(arc)。其中库所表示系统的状态,如计算机与通信系统的队列、缓冲和资源等;变迁表示资源的消耗、使用及使系统状态产生的变化,例如计算机和通信系统的信息处理、发送和资源存取等。变迁的发生受到系统状态的控制;弧规定局部状态和事件之间的关系;它们引述事件能够发生的局部状态,由事件所引发的局部状态的转换。每一条弧对应一个权值,即弧权（weight）,简称权。在 Petri 网模型中,托肯（即标志符号）包含在库所中。随着事件的发生,托肯可以按照弧的方向流动到不同的库所,从而动态地描述系统的不同状态。如果一个库所描述一个条件,它能包含一个托肯或者不包含托肯,当一个托肯出现在这个库所中时,条件为真,否则为假。

这样我们可以将 Petri 网定义为一个三元组 N＝(P,T,F),其中,P 是库所(place)的有限集合;T 是变迁(transition)的有限集合;F 是网的流关系(flow relation)。在画图时,P 元素用圆圈表示,T 元素用短线表示,F 用带箭头的有向弧表示。

用 Petri 网图形化的模型表示产生式规则,可以反映规则的整体情况以及规则之间的关联关系。基于 Petri 网模型的推理不依赖产生式的具体形式,可以实现规则和推理的分离,提高推理的灵活性和适应性。

(1)简单规则的 Petri 网表示。一个简单的产生式规则为：IF P THEN Q,满足条件前后的 Petri 网表示如图 3‑9 所示。

图 3‑9　简单产生式的 Petri 网表示

(2)"多因一果"规则的 Petri 网表示。"多因一果"的产生式规则为：IF P_1 and P_2 and ... and P_n THEN Q,对应的 Petri 网表示如图 3‑10 所示。

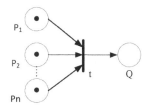

图 3‑10　"多因一果"规则的 Petri 网表示

(3)"一因多果"规则的 Petri 网表示。"一因多果"的产生式规则为：IF P THEN Q_1 and Q_2 and ... and Q_n,对应的 Petri 网表示如图 3‑11 所示。

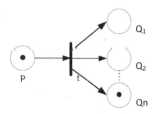

图 3-11   "一因多果"规则的 Petri 网表示

(4)"竞争"规则的 Petri 网表示。"竞争"的产生式规则为：IF P_1 or P_2 or...
or P_n THEN Q,对应的 Petri 网表示如图 3-12 所示。

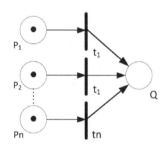

图 3-12   "竞争"规则的 Petrit 网表示

基本 Petri 网的动态行为是通过物资资源和信息资源的流动来体现。变迁
的点火将消耗变迁输入库所的资源,并在变迁输出库所中产生新的资源。如果
网中的资源被某个变迁占用,就不能再被其他的变迁占用。Petri 网中的资源是
不可重用的、不可覆盖的,这表现为冲突和冲撞现象。

为了克服基本 Petri 网知识表示存在的局限性,方平提出了知识 Petri
网[19],即对基本 Petri 网模型和触发规则进行扩展与重新定义而得到的新型
Petri 网。知识 Petri 网不存在冲突、冲撞等问题,因而能够更好地适应知识的表
示和推理。

Petri 网知识表示法的优点：

(1)Petri 网兼顾了严格语义和图形语言两个方面。经典 Petri 网以及高级
网的所有的元素都经过了严格定义,具有规范的模型语义。Petri 网具有足够丰
富的表达能力,完全支持现实中基本的过程逻辑。

(2)模型基于状态,形式直观。许多建模的方法(如 GRASP、PERT)均是基

于事件的,缺乏对系统状态的明确体现。而 Petri 网是一种基于状态的建模方法,明确定义了模型元素的状态,并且其演化过程也是状态驱动从而不但严格地区分了活动的授权和活动的执行,而且使过程定义具有更丰富的表达能力;能够动态地修改过程实例使建模过程具有了更多的柔性特征。

(3)分析能力强。Petri 网建立在严格的数学基础上,具有强有力的分析技术与手段,可以用来分析模型的各种特征,如有界性、活性、不变量等,还可以计算模型中的各种性能指标,如响应时间、等待时间、资源占有率等。这些分析技术同样可以用来从理论与仿真两个方面对业务过程的一些基本要求和性质进行验证,通过分析还可以对模型进行优化,获取性能最优的来运行。

(4)可扩充信号。Petri 网仍在纵横两个方向上不断发展:纵向扩展表现为由基本的 EN 系统扩展到 P/T 系统,发展到高级网,如谓词/变迁系统、染色网;横向扩展表现为从传统的 Petri 网发展到时间 Petri 网和随机 Petri 网;从一般有向弧发展到抑制弧和可变弧;从自然数标记个数到概率标记个数。Petri 网的描述能力仍在不断增强,同时相应的系统性能分析方法也在不断地得到完善。

3.2.3　语境知识表示

(1)语境知识表示的前提:语境知识获取。

语境知识获取是语境知识表示的前提,首先要挖掘出相应的语境知识,然后才能选用恰当的知识表示方法来表示这些语境知识。总体来说,语境知识获取任务是困难的,一方面语境知识定义模糊,对语境究竟包括哪些方面的知识众说纷纭;另一方面语境知识具有隐性知识的特点,人们在言语交际中虽然都在运用这些语境知识来识别对方话语的交际意图,但人们对此太习以为常,很难意识到究竟运用了哪些知识。

目前按获取的自动化程度可将知识获取方式分为三类:手工获取、半自动获取和自动获取。手工获取方式能够得到隐式的常识,但效率低下而且难以保证知识的完备性。自动获取使得知识获取效率得到较大提高,但较难获取隐式的常识。半自动获取是对手工获取和自动获取的折中,需要有种子知识库的支持。总之,目前还没有一种公认的较好的语境知识获取方法。

本书认为,虽然人们在理解一句具体的话语时,所激活调用的知识可能是非常少的,但是人们事先并不知道每一次讨论的具体话题,任何话题皆有可能,这样任何知识都有可能被激活调用而被称为语境知识,即语境知识的值域(取值范围)为人类的全部知识。动态语境构建需要有人类知识库作为支撑,而人类知识库的建设无疑是一个非常庞大的工程,但未来肯定是有可能实现的。如在人脸识别技术出现以前,要让计算机识别全国14亿人简直就是难以想象的事情。

(2)语境知识表示方法的选择。

语境知识包含的知识非常广泛,包含的知识类型复杂,因而采用本体来表示无疑是比较妥当的。因为本体论研究实体的存在性和实体存在的本质,这是深层上的知识,是本质上的知识。本体研究可以促使我们显式地表示出领域知识和领域假设。本体根据概念之间的类属关系显式地建立概念之间的联系,明确定义概念所具有的属性、属性的取值约束、处理过程、概念之间的关系等。

本体研究概念所表示事物的独立于任何表示语言而存在的本质,通过研究确立概念之间的本质联系和隶属关系,建立领域概念的完整体系,澄清了领域知识的结构,从而能为各种不同或者相同的知识系统之间的知识共享、互操作和重用提供手段。

本体论研究事物的本质,建立起概念之间的结构关系,形式地表示概念、概念的性质及概念与概念的性质之间的各种约束和公理,根据这些约束和公理可以对知识的一致性、正确性和完备性等进行有效的检查。形式化表示的知识也有助于实现计算机的自动检测、评价。另外,本体等价的判断和本体的转换等操作有助于从整体上对知识进行分析,以确保知识的一致性和正确性。

概括地说,构造本体的目的都是为了实现某种程度的知识共享和重用。本体的分析澄清了领域知识的结构,从而为知识获取和表示奠定了基础,可以避免重复的领域知识分析;此外,统一的术语和概念使知识共享成为可能。

(3)语境知识表示的目的:语用推理。

本节之所以研究语境知识表示,就是为了实现深度自然语言理解,也就是说是为了实现语用推理。所谓语用推理,就是推导发话人意义,找出支持发话人这么说而不那么说的理由,也就是找出发话人实施当前言语行为的交际意图。

语用推理运作涉及推理主体的认知能力。认知能力表现为由一组具有某些特征的原则所支配的知识系统,这里所说的知识系统指的是人类获得的进行某种认知活动的一些基本原则。正是因为人们拥有这种认知能力,所以人们表达时必定精简,而解读则要尽可能推知更多的信息。而在语用推理过程中,语境知识无疑是最为关键的因素。鉴于语用推理机制非常复杂,这里暂时不展开详细讨论。

本章参考文献:

[1] 邢传鼎,杨家明,任庆生. 人工智能原理及应用[M]. 上海:东华大学出版社,2005.

[2] 何兆熊. 语用、意义和语境[J]. 外国语(上海外国语学院学报),1987,51(5):8-12.

[3] 王德春,陈晨. 现代修辞学[M]. 南昌:江西教育出版社,1989.

[4] 王均裕. 略论语境的特征[J]. 四川师范大学学报(社会科学版),1993,20(3):67-75.

[5] 王建华. 关于语境的构成和分类[J]. 语言文字应用,2002(3):2-9.

[6] 索振羽. 语用学教程[M]. 北京:北京大学出版社,2018:21.

[7] 徐宝祥,叶培华. 知识表示的方法研究[J]. 情报科学,2007,25(5):690-694.

[8] 马创新. 论知识表示[J]. 现代情报,2014,34(3):21-24+28.

[9] 张攀,王波,卿晓霞. 专家系统中多种知识表示方法的集中应用[J]. 微型电脑应用,2004,20(6):4-5.

[10] 刘素姣. 一阶谓词逻辑在人工智能中的应用[D]. 开封:河南大学,2004.

[11] 张选平,高晖,赵仲孟. 数据库型知识的产生式表示[J]. 计算机工程与应用,2002(01):200-202.

[12] 尹朝庆,尹皓. 人工智能与专家系统. 北京:中国水利水电出版社,2002.

[13] 张海龙. 表象式语义网络研究[D]. 长春:吉林大学,2007.

[14] SOWA J, F. Semantics of Conceptual Graphs[C]//Proceedings of the 17th Annual Meeting on Association for Computational Linguistics,1979:39-44.

[15] SHAPIRO S C, RAPAPORT W J. SNePS Considered as a Fully Intensional Propositional Semantic Network[C]. Proceedings of the Fifth AAAI National Conference on Artificial Intelligence,1986:278-283.

[16] 刘娇,李杨,段宏,等. 知识图谱构建技术综述[J]. 计算机研究与发展,2016,53(3):582-600.

[17] 李观. 基于语义网络的灾害知识表示研究[D]. 武汉:华中科技大学,2013.

[18] 汪成为. 面向对象分析、设计及应用[M]. 北京:国防工业出版社,1993.

[19] 方平. 基于Petri网的知识表示方法研究[D]. 武汉:武汉理工大学,2013.

[20] PETRI C A. Communication with Automata[D]. Darmstadt:Darmstadt University of Technology,1962.

4 语境知识的本体构建

4.1 本体相关理论

4.1.1 本体的发展历史

随着计算机技术的发展,各个领域的信息系统层出不穷,然而信息系统之间往往由于结构异构、语法异构、系统异构、语义异构等原因,不能有效地通信,产生了许多"信息孤岛"。造成信息系统语义异构的主要原因是不同信息系统对特定领域内同一概念的表示存在差异,这就使得系统间的信息资源的共享和重用十分困难。本体具有良好的概念层次结构和对逻辑推理的支持,为知识的表示、共享和重用提供了技术支持,特别是在信息整合关键技术中,本体逐渐成为当前的研究热点。本章的主要目的是探索通用的语境知识表示方法,自然追求语境知识能在整个语义网络中进行共享,因而讨论本体构建是非常必要的。

"本体"原本是哲学上的概念,在西方哲学史和中国哲学史中分别具有各自的含义。在西方哲学史中,本体论(ontology)是指关于存在及其本质和规律的学说,17世纪初被提出,用于避免"形而上学(metaphysics)"中的一些二义性问题;18世纪初被哲学界广泛采用;20世纪的分析哲学中本体论正式成为研究实体存在性和存在本质等方面的通用理论。在中国古代哲学中,本体论又被叫作"本根论",指探究天地万物产生、存在、发展变化的根本原因和根本依据的学说[1]。

20世纪90年代初期,国际计算机界举行了多次关于本体的专题研讨会,本体成为包括知识工程、自然语言处理和知识表示在内的诸多人工智能研究团体的热门课题,其主要原因在于本体使人或机器间的交流建立在对所交流领域的共识基础上。本体在知识库系统开发中较多应用于开发领域模型,它提供了建模所需的基本词汇并说明了它们之间的关系。建立大型知识库的第一步就是设计相应的本体,这对于整个知识库的组织至关重要。

1998 年,国际计算机界召开了本体领域的第一个主题会议"信息系统中形式化本体论国际会议(ICFOIS1998)",同时伴随着相关研究成果数量和质量的增加,标志着这一领域的研究日趋走向成熟。过去几年来的进步主要体现在,许多文献报告了各自的研究成果,例如:建立了各种各样的本体,提出了许多形式化的本体表示机制,开发出了用于构造和评价本体的初级工具。另外,还能见到一些用于支持不同表示语言互操作的语义转换工具。但是,随着人们对该领域理解的逐步深入,许多更困难的问题正逐渐呈现在人们面前。

需要注意的是,哲学界的本体概念和计算机界的"本体"概念是有区别的。哲学领域的"本体"是一种理论,一种关于存在及其本质规律的系统化解释,这个解释不依赖于任何特定的语言。计算机界的"本体"是一个实体,是对某领域应用本体论方法分析、建模的结果,即把现实世界中的某个领域抽象为一组概念及概念之间的关系。

4.1.2　本体的概念

本体的概念最初起源于哲学领域,它在哲学中的定义为"对世界上客观存在物的系统地描述,即存在论",是客观存在的一个系统的解释或说明,关心的是客观现实的抽象本质,即本体在哲学上是用于描述事物的本质。

近年来随着计算机技术的发展,本体概念被引入人工智能、知识工程等领域后被赋予了新的内涵。在信息系统、知识工程等领域研究本体的人越来越多,然而不同的专家学者对本体的理解不同,所给出的定义也有所差异。

人工智能领域的学者内奇斯(Neches)等人对本体进行了定义:本体是构成相关领域词汇的基本术语和关系,以及利用这些术语和关系构成的规定这些词汇外延的规则的定义[2]。内奇斯是最早对本体定义进行研究的学者,从内容的角度给出了本体定义,概括出了本体的基本要素,包括领域术语、关系和规则。这为其后各领域学者对本体的定义研究提供了参考借鉴。

美国斯坦福大学格鲁伯(Gruber)给出了本体的定义:本体是概念化的规范说明[3]。格鲁伯给出的本体定义最为经典,但是未能全面概括出本体的本质。

随后,博斯特(Borst)等人对格鲁伯给出的定义进行了补充,即"本体是共享概念模型的形式化规范说明"[4]。博斯特提出了本体共享的概念,阐明了本体的共享本质,但没有说明概念与概念之间的关系。

德国学者斯图德(Studer)等人又对格鲁伯的定义进行了扩展,提出了概念关系之间的"明确"定义,认为:"本体是共享概念模型的明确的形式化规范说明。"[5]斯图德给出的本体定义被各领域专家学者高度认可,其涵盖了本体的基本特征:共享、明确、概念化、形式化,被学术界广泛引用,对于后来的本体研究具有重要意义。

中国学者对本体定义也做了很多研究。张晓林教授认为"ontology"是概念集,是特定领域公认的关于该领域的对象及其关系的概念化表述[6]。中国标准化研究院的李景博士认为,本体是一个关于某些主题的,层次清晰的规范说明[7]。北京大学的汤艳莉、赖茂生教授认为,本体作为语义网的重要组成部分,是对世界或者领域知识、概念、实体及其关系的一种明确的、规范的概念化描述[8]。张秀兰教授通过对国内外各领域本体定义的深入研究,总结出了本体定义:本体是通过描述、捕获领域知识,确定领域内共同认可的概念和概念间的关系,以用于领域内的不同主体之间交流与知识共享的形式化规范说明[9]。

综上所述,我们认为本体是为了知识的共享、重用而建立的概念模型的明确的形式化规范说明,是知识表示的顶层设计。本体具有如下的特点:

(1)详尽性。本体描述范围的广度,即论域内所有的概念和关系是否都能被本体所涵盖。本体对领域的描述要尽力详尽、完全。

(2)专业性。本体描述的深度,即概念和关系从专业角度被精确定义的程度。根据用途的不同,本体中概念的专业程度也不同。

(3)明确性。本体中所使用的概念及使用这些概念的约束都有明确的定义。

(4)形式化。本体是形式化描述的,是计算机可读的,即能被计算机处理。

(5)抽象性。本体是抽象的概念模型,是通过抽象出客观世界中一些现象的相关概念而得到的模型。

(6)目的性。本体构建的目的主要是为了实现某种程度的知识共享和重用。

(7)民族性。一般地,不同的民族具有不同的文化,特定民族的文化反映了这个民族对于客观世界的认识。不同民族的本体建立者(本体工程师)对于客观世界的认识必然受其文化的影响,反映了本民族对于客观世界的认识。

(8)语言相关性。具体的本体总是要由特定语言的词汇和术语来表达,不同的语言与不同的文化紧密相连,反映了特定的文化,它们的词汇和术语等并不完全对应,所以基于特定语言的本体也与这种语言紧密相关。

4.1.3 本体的分类

为了进一步深入研究本体,我们可以对本体进行分类,揭示不同本体间的联系与区别。目前比较有代表性的分类方法有以下几种:

(1)1995 年沟口(Mizoguchi)等建议按照本体内容划分类别,即领域本体、通用本体和任务本体[10]。

(2)1997 年瓜里诺(N. Guarino)按照本体的详细程度,把详细程度高的称为参照本体,详细程度低的称为共享本体。1998 年,瓜里诺依照领域依赖程度,把本体可以细分为顶级、领域、任务和应用四类[11]。

①顶级本体:描述最普通的概念及概念之间的关系,如空间、时间、事件、行为等,与具体的应用无关,其他种类的本体都是该类本体的特例。

②领域本体:描述特定领域中的概念及概念之间的关系。

③任务本体:描述特定任务或行为中的概念及概念之间的关系。

④应用本体:描述依赖于特定领域和任务的概念及概念之间的关系。

(3)1999 年,佩雷兹(Perez)和本杰明(Benjamins)在分析和研究了多种本体分类方案的基础上,归纳出 10 种类型,分别是知识表示本体、通用本体、顶级本体、核心(元)本体、领域本体、语言本体、任务本体、领域—任务本体、方法本体和应用本体。这种划分方法是对瓜里诺分类方法的扩充和细化,但划分的界限较为模糊,10 种本体之间存在交叉,层次不够清晰[12]。

(4)李景从是否具备推理能力的角度,将本体分为轻量级本体、中级本体和重量级本体。轻量级本体不具备逻辑推理功能,例如叙词表和 WordNet。中级本体具有简单的逻辑推理功能,系统可以识别一阶谓词逻辑的表达式。重量级本体具有复杂的逻辑推理功能,系统可以识别更加复杂的二阶谓词逻辑的表达式,并为更加复杂的推理功能的实现预留了接口,如 Cyc 本体系统[13]。

(5)顾芳、曹存根按照研究主题,将当前的本体分为五种类型[14]:①知识表示本体,如 frame ontology 和斯坦福大学知识系统实验室提出的知识描述语言 KIF(knowledge interchange format);②通用或常识本体,如 Cyc 本体系统;③

领域本体,如基因本体(gene ontologies,GO)、爱丁堡大学企业本体;④语言学本体,关于语言、词汇等的本体,典型实例有通用上层模型(generalized upper model,GUM)、WordNet;⑤任务本体,主要研究可共享的问题求解方法,这里的推理与领域无关。

正因为可以从多个角度对本体进行分类,所以本体的分类方法很多,目前还没有能够被广泛接受的分类标准。

4.1.4　本体的研究意义

从本体论在哲学上的含义来看,计算机界对于本体论的研究与知识工程领域在本质上有着千丝万缕的联系。计算机界对于本体论的研究对计算机系统获取、表示、分析和应用知识,以及计算机系统的智能化具有重要的意义[14]:

(1)本体研究可以促进知识工程中对本质知识的获取。知识工程的研究方向主要包含知识获取、表示和推理方法等,其研究目标是挖掘和抽取人类知识,用一种特定形式表示这些知识,使之成为计算机可操作的对象,从而使计算机具有人类的一定智能。知识是知识工程研究的焦点,是计算机实现智能的基础。本体论的哲学定义告诉我们,本体论研究实体的存在性和实体存在的本质,这是深层次的知识,是本质上的知识。对这部分知识的获取、表示、分析和应用也是知识工程的重要内容。因此,本体论把知识工程研究中的知识向更深入、更本质的方向推进。

(2)本体研究可以促使我们显式地表示出领域知识和领域假设。领域知识包括领域概念、概念的性质,概念之间的关系、概念之间的一般规律等。领域本体的研究要求我们根据概念之间的类属关系显式地建立概念之间的联系,明确定义概念所具有的属性、属性的取值约束、处理过程、概念之间的关系等。领域本体还要求明确定义出概念内部或者概念之间的公理,以表示领域内的一般假设或者规律。

领域本体的研究使得在人看来一目了然的概念和概念之间的关系都形式化地加以描述,使概念之间的各种规律、联系和假设等都被显式地描述出来,这有利于全面地获取和分析并利用知识。

(3)本体研究可以使知识共享和知识重用成为可能。知识工程中的知识是泛指的,包括不同领域的知识,如医学的、农业的、军事的等;有不同性质的,如常识的、经验性的、规律性的知识等;有不同目的的,如用于诊断的、用于决策的、用于规划的等。为了操作和使用这些不同领域、不同性质或用于不同目的的知识,人们提出各种各样的知识表示和推理方法,开发出各种不同的知识系统。由于采用不同的表示和推理机制,这些系统之间的知识难以相互共享,系统之间难以进行互操作。即使在同一领域内,这些概念、性质、关系也是错综复杂,如果没有良好的组织形式,知识也很难被理解、共享和应用。

本体研究概念所表示事物的独立于任何表示语言而存在的本质,通过研究确立概念之间的本质联系和隶属关系,建立领域概念的完整体系,澄清了领域知识的结构,从而能为各种不同或者相同的知识系统之间的知识共享、互操作和重用提供手段。例如,在开发一个新的本体工程时,如果其他站点有相同的本体,则可以直接重用这些本体,以避免重复的工作。由于所要讨论的事物的本质是一致的,且描述的形式规范化,所以可以直接应用这些已有的工作成果。

(4)本体研究有助于知识分析。人类的知识千差万别,数量巨大。信息技术和网络技术的发展更使人类日常所接触到的知识飞速膨胀。人们通过知识工程、数据挖掘、知识挖掘等研究总结了多种知识获取方法,并获取了大量的知识。如何判断这些知识是正确的、一致的和有效的是必然要解决的问题。但由于知识的数量巨大、知识本身的模糊性和二义性、知识表示形式的多样性等,知识分析变得非常困难。

4.2　本体表示语言

4.2.1　本体表示语言概述

本体作为一种共享的、对概念化的形式化、规范化的描述,其中的概念在特定领域中特别重要。如今,本体在众多领域中都具有非常重要的作用,而这些重要功能的实现全部依赖于本体描述语言的表示功能。因此在本体的建立过程中,必须先定义好一种本体表示语言。本体语言使得用户可以为领域模型编写清晰的、形式化的概念描述,因此它应该满足以下要求:①良好定义的语法(a well-defined syntax);②良好定义的语义(a well-defined semantics);③有效的推理支持(efficient reasoning support);④充分的表达能力(sufficient expressive power);⑤表达的方便性(convenience of expression)[15]。

自 20 世纪 90 年代以来,各个领域的研究者对本体进行研究,因此涌现出了许多种本体描述语言,其中,具有代表性的本体描述语言可以划分为两类:基于谓词逻辑的本体描述语言和基于 Web 的本体描述语言。

(1)基于谓词逻辑的本体描述语言主要包括 Ontolingua、OCML、LOOM、Cycl 和 Flogic。其中,Ontolingua、OCML 和 Flogic 是基于一阶谓词逻辑和框架模型的本体描述语言,LOOM 是基于描述逻辑的,Cycl 是在一阶谓词逻辑基础上进行扩展的二阶逻辑语言。这些本体描述语言可以通过形式化的表示来实现计算机的自动处理,但不足之处在于有些概念及概念关系难以用谓词逻辑准确表示,形式化表示具有局限性。

(2)基于 Web 的本体描述语言主要包括 XOL、RDFS、SHOE、OIL、DAML+OIL 和 OWL。XOL 是基于 XML 的本体交换语言,SHOE 是简单 HTML 本体的扩展,这两种语言的形式化基础是框架。RDFS、OIL、DAML+OIL 和 OWL 都是基于 RDF 的进一步扩充,继承了 RDF 的语法和表达能力。

随着计算机技术和互联网技术的发展,基于 Web 的本体描述语言逐渐成为主要本体描述语言。王向前采用西班牙马德里大学理工分校的评价标准和框架,对基于 Web 的本体语言进行主要元素和推理机制方面的比较[16](见表 4－1 和表 4－2)。

表 4－1　基于 Web 的本体描述语言主要要素比较

语言	概念	多元关系	函数	过程	实例	公理	产生式	形式语义
XOL	有	无	无	无	有	无	无	有
RDFS	有	有	无	无	有	无	无	无
SHOE	有	有	无	无	有	无	无	无
OIL	有	有	有	无	可实现	可实现	可实现	无
DAML+OIL	有	有	有	无	有	有	有	有
OWL	有	有	有	无	有	有	有	有

表 4-2 基于 Web 的本体描述语言的推理机制比较

特征	XOL	RDFS	SHOE	OIL	DAML+OIL	OWL
正常	无	无	无	有	有	有
完备	无	无	无	有	有	有
自动分类	无	无	无	有	有	无
出错处理	无	无	无	无	无	可实现
单调性	可实现	可实现	有	有	有	有
非单调性	可实现	可实现	无	无	无	可实现
简单继承	可实现	有	有	有	有	有
多重继承	可实现	有	有	有	有	有
过程的执行	无	无	无	无	无	无
限制性检验	无	无	无	无	无	无
向前式	无	无	可实现	无	无	无
向后式	无	无	可实现	无	有	有

　　从表 4-1 可以看出,这六种语言基本都支持概念、多元关系和实例的定义,XOL、RDFS 和 SHOE 缺乏函数、公理和产生式规则,对领域知识的定义不够完整。OWL 和 DAML+OIL 对各主要元素基本上都支持,对领域知识的定义较为完备,说明这两种语言具有较强的知识表达能力,而 OIL 在此方面则表现不足。

　　从表 4-2 可以看出,基于 Web 的本体描述语言多数不具备"出错处理""过程的执行"和"限制性检验",但都具备"单调性""简单继承"和"多重继承"。DAML+OIL 语言具有大部分特征,其推理能力相对较好,而目前最常用的 OWL 语言,其推理能力表现一般。从推理机制比较可以看出,目前还没有最佳的本体描述语言,所以在构建本体时要根据应用领域选择最合适的语言。总的来说,上述几种语言各具特点,都能很好地描述本体,但这些在知识推理和表达方面都有所欠缺,没有一种语言能够同时兼备推理性和表达性。因此,在应对不同领域对知识表达和推理的不同需求时,应注意选择合适的本体描述语言。目前,由于 OWL 是 W3C 的推荐标准,符合 RDF/XML 标准语法格式,并且能够与多种本体描述语言进行兼容和交互,所以应用范围很广,深受用户的青睐。

2012 年 W3C 又推出的 OWL2 是对 OWL 的进一步完善,在 OWL 的语法方面进行了改进,并且提供更强大的表达能力和逻辑推理能力,在本体构建方面和语义网中将会有更广阔的应用前景。

4.2.2　本体表示语言 OWL

OWL(web ontology language)的开发始于 2001 年,由 W3C 于 2004 年 2 月正式推出,它总结了 RDFS、DAML-ONT、DAML+OIL 等本体描述语言的开发经验,既保证强大的语义表达能力,又保证描述逻辑的可判断推理。W3C Web-Ontology 工作小组开发 OWL 语言是为了提供一种可以面向各种应用的语言。W3C 还发行了 OWL 的 Web Service 框架使用方案集合的工作草案,目的是为下一代的 Web 服务提供使用案例和方案。

OWL 建立在 XML 和 RDF 等已有标准的基础上,如图 4-1 所示,OWL1.0 包括三个表述能力递增的子语言:OWL Lite、OWL DL 和 OWL Full。OWL Lite 提供给那些只需要一个具有分类层次和简单约束的语言的用户,OWL DL 提供给那些需要具备最强表达能力且可判定的推理系统的用户,OWL Full 支持那些需要尽管没有可判定保证,但有最强的表达能力和完全自由的 RDF 语法的用户。

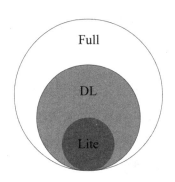

图 4-1　OWL1.0 的主要子语言

OWL 对于知识的描述主要从概念和属性两个方面进行,其中概念由类(class)来表示。OWL 通过提供大量的构造子来建立表达式,其强大的表达能力正是由它所支持的概念构造子、性质构造子以及各种公理所决定的。

(1)类的定义。OWL 的类可以通过逻辑组合算子(合取∩、吸取∪、非¬在其他类的基础上构造,还可以描述多个本体的枚举类;同时 OWL 还可以声明某个属性具有传递性、对称性、函数性,或是某个属性的逆属性。此外,OWL 还可以通过属性约束(Restriction)来定义类。

OWL 提供了以下多种类定义方法,其中除"显式定义"方法外,其他方法定义的类都为匿名类。以下为几个核心类定义(更多的类定义可参考 OWL 技术规范):

◇显式定义 owl:Class。定义类时显式地给出类名。

◇枚举定义 owl:oneOf(OWL Lite 不支持)。有两种使用方法,一种是配合 rdf:parseType="Collection"使用定义一个匿名类,属性的值为类的一组实例的列表;另一种是配合 owl:DataRange 定义一种命名的 DatatypeProperty。

◇类交 owl:intersectionOf。其取值范围为两个类外延的交集。

◇类并 owl:unionOf。其取值范围为两个类外延的并集。

◇类补 owl:complementOf。其取值范围为另一个类外延的补集。

(2)属性的定义。OWL 的属性是一种二元关系,它连接两个项。OWL 中的属性有三种类型:一种是描述对象与对象之间的关系的属性,被称为 owl:ObjectProperty;一种描述对象与数据类型值之间的关系的属性,被称为 owl:DatatypeProperty;还有一种是描述子属性关系,被称为 rdfs:subPropertyOf。

OWL 的属性定义内容非常丰富,提供了多种属性类型。以下为几个核心属性定义(更多的属性定义可参考 OWL 技术规范):

◇owl:DatatypeProperty 类型,其值域限定为 XML Schema 数据类型、rdfs:Literal 或枚举类型,OWL Full 还支持 rdf:XML Literal。

◇owl:ObjectProperty 类型,其值域限定为类或类的实例。

◇owl:TransitiveProperty 类型,即传递属性。如果 P 为传递属性,则可由 P(x,y)和 P(y,z)推出 P(x,z)。

◇owl:SymmetricProperty 类型,即对称属性。如果 P 为对称属性,则可由 P(x,y)推出 P(y,x)。

◇owl:FunctionalProperty 类型,即唯一属性,由主语唯一决定宾语。如果 P 为此类型属性,则可由 P(x,y)和 P(x,z)推出 y=z。

◇owl:InverseFunctionalProperty 类型,为另一种类型的唯一属性,由宾语

唯一决定主语。如果 P 为传递属性,则可由 P(y,x)和 P(z,x)推出 y＝z。

◇owl:AnnotationProperty 类型,为注释类型属性,OWL Full 可以显式声明预定义注释属性之外的其他注释属性。

◇owl:DeprecatedProperty 类型,即保留属性,主要用于本体版本的向后兼容性。

(3)属性的约束。在 OWL 中,约束公理可以分为值约束(value constraint)和基数约束(cardinality constraint)两种,值约束限制属性的值域,基数约束限制属性取值的个数。

值约束包括:

◇allValuesFrom:相当于全称量词。被约束属性的所有取值都必须是由 allValuesFrom 所指定的类的实例,或者是指定值域的数值。取值可以为空。

◇someValuesFrom:相当于存在量词。被约束属性的所有取值中至少有一个是 someValuesFrom 所指定的类的实例,或者是指定值域的数值。取值不能为空。

allValuesFrom 和 someValuesFrom 被称为量词约束,可以用一个三元组表示:<quantifier,property,filler>,也就是一个量词、一个属性以及拥有这个属性的一个类。

◇hasValue:被约束属性的所有取值中至少有一个是 hasValue 所指定的值或者与指定的值语义上相当。取值不能为空。

基数约束包括:

◇maxCardinality:被约束属性的值(个体或数值)最多能取 maxCardinality 所指定的数目的不同值。

◇minCardinality:被约束属性的值(个体或数值)最少应取 minCardinality 所指定的数目的不同值。

◇cardinality:指定被约束属性的取值基数,可以用一组取值一致的 maxCardinality 和 minCardinality 来替代。

4.3 本体的构建

4.3.1 本体构建原则

研究人员从实践出发提出了许多指导本体构建的原则,然而目前仍没有构造本体的统一标准,一般采用 1995 年格鲁伯提出的指导本体构造的五条原则[17],具体如下:

(1)清晰:领域本体必须能有效地说明所定义术语的含义。定义应该是客观的,与背景独立的;当定义可以用逻辑公理表达时,它应是形式化的,应尽力用逻辑公理表达;定义应该尽可能完整;所有定义应该用自然语言加以详细说明。

(2)一致:领域本体应该是前后一致的,也就是说,它应该支持与其定义相一致的推理。领域本体所定义的公理以及用自然语言进行说明的文档都应该具有一致性。假如从一组公理中推导出来的一个句子与一个非形式化的定义或者实例矛盾,则这个领域本体是不一致的。

(3)可扩展性:领域本体的可扩展性是指其提供一个共享的词汇,这个共享的词汇应该为预期的任务提供概念基础。它应该可以支持在已有的概念基础上定义新的术语,以满足特殊的需求,而无须修改已有的概念定义。也就是说,人们应该能够在不改变原有定义的前提下,以这组存在的词汇为基础定义新的术语。

(4)编码偏好程度最小:领域本体与特定的符号即编码无关。也就是说,领域本体的表示形式的选择不应该只考虑表示或实现上的方便,概念的描述不应该依赖于某一种特殊的符号层的表示方法,不能依赖于某种确定的语言,因为实际的系统可能采用不同的知识表示方法。

(5)本体约定最小:本体约定应该最小,只要能够满足特定的知识共享需求即可。也就是说,本体应该对所模拟的事物产生尽可能少的推断,而让共享者自由地按照他们的需要去专门化和实例化这个本体。格鲁伯还指出,由于本体承诺是以词汇的使用为基础的,因此可以通过定义约束最弱的公理以及只定义应用所需的基本词汇来保证。

此后,其他人还陆续补充了一些原则:

（1）本体区分原则。本休中的类之间是不相交的。

（2）使用多种概念层次，多重继承机制来增加表达能力。

（3）最小化同层相邻概念之间的语义距离。

上述本体构建原则虽然给出了构造领域本体的基本思路和框架，但是明显的不足之处就是它们所反映的内容较模糊且难以把握。实际本体构建过程中，各人实际构建的本体的类型和应用情况也不同，这时需要根据客观实际需要权衡各原则，选择合适的原则，并在具体工作中进一步细化这些原则，灵活运用本体构建原则才能构建高质量的本体。

4.3.2　本体构建方法

目前，本体的构建基本还是采用人工方式，本体的构建还是一种艺术性的活动而远远没有成为一种工程性的活动。每个本体开发团体都有自己的构建原则、设计标准和不同的开发阶段，所以很难实现本体的共享、重用和互操作。

目前知识工程界比较成型的建模方法主要有骨架法、TOVE 法、IDEFS 法、七步法、METHONTOLOGY 法、SENSUS 法、KACTUS 法、循环迭代法。

（1）骨架法。

这个本体建立模式是爱丁堡大学从开发企业本体（Enterprise Ontology）的经验中产生的，过程如下：

①据任务情况，明确建立本体的目的和所建立的本体的使用范围。

②建立本体，通过三个子步骤实现：本体获取（包括标识关键概念和概念关联、产生无二义性的自然语言定义、指定标识这些概念和关联的术语）；本体编码（是指选择合适的语言来形式化表示上一阶段所获取的概念和关系）；本体集成（是指集成已经获取的概念或关联的定义，使它们成为一个整体）。

③对所建立的本体进行评价。根据第一阶段中确定的需求和本体的能力问题对本体以及软件环境、相关文档进行评价，如果符合要求，则最后形成文档；如果不符合，则需重新回到构造阶段的本体分析。

④形成文档。

其流程图如图 4-2 所示：

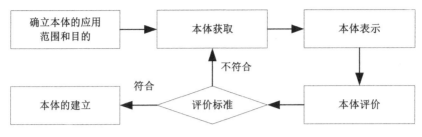

图 4-2　骨架法流程图

骨架法最初的研究是建立在企业本体基础之上,是相关商业企业间术语和定义的集合,该方法只提供开发本体的指导方针,但对于其他本体的建立也有一定启发。

(2)TOVE 法。

又称"评价法",是加拿大多伦多大学企业集成实验室基于在商业过程和活动建模领域内开发 TOVE(Toronto Virtual Enterprise)项目本体的经验,通过本体建立指定知识的逻辑模型,使用一阶逻辑谓词构造了形式化的集成模型。TOVE 本体包括企业设计本体、工程本体、计划本体和服务本体。TOVE 法流程如图 4-3 所示:

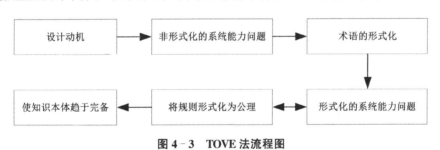

图 4-3　TOVE 法流程图

①设计动机:定义直接可能的应用和所有解决方案。提供潜在的非形式化的对象和关系的语义表示。

②非形式化本体能力问题的形成:将系统"能够回答的"问题作为约束条件,包括系统能解决什么问题和如何解决。这里的问题用术语表示,答案用公理和形式化定义回答,由于是在知识本体没有形式化之前进行的,所以又被称为非形式化的系统能力问题。

③术语的形式化:从非形式化系统能力问题中提取非形式化的术语,然后用知识本体形式化语言进行定义。

④形式化的系统能力问题:一旦知识本体内的概念得到了定义,系统能力问

题就脱离了非形式化,演变为形式化的能力问题。

⑤将规则形式化为公理,术语定义所遵循的公理用一阶谓词逻辑表示,包括定义的语义或解释。

⑥调整问题的解决方案,从而使知识本体趋于完备。

(3)IDEFS 法。

IDEFS 是美国 KBSI 公司(Knowledge Based Systems Inc.)开发的用于描述和获取企业本体的方法,IDEF 是"Integration Definition for Function Modeling"的首字母缩写,是指 KBSI 开发的一系列"面向功能建模的集成定义"项目。

IDEFS 通过使用图表语言(IDEFS Schematic Language)和细节说明语言(IDEFS Elaboration Language),获取关于客观存在的概念、属性和关系,并将它们形式化,作为知识本体的主要架构。IDEFS 图表语言是一种图形化的语言,其用途是为了使领域专家可以表达基于知识本体的最为通用的信息。IDEFS 细节说明语言是一种结构化的文本语言,用来详细描述知识本体中的元素。

IDEFS 提出的本体建设方法主要包括以下五个步骤:

①组织和范围:确定本体建设项目的目标、观点和语境,并为组员分配角色。

②数据收集:收集本体建设需要的原始数据;

③数据分析:分析数据,为抽取本体做准备;

④初始化的本体建立:从收集的数据当中建立一个初步的本体;

⑤本体的优化与验证:完成本体建设过程。

知识本体是特定领域的一套拥有完整的精确定义、规则和术语含义约束的词表,这是为了确保知识复用时的一致性。IDEFS 的方法提供了一种结构化的技术,利用这种技术,领域专家可以有效地开发和维护领域本体。IDEFS 构建知识本体的方法在于获取现实世界客观对象的定义,以及它们的属性和它们之间的内在联系。

(4)七步法。

斯坦福大学医学院开发的七步法,主要用于领域本体的构建,具体开发过程描述如下:

①确定知识本体的专业领域和范畴;

②考查复用现有知识本体的可能性;

③列出知识本体中的重要术语;

④定义类和类的等级体系；

⑤定义类的属性；

⑥定义属性的分面；

⑦创建实例。

（5）METHONTOLOGY 法。

该方法是由西班牙马德里理工大学人工智能实验室提出的，并已被马德里大学理工分校人工智能图书馆所采用，专用于构建化学知识本体（有关化学元素周期表的知识本体）。其特色在于提出用生命周期的概念来管理整个本体的开发过程，使本体开发过程更接近软件工程开发方法，它将本体开发进程和本体生命周期两个方面区别开来，并使用不同的技术予以支持。它的流程包括：

①管理阶段：这一阶段的系统规划包括任务的进展情况、需要的资源、如何保证质量等问题。

②开发阶段：分为规范说明、概念化、形式化、执行以及维护五个步骤。

③维护阶段：包括知识获取、系统集成、评价、文档说明、配置管理五个步骤。

（6）SENSUS 法。

SENSUS 法是开发用于自然语言处理的 Sensus 本体的方法，由美国南加（USC）信息科学研究所研制开发。ISI 自然语言研究小组旨在为机器翻译提供广泛的概念结构。SENSUS 为机器翻译提供概念结构，该本体系统用于自然语言程序，目前 Sensus 本体共包括电子科学领域的 7 万多个概念。为了能在 SENSUS 基础上构造特定领域的知识本体，必须把不相关的术语从中剪除。构建 Sensus 本体的方法路线如下：

①定义"叶子"术语；

②用手工方法把叶子术语和 Sensus 术语相连；

③找出叶子节点到 Sensus 根节点的"路径"；

④增加和 Sensus 本体中的域相关但是还未出现在 Sensus 本体中的概念；

⑤用启发式思维找出全部特定域的术语；某些有两条以上的路经过的节点必是一棵子树的父节点，那么这棵子树上的所有节点都和该域相关，是要增加的术语。对于高层节点则通常有多条路径经过。

（7）KACTUS 法。

KACTUS 工程法是基于 KACTUS 项目而产生的，KACTUS 是"关于多用途复杂技术系统的知识建模"工程（Modeling Knowledge About Complex Technical Systems for Multiple Use）的英文缩写,是欧洲 ESPRIT 框架下的研发项目之一。KACTUS 的目的是要解决技术系统生命周期过程中的知识复用问题,具体的开发过程如下:

①应用说明:提供应用的上下文和应用模型所需的组件。

②相关知识本体范畴的初步设计:搜索已存在的知识本体,进行提炼、扩充。

③知识本体的构造:用最小关联原则来确保模型既相互依赖,又尽可能一致,以达到最大限度的系统同构。

(8)循环迭代法。

苏亚萍(2007)提出了循环迭代法[15]。循环迭代方法是一种较灵活并且风险更小的本体构建方法,通过多次执行各个开发工作流程,从而更好地理解需求、设计出强壮的构架、组建好开发组织并最终交付一系列渐趋完善的实施成果,由每次迭代的结束时刻进行的评价所形成的反馈使开发者可以对下一个和所有后来的迭代调整计划。采用这种方法,可以及时地发现本体内外部的问题,并做出相应的对策弥补存在的不足与漏洞以调整方案,通过一次又一次的迭代成长,最后构建出符合需求的领域知识本体。

领域本体循环迭代法分以下几个步骤,如图 4－4 所示:

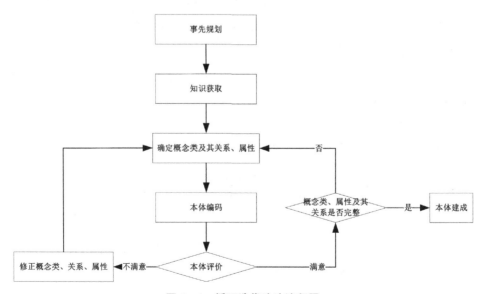

图 4－4　循环迭代法法流程图

①事先规划:这一阶段需要确定领域本体建设的目的和范围。

②知识获取:获取相关领域范围内的概念及关系的识别,即获取相关领域的知识。

③确定本体中的重要概念类及其关系、属性:先提炼出该领域的重要概念和主要的关系,并通过准确的自然语言表达出来,将其作为领域本体的核心概念集。

④本体编码实现:用形式化的方法对本体中的术语编码,即采用选定的本体描述语言来编写本体。

⑤本体评价:对本体能否实际应用进行评估与测试,目的是发现术语中一些已经定义好的属性的缺陷。

⑥改进本体:如果专家评价结果为满意,则对第三步所确立的概念结构进行辅助概念的扩展,然后进行编码依次进行;如果评价结果不满意,则需要根据专家的建议对核心概念层次结构及之间的关系进行修正,然后进行编码依次进行。这样一直循环迭代,直至第五步专家对修正后的本体进行评价满意,并且所确立的领域概念结构完整为止。

⑦本体进化:发现了新知识,对本体模型进行评价和进一步完善。

以上这些本体构建方法都有各自的适用领域,方法通用性比较差。除了循环迭代法,其他方法都不支持本体进化,方法的可扩展性不强。而七步法和METHONTOLOGY法成熟度较高,方法较为具体详细,被各领域学者专家广泛引用。

4.3.3　本体构建工具

本体开发是一项复杂而庞大的工程,任何领域都包括大量概念、概念的性质、概念之间的各种关联和约束等,要正确地建立相关概念的本体,仅仅靠人手工完成是不现实的,需要借助开发工具来完成本体的构建任务。选择合适的本体工具对快速、成功地构建一个本体也是很重要的。借助本体构建工具主要用于本体的开发,多数工具都具有编辑、图示、自动将系统内容转换为数据库、自动转换置标语言等功能。随着本体在各个领域的广泛应用,到目前为止,已经出现了许多本体构建工具。根据这些工具所支持的本体描述语言,目前常用的本体构建工具大致可以分为两类:

（1）基于某种特定语言的本体构建工具。这一类主要包括 Ontolingua、OntoSaurus、WebOnto 等。其中 Ontolingua 基于 Ontolingua 语言，OntoSaurus 基于 LOOM 语言，WebOnto 基于 OCML 语言，它们在一定程度上也支持多种基于 AI 的本体描述语言。

（2）独立于特定语言的本体构建工具。这一类主要包括 Protégé、OntoEdit、OilEd 等。这些工具最大的特点是独立于特定的语言，可以导入、导出多种基于 Web 的本体描述语言格式，如 XML、RDF(S)、DAML＋OIL 等。其中，除了 OilEd 是一个单独的本体编辑工具外，其他都是一个整合的本体开发环境或一组工具。它们支持本体开发生命周期中的大多数活动，并且因为都是基于组件的结构，很容易通过添加新的模块来提供更多的功能，具有良好的可扩展性。

Protégé 软件是斯坦福大学医学院生物信息研究中心开发的一个开放源码的本体编辑器，它是用 Java 语言开发的本体编辑和本体开发工具，也是基于知识的编辑器，属于开放源代码软件。Protégé 的下载地址为：http://protege.stanford.edu/。Protégé 界面风格与普通 Windows 应用程序风格一致，用户比较容易学习使用。Protégé 本体结构以树形的层次目录结构显示，用户可以通过点击相应的项目来增加或编辑类、子类、属性、实例等。允许用户在概念层次上进行领域模型设计，所以本体工程师不需要了解具体的本体表示语言。Protégé 支持多重继承，并对新数据进行一致性检查，具有很强的可扩展性。Protégé 有以下特点：

（1）Protégé 是一个可扩展的知识模型。用户可以重新定义系统使用的表示原语。

（2）Protégé 文件输出格式可以定制。可以将 Protégé 的内部表示转换成多种形式的文本表示格式，包括 XML、RDF(S)、OIL、DAML、DAML＋OIL、OWL 等系列语言。

（3）Protégé 用户接口可以定制。提供可扩展的 API 接口，用户可以更换 Protégé 的用户接口的显示和数据获取模块来适应新的语言。

（4）Protégé 后台支持数据库存储，使用 JDBC 和 JDBC-ODBC 桥访问数据库。

（5）Protégé 有可以与其他应用结合的可扩展的体系结构。用户可以将其与外部语义模块（例如针对新语言的推理引擎）直接相连。

（6）与其他的本体构建工具相比，Protégé最大的好处在于支持中文。

（7）在插件上，用Graphviz可实现中文关系的显示。

由于Protégé开放源代码，提供了本体建设的基本功能，使用简单方便，有详细友好的帮助文档，模块划分清晰，提供完全的API接口，是语义网中本体构建的核心开发工具，关键是Protégé支持中文，因此，本书采用Protégé作为世界知识的本体构建工具，采用的版本为Protégé5.5.0。

4.4　国内外主要本体库分析

4.4.1　WordNet

WordNet是由美国普林斯顿大学的米勒（Miller）带领的一组心理词汇学家和语言学家于1985年起开发的大型英文词汇数据库，它是传统词典信息与现代计算机技术以及心理语言学研究成果有机结合的一个产物。

WordNet以同义词集（Synsets）为单位组织信息，对查询结果的演绎比较符合人类的思维定式。它与普通词典的最大区别在于它根据词义而不是词形来组织词汇信息。WordNet对于词条的组织方式基本上是属于聚合式的，所以它看起来像是一部汇编式的同义词义类词典。WordNet主要包括名词、动词、形容词和副词，所有的词都按照其义项以同义词集的形式组织在一起，并标示相关的同义词集在语义上的联系[18]。

WordNet不仅仅用同义词集合的方式罗列概念，还利用了各种语义关系来组织词语。这些语义联系有上下位关系、整体—部分关系、反义关系、蕴涵关系。从本体知识（ontology）的角度看，WordNet通过各种语义关系将词汇联系在一起的方式，展示了它构建语言本体知识的能力。因此，WordNet可以广泛应用于信息检索、词义消歧、机器翻译、知识工程等自然语言处理领域。

但是WordNet也存在若干缺陷，比如缺少动词句法配置方面的信息、缺少谓词论元的语义角色信息等[19]。其中，最为重要的是，没有能将词汇之间的组合关系揭示出来。心理学的研究成果显示，在语义关系网络中，所有的概念都不是孤立存在的，总是跟其他概念相互联系。其中，最重要的两种联系是类别关系和主题关系。作为义类词典的WordNet更多关注的是词语之间在意义上的相似性特征,也即聚合关系,而对那些不具有相似性特征的词语之间的可能的组合关系和语篇中的共现关系则关注不够。如"学校""课程""老师"等之间的共现关系。

本质上,WordNet 更像一部电子词汇数据库,与真正意义上的本体库相差甚远。由于系统原始条件的缺陷以及词库数据庞大而又无法再进行重新标引等限制因素,WordNet 注定不能成为具有推理功能的系统,而只是"一部基于网络的叙词表检索系统"[20]。

4.4.2　VerbNet

WordNet 只关注静态性的、聚合性的语义关系,没有涉及动态性的、组合性的动词论旨角色及其句法配置等语义关系信息。科罗拉多大学博尔德分校的 VerbNet,在一定程度上弥补了 WordNet 的不足。它对动词的句法框架、论旨角色(thematic roles)和选择限制(selectional restrictions)进行了细致的描写。VerbNet 为每一个动词设置了三类信息,包括:①Members,即同属于一个语义类的各个动词;②Thematic Roles,一类动词所能支配的不同论旨角色,并在括号中标明动词对于论元的语义选择限制;③Frames & Predicates,包括动词的句式类型、实例、句法配置和语义描述等[21]。

从 VerbNet 对于动词的描写可以看到,动词相关的语义和句法信息都能清晰地展现出来,这离解决"网球问题"更进了一步。正如前文所提到的,基于事件或场景的不同概念通常需要动词作为链接指针进行联系。那么,不言而喻的是,动词的句法语义信息对于情景中概念和词语之间的联系起了非常重要的作用。

然而,VerbNet 虽然对于动词的相关信息做了足够充分的刻画,但在解决自然语言理解方面仍存在着不足,如,无法由"生日"联想到"蛋糕",就无法理解下面的对话:

A:别忘了明天爸的生日。

B:蛋糕早就订好了。

VerbNet 根本无法满足交际意图识别的需要。总之,VerbNet 关注以动词为核心的词汇性组合关系,无场景联想能力,不能反映语篇中相关词语的常规性的共现关系。

4.4.3　FrameNet

加州大学伯克利分校的框架网项目(FrameNet),是基于框架语义学并以语料库为基础建立的在线英语词汇资源库。框架语义学是菲尔莫尔（C. J. Fillmore）提出的研究词语意义和句法结构意义的方法，该理论主张对于词语意义的描述必须联系特定的语义框架，因为框架是信仰、实践、制度、想象等概念结构或概念模式的图式表示，是言语社团中人们相互交流的概念基础[22]。

菲尔莫尔把一个格框架看作刻画一个小的抽象的"情景"（scene）或"境况"（situation），该"情景"或"境况"帮助理解一个动词的语义结构跟该动词的基本句法属性如何联系，以及不同语言形成最小句子的不同方式。所以，要理解动词的语义结构，就必须首先理解这类图式化的情景[23]。例如，框架 heat 描述的是一个涉及烹调（cook）、食物（food）和加热工具 heating instrument）的情境，以及可能引发这一情境的一些词汇，如 bake、blanch、boil、broil、brown、simmer、steam 等。出现在 heat 这一框架中的成分被称为"框架元素"，而能够引发激活这一框架的词语被称为"词汇单元"。

FrameNet 数据库主要由词汇库、框架库和标注例句三部分组成。FrameNet 是以框架为核心、自上而下地对处于框架中的动词或事件名词的句法语义信息进行描写。框架和框架元素反映了事件和事件参与者之间的关系，以及表示这种事件的动词跟其论元在句法配置上的关系。

FrameNet 设置情景框架并在此基础上描述词项的语义结构和句法配置信息，这比 VerbNet 单纯对于动词相关信息的描写更进了一步。但 FrameNet 从根本上来说还是以动词为核心的、旨在反映事件和事件参与者之间的论旨角色关系，并不能抓住相关词汇概念在语篇中的常规性的共现关系，也无法表示事物概念的名词之间基于生活常识的联想关系，例如，"hospital"所激活的框架为"buildings"，所激活的框架元素中并不包"医生、护士、医疗设备"等概念，而基于常识来看，这些概念毫无疑问是天然地联想在一起的。而且，FrameNet 情景框架的划分具有较大的任意性和主观性。所以，它还不能为解决事物之间的情景联想关系这一问题提供一个理想的语言知识资源。

4.4.4 ConceptNet

ConceptNet 是由麻省理工学院媒体实验室开发的一种开源工具，它的开发者 Liu 和 Singh[24]指出，基于关键词和数据统计的方法只能实现计算机语义理解的表层处理，要想实现深层次的计算机对于文本的理解，就必须添加各种不同的语义知识,使得计算机同时也拥有人所具备的常识性知识。ConceptNet 的开发建立在 OMCS(Open Mind Common Sense)基础之上,它是一个大型的常识知识库,包含了来自空间、物质、社会、时间和心理方面的日常生活知识。ConceptNet 从 OMCS 所收集的大约 70 万个句子中自动构造一个常识性语义网络,用不同类型的链接描述物体、事件以及人物之间的关系。值得一提的是,与传统的手工提取常识性知识不同,OMCS 通过网络平台向普通大众寻求支持,体现了网络众包开发意识。在 ConceptNet 中,语义知识网络通过 160 万个箭头将超过 30 万个节点连接在一起,每一个箭头代表一种语义关系,类似这样的语义关系共有 20 种,构成了语义关系的本体知识系统。通过词汇之间相互链接所形成的概念语义网络对于话题提取、情感标注、词义消歧、文本推理等自然语言处理都有重要的作用。

ConceptNet 实质上是一种基于常识和概念联想关系的词汇语义知识库。这种知识库通过认知上的扩散性激活机制将日常生活中方方面面的知识都囊括在语义网络之中,并可通过指针进行追踪,从而为计算机建立了一个类似储存在人脑之中的概念系统,为相关的自然语言处理提供了强有力的支持。

虽然 ConceptNet 为不同概念节点之间设置了多达 20 种的语义关系链接,很好地解决了从"医院"激活"医生""护士""医疗仪器"等概念的问题,但这些语义链接呈现出来的只是概念之间的深层语义推导关系,而并没有说明表达这些不同概念的词语在句法表层是如何被组织在一起的。ConceptNet 过分关注不同概念之间常识推理性的语义关系,而忽略了表示相关概念的不同词语在句法层面上的组合关系和语篇层面上的共现关系[25]。

4.4.5　HowNet

知网(HowNet)是由中国科学院计算机语言信息中心语言知识研究室董振东先生创建的,是一个以语言翻译为建设目的,以汉语和英语的词语所代表的概念为描述对象,以揭示概念之间以及概念所具有的属性之间的关系为基本内容的常识知识库。知网的哲学根本点是世界上的一切事物(物质的和精神的)都在特定的时间和空间内不停地运动和变化。它们通常是从一种状态变化到另一种状态,并通常由其属性值的改变来体现。基于以上观点,知网的运算和描述的基本单位是万物(其中包括物质的和精神的两类)、部件、属性、时间、空间、属性值以及事件。部件和属性,这两个基本单位在知网的哲学体系中占有重要的地位。知网关于对部件的认识是每一个事物都可能是另外一个事物的部件,同时每一个事物也可能是另外一个事物的整体。知网关于对属性的认识是任何一个事物都一定包含着多种属性,事物之间的异或同是由属性决定的,没有了属性就没有了事物。属性和它的宿主之间的关系是固定的,就是说有什么样的宿主就有什么样的属性,反之亦然[26]。

知网作为一个知识系统,名副其实是一个网而不是树。它所着力要反映的是概念的共性和个性,同时知网还着力要反映概念之间和概念的属性之间的各种关系。知网是一个以各类概念为描述对象的知识系统。知网不是一部义类词典。知网是把概念与概念之间的关系以及概念的属性与属性之间的关系形成一个网状的知识系统。

在知网中,所有的词语定义都是根据义原得出的。知网就是基于这样的一个信念来建设知识系统的:所有的概念都可以分解成各种各样的义原。同时,这些义原又是有限的,是一个有限的集合,但根据其中的义原能组合成一个无限的概念集合。因此把握了这一有限的义原集合,就可以利用它来描述概念之间的关系以及属性与属性之间的关系,就有可能建设出一个知识系统。知网对义原的提取大致可以分为两个步骤:第一步是对大约 6000 个汉字进行考察和分析,以图提取出一个有限的义原集合。第二步就是用归纳出的义原作为标注集去标注多音节的词,如果已有的义原不能区分有些多义词的诸义项所表达的概念时,标注集便需要进行合理调整或适当扩充。综上所述,知网的建设方法的一个重要特点是自下而上的归纳。它通过对全部的基本义原进行观察、分析并形成义原的标注集,然后再用更多的概念对标注集进行考核,据此建立完善的标注集。从这个意义上说,标注集的形成和知网建设是互动的。

知识词典是知网系统的基础文件。在这个文件中每一个词语的概念及其描述形成一个记录。每一种语言的每一个记录都主要包含四项内容。其中每一项都由两部分组成,中间以"="分隔。

知网是一个以汉语和英语的词语所代表的概念为描述对象,以揭示概念与概念之间以及概念所具有的属性之间的关系为基本内容的常识知识库,它是为了机器翻译的目的建设的,对于英语和汉语之间的概念的联系作了详尽的考虑。由于采用了义素分析的方法,所以在很大程度上揭示一个语言内部的概念之间和概念的属性之间的联系。知网的建设目的决定了它并非像 Cyc 那样一个包罗万象的知识库,还有很多信息没有考虑。

知网对语义研究做出了伟大贡献:一是把语义研究置于知识描述的基础上;二是语义描述呈网状。知网从个别概念进行静态的、孤立的描述开始,最终形成动态的、相关的知识网。知网已经为建立语义语法提供了可靠的框架。知网提供了知识描述的系统框架和方法论,它们将成为专业知识库建设的基础。总之,知网是建立关系语义描述的一次大规模的伟大尝试。

从本质上来看,知网词库中虽然蕴含了大量的概念与概念、属性与属性之间的关系,但是系统仍然以词汇作为概念的基本单元,不具备本体系统的推理、知识发现等功能,所以知网本身也不是真正的基于本体的系统,它可以作为汉英机器翻译的语料库使用。

4.4.6   HNC

HNC 是概念层次网络理论(Hierarchical Network of Concepts)的简称,由黄曾阳先生创立,是面向自然语言理解的理论体系,因以概念化、层次化、网络化的语义表达而得名。HNC 通过语言概念空间研究语言现象,语言概念空间是存在于人类大脑之中的一个符号体系,自然语言理解就是一个从自然语言空间到语言概念空间的映射过程[27-28]。

HNC 有三个基本假设。假设一:全人类的语言概念空间具有同一性,语言概念空间符号体系只有一个。假设二:语言概念空间是一个四层级——基层(基元空间)、第一介层(句类空间)、第二介层(语境单元空间)和上层(语境空间)——的结构体。假设三:语言概念无限而语言概念基元有限,语句无限而语句的概念类型(句类)有限,语境无限而语境单元有限。基于上述理念,HNC 规划了《概念基元符号体系手册》《句类知识手册》《语境单元知识手册》这三部手册来把握世界知识。

HNC 把概念分成三种基本范畴:抽象概念、具体概念和两可概念。概念基元空间的数字描述"8-2-1"就是指八类抽象概念、两类具体概念和一类两可概念。概念延伸结构表达式如下:

$$CESE::=CP:(ICP1,BCP1;ICP1,BCP1;\cdots)$$

其中,CP 表示概念基元符号,ICP 表示中层概念基元符号,BCP 表示底层概念

基元符号。如 7 表示心理活动及精神状态,71 表示心理活动,711 表示态度,7115
表示人际交往中的态度,7115[9]表示交往姿态,7115[9](e41)表示不卑不亢。

HNC 认为,语句理解就是概念联想脉络激活的过程。句类是语句概念联想
脉络的一种表述模式,句类空间存在着广义作用句和广义效应句两个字空间。
HNC 理论揭示出,句类表达式总共有 57 个,全部基本句类可统一写成下面的一
般表达式:

$$EJ = JK1 + EK + \sum_{j=2}^{n} JK_j \quad (n \leqslant 3)$$

式中 EK 表示特征语义块,JK 表示广义对象语义块。该表示式表明,基本
句类最多有四个主语义块:一个特征语义块加三个广义对象语义块。

HNC 提出了语境单元表示式,其构成如下:

$$SGUN = (DOM; SIT; BACE; BACA)$$

上式表明,语境单元是一个由领域 DOM、情景 SIT 和背景 BAC 这三要素构成
的结构体,其中,背景 BAC 又区分为事件背景 BACE 和述者背景 BACA。领域
DOM 描述事件的类型,情景 SIT 描述事件的作用效应链表现,事件背景 BACE 描
述事件发生的主客观条件,述者背景 BACA 描述叙述者/论述者的特定视野。

在上述三个手册的基础上,HNC 把自然语言理解处理分成三个处理模
块——句类分析 SCA、语境单元萃取 SGUE、语境生成 ABS。

HNC 完全摆脱了传统语法学的束缚,从语言的深层入手,以语义表达为基
础,力图从概念联想脉络方面,即从人的心理属性上寻找语言理解的答案,并通
过这一联想脉络透过自然语言无限和不确定的表观现象,抓住了沉淀在语句深
层的有限和确定的本质,以语义块和句类表示式为基本分析工具,把世界知识纳
入到句类知识的框架里进行描述,研究世界知识在句类知识中的表现形式,打开
了语言研究的新局面,开创了一条全新的自然语言理解的技术路线。

4.5　语境知识的本体构建探索

4.5.1　现有本体存在的不足

现有本体的创建目的都是为了解决创建者研究课题所面临的知识需求,如,

董振东线索创建的知网以机器翻译为建设目的,主要解决汉英互译过程中所需的知识;黄曾阳先生创建的 IINC 理论是为了主要解决自然语言理解(实际是句子的字面意义理解)过程中所需的知识。这些本体曾对这些课题的解决起到了极大的促进作用,但随着研究的不断深入,人们发现,需要为计算机配备越来越多的知识才能解决面临的新问题。本文的研究目的是探索语境的动态构建,最终目的是实现交际意图识别,解决这一问题所需的知识的深度和广度都是前所未有的。从本文的研究目的来看,当前的本体存在着如下一些不足:

(1)没有打通实体和事件间的联系。只有知网在这方面开始了探索,但其深度和广度还远远不够。现有的本体没有揭示出实体的相对静止的本质特征。

(2)对实体的相关知识挖掘得还不够。现有的本体对实体概念的词性、同义词等语言学知识研究得很深入,但对实体的结构、材质、功能等方面的知识挖掘得很不够,因而无法实现"蛋糕"与"奶油""蛋糕"与"蜡烛"间的联想,而这些都是人们在言语交际中理解话语所必备的常识。

(3)对实体间的关系挖掘得还不够。实体间存在静态关系、动态关系,静态关系如"丈夫"和"妻子"间存在"夫妻关系",动态关系如,如"米"和"水"在"煮饭"事件中的联系。

(4)对事件的更小粒度的组成事件挖掘得还不够。如挖掘"煮饭"事件的组成事件:量米、淘米、入锅、开煮、结束,还有粒度更小的,如挖掘"淘米"事件的组成事件,一直可以挖掘到人们认知上的原子事件。

(5)对事件与相关实体间的联系挖掘得还不够。如"过生日"事件与"蛋糕"间的联系,"付款"事件与"手机"间的联系。

(6)对事件间的相互影响的常识知识挖掘得还不够。如"饿了"事件与"吃"事件,"吃"事件与"烹饪"事件,一直到理清事件间的影响链。

4.5.2　语境知识的本体构建探索

我们在这个世界上活动,发现世界由丰富多彩无限多样的物体组成,最引人注目的是那些生物体和物体:人、动物、植物以及日常生活中的各种人造物品:桌子、汽车、房子等。人们运用范畴化的认知能力,将一类类事物的本质特征归纳、抽象成一个个概念,并约定用一个个语音、一个个符号来表示。这个过程可用图4－5表示。因而,"任何一种民族语言的语义系统都是该民族的成员在长期的生活、生产、社会实践活动中逐步积累、约定俗成的。这个语义系统就是他们对客观世界(包括自身活动)的总认识,这个认识是不断扩展和深化的。[29]"

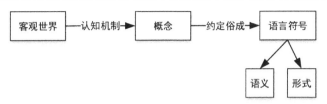

图 4-5　语义系统的形成过程

语义系统是人们对客观世界(包括自身活动)的一种总认识,或者说是一种对客观世界的常识。人们在语义系统的基础上把其他长期的生活、生产、社会实践活动中逐步积累经验总结下来,并用书籍记录下来,就构成了人类的知识体系。

因为知识就是人们对客观世界的反映,因而我们在构建语境知识本体时就不能不受到对客观世界的宏定义的制约。首先我们从哲学角度定义客观世界:

- 世界上万事万物的共同本原是物质;
- 一切物质都存在一定的时间、空间之中;
- 物质世界处于永恒的运动之中;
- 相对静止是重要的,任何事物的发展都是绝对运动和相对静止的统一;
- 相对静止时,物质表现为一定存在状态;
- 绝对运动时,事件表现为事件参与实体的状态在时间流中的变化。

从上面对客观世界的定义可知,从相对静止的视角来看世界,世界可以表示为各种实体的知识:实体及其存在状态;从绝对运动的视角来看世界,事件可以表示为各种事件的知识:事件参与实体的状态在时间流中的变化。世界知识可以看成实体知识和事件知识的集合,因而语境知识的本体可以用图 4-6 表示如下:

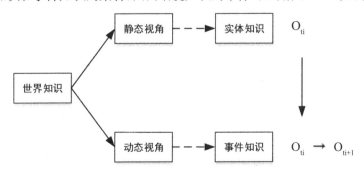

图 4-6　语境知识的本体示意图

世界本体（world ontology）是为了知识的共享、重用而建立的世界概念模型的明确的形式化规范说明，表示为 WO。世界本体的逻辑结构可定义为一个二元组 WO＝（OO，EO），其中：OO 表示实体本体，EO 表示事件本体。

（1）实体。

人类认识世界时首先认识的是客观存在中那些看得见摸得着的实物，当人类认识到大量的实物后，依据实物自身的结构和特征开始对各个实物进行区分，对实物进行分类，把具有相同属性的实物属于同一类实体，同一类实体中每个实体间又有各自的差别，这种差别体现为属性的取值不同。这样人类认识世界的范畴也就不再局限于简单的可见可闻可触的实物，会产生一些以已知世界为依据概括抽象的定义或想象虚拟的物体。

世界是物质的，物质的世界是由实体组成的。实体是可以感知的、相对独立的、相对静止的存在。实体是指客观存在并可相互区别的事物，它可以是具体的人、事、物，也可以是抽象的概念或联系。我们根据实体的属性把实体细分为万物、时间、空间、构件四大类。每一类实体都具有各自独特的属性特征。实体的存在状态可以由该实体的属性集合和关系集合来描述。我们将在第 5 章详细讨论。

（2）事件。

世界是运动的，运动的世界是由事件组成的。事件是可以感知的、相对独立的、运动着的存在，它不同于静态概念。事件是实体状态在时间流中的变化。在事件本体中，"事件"这一概念不再仅仅作为一个静态概念或是概念与概念之间的关系来表示，而被视为一个包括动作、对象、环境、时间等信息的知识表示单元。作为一种大粒度的知识表示单元，事件本体中的"事件"不但要描述事件之间的关系、参与事件的人与物之间的关系，同时还要表示这些参与者在事件中所扮演的角色以及事件的动态过程等内容。

对象快照模型既可以表示静态的知识，即在所观察的时间段内，相对不发生变化的对象信息；也可以表示动态的知识，通过描述时间流中的实体状态来揭示运动变化，如"他昨天从宁波飞到了长沙。"可以通过描述运动的起点和终点，以及乘坐的交通工具来表示动态知识。对象快照模型可以将静态知识和动态知识完美统一起来。我们将在第 6 章详细讨论。

本章参考文献：

[1] 肖琨焘,李德顺. 本体论[M]. 中国大百科全书·哲学卷 I,北京：中国大百科全书出版社,1987.

[2] NECHES R, FIKES R E, FININ T, et al. Enabling Technology for Knowledge Sharing [J]. Artificial Intelligence Magazine,1991. 12(3):36-56.

[3] GRUBER T. A Translation Approach to Portable Ontology Specifications [J]. Knowledge Acquisition,1993(5):199-220.

[4] BORST W N. Construction of Engineering Ontologies for Knowledge Sharing and Reuse [D]. Enschede：Universiteit Twente,1997.

[5] STUDER B,BENJAMINS V R,FENSEL D. Knowledge Engineering：Principles and Methods[J]. Data and Knowledge Engineering,1998,25(1/2):161-197.

[6] 张晓林,李宇. 描述知识组织体系的元数据[J]. 图书情报工作,2002(2):64-69.

[7] 李景. 本体理论在文献检索系统中的应用研究[M]. 北京：北京图书馆出版社,2005:5-6.

[8] 汤艳莉,赖茂生. Ontology 在自然语言检索中的应用研究[J]. 现代图书情报技术,2005 (2):33-36, 52.

[9] 张秀兰,蒋玲. 本体概念研究综述[J]. 情报学报,2007(4):527-531.

[10] MIZOGUCHI R, VANWELKENHUYSEN J, IKEDA M. Task Ontology for Reuse of Problem Solving Knowledge[J]. Towards Very Large Knowledge Bases. Proc of kb & ks,1995:46-94.

[11] GUARINO N. Formal Ontology and Information Systems [C]//FOIS' 98-Conference,1998.

[12] PEREZ A G, BENJAMINS V R. Overview of Knowledge Sharing and Reuse Components：Ontologies and Problem-Solving Methods [Z]. Workshop on Ontologies and Problem-Solving Methods：Lessons Learned and Future Trends,(IJCAI99), de Agosto, Estocolmo,1999.

[13] 李景. 本体理论在文献检索系统中的应用研究[M]. 北京：北京图书馆出版社,2005:10-11.

[14] 顾芳,曹存根. 知识工程中的本体研究现状与存在问题[J]. 计算机科学,2004(10): 1-11.

[15] 苏亚萍. 基于本体的领域知识建模研究[D]. 长春：吉林大学,2007.

[16] 王向前,张宝隆,李慧宗. 本体研究综述[J]. 情报杂志,2016,35(6):163-170.

[17] GRUBER T R. Towards Principles for the Design of Ontologies Used for Knowledge Sharing[J]. International Journal of Human Computer Studies,1995,43(5-6):907-928.

[18] 姚天顺,张俐,高竹. WordNet 综述[J]. 语言文字应用,2001,(3):27-32.

[19] 袁毓林. 语义资源建设的最新趋势和长远目标[J]. 中文信息学报,2008,22(3):3-15.

[20] 张晓林. 元数据应用与研究(第一版)[M]. 北京：北京图书馆出版社,2002:204-205.

[21] KIPPER K C, DANG H T, PALMER M S. Class-Based Construction of a Verb Lexicon[C]//AAAI-2000 Seventeenth National Conference on Artificial Intelligence,

Austin, TX, July 30-August 3, 2000.

[22] FILLMORE C J, JOHNSON C R, PETRUCK M R. Background to FrameNet[J]. International Journal of Lexicography, 2003, 16(3):236 - 250.

[23] FILLMORE C J. Frame Semantics[M] //Linguistics in the Moring Calm. Seoul: Hanshin Publishing Co., 1982:111 - 137.

[24] LIU H, SINGH P. ConceptNet—a Practical Commonsense Reasoning Toolkit[J]. BT Technology Journal, 2004, 22(4):211 - 226.

[25] 袁毓林, 李强. 怎样用物性结构知识解决"网球问题"? [J]. 中文信息学报, 2014, 28(5):1 - 13.

[26] 董振东, 董强. 面向信息处理的词汇语义研究中的若干问题[J]. 语言文字应用, 2001, (3):27 - 32.

[27] 黄曾阳. HNC(概念层次网络)理论 [M]. 北京:清华大学出版社, 1998.

[28] 黄曾阳. 语言概念空间的基本定理和数学物理表示式[M]. 北京:海洋出版社, 2004.

[29] 张普. 信息处理用现代汉语语义分析的理论与方法[J]. 中文信息学报, 1991(3):7 - 18.

[30] 袁毓林. 基于生成词库论和论元结构理论的语义知识体系研究[J]. 中文信息学报, 2013, 27(6):23 - 30.

[31] 袁毓林. 汉语名词物性结构的描写体系和运用案例[J]. 当代语言学, 2014, 16(1):31 - 48.

5 静态视角：实体本体

5.1 实体

5.1.1 哲学视野下的实体

"实体"这一概念最初来自哲学领域，一般认为在西方哲学，古代对实体的讨论以亚里士多德为代表。亚里士多德在他的著作中既认为个别的具体事物是实体，又认为只有一般的形式是实体，他还认为最高的实体是永恒不动的、无生无灭的万物运动的最后动因即神。不过，亚里士多德所谓实体，是指事物的"是什么"，故其实体既不实，也没有体[1]。

笛卡尔对实体的理解是："所谓实体，我们只能看作是能自己存在，而其存在并不需要别的事物的一种事物。"张岱年先生早就指出，所谓实体，含义有二，一是指客观的实在，二是指永恒的存在[2]。

可见"实体"一般是指能够独立存在的、作为一切属性的基础和万物本原的东西。实体在保持自身不变的同时，允许"由于自身变化"而产生不同的性质，而实体是变中不变的东西，是生成变化的基础，实体具有属性、样式等。

5.1.2 认知视野下的实体

人类认识世界必然是首先认识客观存在中那些看得见摸得着的实物，我们先称这些实物为实体，比如，马、牛就是客观世界中存在的、看得见摸得着的实物。人类在认识了大量的实体后，会开始对各个实体进行区分，区分实体的依据就是实体自身的结构和特征，我们把这种实体的结构或特征称为属性。实体的结构表现为一个实体由哪些部分组成，比如说"人"由头、颈、躯体、四肢等部分组成,而头、躯体、四肢这些构件同时还是实体,因为它们同样是可见的客观实物,拥有自身的结构特征;同时人又具有如年龄、性别、外形的高矮胖瘦等的特征,这些都是单纯的属性,不是一个有形的实物。

根据属性的不同,可以对实体进行分类,具有相同属性的实体属于同一类实体,同一类实体中每个实体间又有各自的差别,这种差别体现为属性的取值不同。也就是说,属性如同一个插槽,每一个实体具有许多属性插槽,同一类实体的属性插槽是类似的,在同一类实体的属性插槽上插上不同的属性值就形成不同的实例化实体。

认识到属性是聚合与区分实体的重要依据后,人类认识世界的范畴也就不再局限于简单的可见、可闻、可触的实物,会产生一些以已知世界为依据概括抽象的定义或想象虚拟的物体,对于这些物体或定义我们也视其为实体。比如"动物"就是我们抽象概括的定义,这一定义的形成基于我们对"狮子""老虎"等各种实物的共同属性的提取。另外,我们想象虚拟的实体也是基于已有的世界知识产生的,比如"龙"是我们想象虚拟的物体,我们构造这一实体时首先把它归类到我们期望的某种实体类别中,赋予它该类实体所应具有的属性,然后用已知的信息为这些属性赋值,从而形成了虽然客观不存在,但人们可以通过想象来具化的实体。

通过以上分析,我们可以给实体下个定义:实体是指客观存在并可相互区别的事物,它可以是具体的人、事、物,也可以是抽象的概念或联系。

5.1.3　实体本体定义

在上一章我们已经指出,从相对静止的角度看客观世界:

- 世界上万事万物的共同本原是物质;
- 一切物质都存在一定的时间、空间之中;
- 相对静止是重要的,任何事物的发展都是绝对运动和相对静止的统一;
- 相对静止时,物质表现为一定存在状态。

现在我们进一步分析万物的存在状态。第一,我们从认知上往往把一个事物的整体看成是由若干构件组成的,比如把"人"看成由头、颈、躯体、四肢等部分所组成的整体,并且还会继续把这些构件也看成一个实体,也看成由若干更小的构件所组成。第二,我们会把实体看成若干属性的集合,如认为"人"具有性别、身高、体重、民族等的属性，但这些属性都是单纯的属性，不是实体。

从上面对实体的分析可知，处于相对静止的实体包括万物、时间、空间、构件，因而实体本体可以用图5-1表示如下：

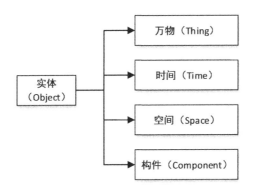

图5-1　实体本体示意图

实体本体（object ontology）是为了知识的共享、重用而建立的实体概念模型的明确的形式化规范说明，表示为OO，实体本体的逻辑结构可定义为一个四元组OO＝（Thing，Time，Space，Component），其中：

Thing表示万物，即存在的实体。

Time表示实体存在的时间，可以分为时刻和时段。

Space表示实体存在的空间以及实体在空间的位置。

Component表示实体的构件，有着不同的层次。

5.2　时间

5.2.1　时间体系

（1）时间及其特点。

时间是马克思主义哲学的重要范畴，传统马克思主义哲学教科书认为，时间是指物质运动过程的持续性和顺序性；时间是运动着的物质的存在形式，没有脱离物质运动的时间，也没有离开时间的物质运动，物质运动同时间是不可分割地联系在一起的；时间是无限和有限、绝对和相对的统一，时间同物质都是不以人的主观意志为转移的客观存在;马克思主义哲学的这一时间观是对客观存在的时间的正确反映[3]。

时间是一维的、不可逆的和不可塑的,它永远朝着未来并按固定的节奏延续着(时间之矢),所以"你不可能两次踏进同一条河流":时间流像河流一样滚滚向前,因此第二次涉足的时间段已经不同于第一次涉足的时间段。

(2)时点与时段。

时间是一种客观存在,而时间的概念是人类认识、归纳、描述自然的结果。人们都把时间看成永远向未来匀速前进的一维的轴线(时间之矢)。为了更好地表达时间,人们首先把时间区分为"时点"和"时段"。

时点:长度认作为零的时间瞬间。时点由它们在时间坐标系中的位置决定(即与零点的时间距离)。

时段:两个时点之间的一段时间。这些时点分别表示为"开始"和"结束"。时段由这两个时点规定,或由其中一个时点以及时点之间的时间距离规定,或仅由这些时点之间的时间距离规定。

自然语言中,"点"和"段"都是基于特定的粒度级别而言的。一方面,有时很大粒度的时间也被看成时点,如"我是 2007 年进的学校",这里"2007 年"就被看成一个时点;另一方面,即使最小的粒度,也不是真正不可分割的,就如"分"可以分成"秒",而"秒"还可以进一步分成"毫秒"。因此,学术界自然产生了将点时间看作一个极短的段时间的理论,用极限的思想将两种时间统一到一起。但是,为了服务于时间轴上的定位和计算,本章仍然选择基于粒度、点段并存的时间体系。

(3)时间单位与时间表达方式。

时间是一个非常抽象的概念,如果不把"时"分割成间,我们的思维就无法识别"时",只有分割成"时间"后,才能为思维所用。比如汉语就把地球绕太阳一周的运动过程划分为一年,把地球自转一圈的运动过程划分为一日。生活中通用的计时单位有秒、分、小时、天、星期、月、年、世纪等。

在现代汉语中,时间的表达方式有:①显式表示法,如 2020 年 8 月 17 日;②隐含表示法,如"我吃了",需要具体的语境才能知道相应的时间;③事件参照表示法,如"下课后来我办公室";④周期表示法,如"每日三餐"。

虽然,人们的时间观念具有统一性,但人们在日常交流中对时间的描述却是复杂多样的。如说话时刻是 2020 年 8 月,想要表达"2018 年 8 月",人们就可以采用"前年的这个月""前年的 8 月""2018 年的这个月""2018 年的 8 月"等不同的话语来描述这一时间。为了实现时间的理解与推理,必须将这些不同的时间描述解析为"标准时间值",为研究统一的时间语义结构提供基础。

5.2.2　时间表示

正因为时间的表达方式复杂多样,为了识别时间关系,并进一步实现时间推理,需要首先确立时间表示规范。时间规范化是将时间表达式映射成与规范的日历时间相对应的时点,或用起始时间点和终止时间点表示的时段。本书采用 ISO8601 标准规定的表示形式,下面简要介绍其主要的内容。

(1)日期。

其完全表达法为 8 位数字组成的一纯数字型数据元,其中[YYYY]表示一个日历年,[MM]表示日历年中日历月的顺序数,[DD]表示日历月中日历日的顺序数。

基本格式:YYYYMMDD　　　　　示例:20200818(2020 年 8 月 18 日)

扩展格式:YYYY-MM-DD　　　　示例:2020-08-18(2020 年 8 月 18 日)

如果要表示公元前的时间需要采用扩展表示法:±00 YYYYMMDD,如-00030818(公元前 3 年 8 月 18 日)。

(2)星期日期。

其完全表达法为字母数字表达式,其中[YYYY]表示日历年,[W]表示星期的标志符,[ww]表示日历星期在该年的顺序数,[D]表示日在该日历星期中的顺序日数。

基本格式:YYYYWwwDD

示例:2020W155(2020 年第 15 周的星期五)

扩展格式:YYYY-Www-DD

示例:2020-W15-5(2020 年第 15 周的星期五)

(3)日的时间。

其完全表达法为 6 位数字组成的纯数字型数据,其中[hh]表示时,用[00]至[24]两位数字表示;[mm]表示分,用[00]至[59]两位数字表示;[ss]表示秒用[00]至[60]两位数字表示。

基本格式：hhmmss   示例：103005（10点30分5秒）

扩展格式：hh:mm:ss   示例：10:30:05（10点30分5秒）

其中000000（00:00:00）表示一日的开始，240000（24:00:00）表示一日的结束。

(4)日期和日的时间组合。

其完全表达法为日期的表达式＋T＋日的时间表达式，其中字符[T]作为时间的标志符，表示日的时间的开始。

基本格式：YYYYMMDDThhmmss

示例：20200818T103005（2020年8月18日10点30分5秒）

扩展格式：YYYY-MM-DDThh:mm:ss

示例：2020-08-18T10:30:05

(5)时段。

在时段的表达式中，采用时间单位标志符数据元表示。年数后应紧跟标识符[Y]，月份数后紧跟[M]，周数后紧跟[W]，天数后紧跟[D]。时间部分前应加标识符[T]，小时数后紧跟[H]，分数后紧跟[M]，秒数后紧跟[S]。[n]表示一个正整数或零。其完全表示法为：nYnMnDTnHnMnS 或 nW。

• 起点＋终点的时段表示

基本格式：YYYYMMDDThhmmss/YYYYMMDDThhmmss

示例：20200818T103005/20201231T231026（2020年8月18日10点30分5秒至2020年12月31日23点10分26秒）

扩展格式：YYYY-MM-DDThh:mm:ss/YYYY-MM-DDThh:mm:ss

示例：2020-08-18T10:30:05/2020-12-31T23:10:26

• 起点＋时长的时段表示

基本格式：YYYYMMDDThhmmss/PnYnMnDTnHnMnS

示例：20200818T103005/P1Y3M21DT5H38M50S（2020年8月18日10点30分5秒起，长达1年3个月21天5小时38分50秒的时段）

扩展格式：YYYY-MM-DDThh:mm:ss/PnYnMnDTnHnMnS

示例：2020-08-18T10:30:05/P1Y3M21DT5H38M50S

• 时长＋终点的时段表示

基本格式：PnYnMnDTnHnMnS/YYYYMMDDThhmmss

示例：P1Y3M21DT5H38M50S/20200818T103005（2020 年 8 月 18 日 10 点 30 分 5 秒前，过去 1 年 3 个月 21 天 5 小时 38 分 50 秒的时段）

扩展格式：PnYnMnDTnHnMnS/YYYY-MM-DDThh:mm:ss

示例：P1Y3M21DT5H38M50S/2020-08-18T10:30:05

(6)循环时段。

循环时段表达式以标志符[R]开始，紧跟着循环次数（如果有的话），然后紧跟着[/]，最后紧跟着时段表达式。

基本格式一：Rn/YYYYMMDDThhmmss/YYYYMMDDThhmmss

示例：R10/20190506T083820/20200817T151621（在 2019 年 5 月 6 日 8 点 38 分 10 秒至 2020 年 8 月 17 日 15 点 16 分 21 秒的时间内循环 10 次）

基本格式二：Rn/PnYnMnDTnHnMnS

示例：R5/P2Y5M3DT8H4M20S（在 2 年 5 个月 3 天 8 小时 4 分 20 秒的时间内循环 5 次）

基本格式三：Rn/YYYYMMDDThhmmss/PnYnMnDTnHnMnS

示例：R5/20100620T083029/P10Y9M8DT6H21M05S（从 2010 年 6 月 20 日 8 点 30 分 29 秒开始的 10 年 9 个月 8 天 6 小时 21 分 5 秒内循环 5 次）

基本格式四：Rn/PnYnMnDTnHnMnS/YYYYMMDDThhmmss

示例：R7/P10Y9M8DT6H21M05S/20100620T083029（在 2010 年 6 月 20 日 8 点 30 分 29 秒之前的 10 年 9 个月 8 天 6 小时 21 分 5 秒内循环 7 次）

以上都是用的完全表示法，当然还可以用截短表示法，如 R1/P1W 表示每周一次，R3/P1D 表示一天三次。

5.2.3　时间值计算

5.2.3.1　绝对时间值与时间轴

宇宙的万事万物都在一定的时间和空间之中运动变化，世界各种语言的时间系统并不完全相同，而是各具特性。各语言都有自己独特的时间表达方式，如我国古代的纪年法就有年号纪年、星岁纪年、干支纪年、生肖纪年。另外古代往往采用地支纪时法。现代汉语的时间系统也极具独特性，是一个包含时相、时制、时态三个部分的统一的综合系统[4]。使用汉语的人们在日常交流中对时间的描述更是复杂多样的。为了确立一个时间对象的唯一性，为统一的时间语义结构描述打下基础,进而为时间推理做好准备,引入"绝对时间值"的概念是非常有必要的。

绝对时间值是指以公元元年为绝对时间基点而确立的时间值。为了确立绝对时间值,首先需要引进绝对时间轴。绝对时间轴是匀速流逝的、不可逆转的、永不停息走向未来的一维轴线,它以公元元年为时间基点,以通用的科学计时单位为刻度,所有时间描述都是通过计算与时间基点的距离来确立其绝对时间值。其次,需要引进计时单位。时间对象具有层次结构,一般可分为"年""月""日""时刻"四层,每层以计时单位命名,时、分、秒等精确计时单位构成最低时间层次——"时刻"层。通过引入绝对时间轴及通用计时单位,所有时间描述都可映射为绝对时间轴上的一个时点或一时段,即确立其绝对时间值。"中华人民共和国成立于 1949 年 10 月 1 日"就可以如图 5-2 映射在绝对时间轴上。

图 5-2 绝对时间轴

绝对时间值可以被看成独一无二的、普遍适用的、不依赖于任何其他事物的时间值。绝对时间值提供了通用的时间语义计算方法,将各语言的时间描述映射到绝对时间轴上,以便于计算复句的复杂时间语义及情景中各事件的时间相关性。

5.2.3.2 相对时间值与参照时间

相对时间值指需要使用语境中的参照时间为时间基点才能确定的时间值。如"昨天""上星期""那个月""三个小时以后"等,它们所指示的时间是不确定的,需要根据它们在语境中确立的参照时间才能推算出它们的绝对时间值。

参照时间是说话人选定的、作为描述其他时间的时间基准。一般参照时间就是说话人的说话时刻。"从现在起的 24 小时之内谁也不准离开这间办公室。"这里就明确指出以"说话时刻(现在)"作为参照时间。汉语要求精炼简洁,因而在语境中不言自明时,说话时刻往往不加指明,如"三小时后来接我。"句中虽未提及,但也是以"说话时刻"作为参照时间。也就是说,说话时刻就是缺省的参照时间,如不特别说明,那参照时间就是指说话时刻。

以说话时刻为时间参照,就把时间区分成现在、过去、将来(见图 5－3)。根据话语中所描述事件的发生时间与说话时刻的关系就形成了过去时、现在时、将来时。如"我吃了饭了。"表明"吃饭"事件的发生时间在说话时刻之前,是过去时;"我在吃饭。"表明"吃饭"事件的发生时间就是说话时刻,是现在时;"我马上吃饭。"表明"吃饭"事件的发生时间在说话时刻之后,是将来时。

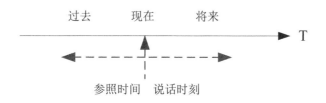

图 5－3　以说话时刻为参照时间

另外,也可以选择其他时间作为第二参照时间,这一参照时间需要在话语中明确表述出来,不可隐含。说话人可以选择有一定标志意义的时间来作为第二参照时间,如"中秋节的前一天我们一起碰个头。"中首先以"说话时刻"作为第一参照时间,表明"碰头"的时间在说话时刻之后,是将来时;并以"中秋节"作为第二参照时间,表明"碰头"的时间在该参照时间的前一天。可以图 5－4 表示如下:

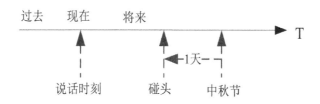

图 5－4　以特定时间为第二参照时间

说话人也可以选择其他事件的发生时间作为第二参照时间。如"等我赶到长沙时,他已离开 3 小时了。"中首先以"说话时刻"作为第一参照时间,表明"我赶到长沙""他离开"的时间在说话时刻之前,是过去时;并以说话人"赶到长沙"的时间作为第二参照时间,表明"他离开"的时间在该参照时间的前三小时。可以图5-5表示如下：

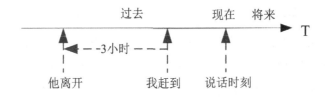

图 5-5　以其他事件发生时间为第二参照时间

5.2.3.3　相对时间的绝对时间值计算

(1)时点映射。

由于相对时间是以语境中的某个参照时间为基点来推算目标时间,所以相对时间的时点映射就是根据话语中提供的参照时间,获取参照时间的绝对时间值,在此基础上,根据话语中提供的时间变化量来推算目标时间的绝对时间值。在现代汉语中,相对时间的常用表达方式有如下三种,下面分别讨论这三种不同的描述方式,并举例说明确定其绝对时间值的方法。

①指向参照时间:在话语中直接用指示词指向时间轴上的某个时点。如"那年""同一年""那时""当时""那天""在那个月"等。在这种相对时间的描述方式中,实现时点映射的关键在于识别参照时间,这样就可以直接根据参照时间得到目标时间的绝对时间值。如"于1923年获得哲学博士学位……毕业那年,他的博士论文照例由哥大出版社出版发行。"从话语中可知,博士论文出版时间是"毕业那年",也就是以毕业那年为时间参照,通过搜索上文可知,毕业那年的时间是1923年,这样可以得知,博士论文的出版时间也是1923年。

②参照时间+正向变动:在话语中不仅提供了参照时间,还表明了在时间轴上从参照时间往时间前进的方向前进若干时间单位。如:

"年"层:明年、后年、两年后……

"月"层:下个月、下下个月、两个月以后……

"日"层:明天、后天、两天后……

"时刻"层:一小时后、三分钟后、一秒钟后……

在这种相对时间的描述方式中,实现时点映射的关键在于识别参照时间,然后根据时间变化量向往时间前进的方向推进相应的时间单位,从而得到目标时间的绝对时间值。时间计算过程如图5-6所示。如"一小时以后出发。"是以说话时刻为参照时间(t_0),则出发时间(t_1)为参照时间＋1小时。

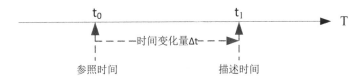

图5-6 参照时间＋正向变动的时间计算过程

③参照时间＋反向变动:在话语中不仅提供了参照时间,还表明了在时间轴上从参照时间往时间前进相反方向后退若干时间单位。如:

"年"层:去年、前年、多年以前……

"月"层:上个月、两个月以前……

"日"层:昨天、前天、三天前……

"时刻"层:一小时以前、几分钟以前、几秒钟以前……

在这种相对时间的描述方式中,实现时点映射的关键在于识别参照时间,然后根据时间变化量向往时间前进的相反方向后退相应的时间单位,从而得到目标时间的绝对时间值。如"三天前他来过。"是以说话时刻为参照时间(t_0),则他来过的时间(t_1)为参照时间－3天。

图5-7 参照时间＋反向变动的时间计算过程

(2)时段映射。

时段映射指从现代语言对一个时段的各种描述中确定该时段的绝对时间值,其实质就是要在绝对时间轴上确定一个时段的起点(t_1)和止点(t_2)。现代语言对一个时段的描述有如下三种方式,下面分别讨论这三种不同的时段描述方式,并举例说明确定一个时段的绝对时间值的方法。

①直接告知时段的起点和止点。如"我们下午2点开始开会,到5点才结

束。"首先获取说话时刻,假设说话时刻为 2020 年 8 月 2 日,则开始开会的时间(t_1)为当天下午 2 点,即 2020 年 8 月 2 日 14 点,映射在绝对时间轴上就是20200802T140000;会议结束的时间(t_2)是下午 5 点,即 2020 年 8 月 2 日 17 点,映射在绝对时间轴上就是 20200802T170000。"开会"事件的时段为20200802T140000/20200802T170000。

②告知时段的起点和时段长度。如"我们下午 2 点开始开会,整整开了 3 小时。"首先获取说话时刻,假设说话时刻为 2020 年 8 月 2 日,则开始开会的时间(t_1)为 2020 年 8 月 2 日 14 点,映射在绝对时间轴上就是 20200802T140000,从此时点延续了 3 小时,就可推出会议结束的时间(t_2)是下午 5 点,映射在绝对时间轴上就是 20200802T170000。时间推算过程如图 5-8 所示。"开会"事件的时段为 20200802T140000/20200802T170000。

图 5-8 起点+时间长度的时段的时间推算

③告知时段的止点和时段长度。如"我们整整开了 3 小时的会,直到下午 5 点才结束。"首先获取说话时刻,假设说话时刻为 2020 年 8 月 2 日,则会议结束的时间(t_2)是当天下午 5 点,即 2020 年 8 月 2 日 17 点,映射在绝对时间轴上就是 20200802T170000;从此时点倒推 3 小时,就可推出开始开会的时间(t_1)为2020 年 8 月 2 日 14 点,映射在绝对时间轴上就是 20200802T140000。时间推算过程如图 5-9 所示。"开会"事件的时段为 20200802T140000/ 20200802T170000。

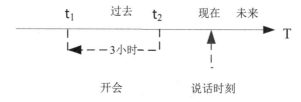

图 5-9 止点+时间长度的时段的时间推算

另外,前面主要讨论了确定时间的表示方法,在现代汉语中还存在大量的不确定时间的描述方式，如"几天前""十几年前""8 点左右""大约下午 3 点钟"等，这些模糊时间需要用模糊数学来解决，胡广朋等[5]进行了初步探索，但这是个非常复杂的问题，还有待于进一步深入研究。

5.3 空间

5.3.1 空间实体

根据现代汉语词典的解释，空间是物质存在的一种客观形式，由长度、宽度、高度表现出来。那么，什么是空间实体呢？在地理空间研究中，空间实体指地理空间中有实际意义的最小地理单元，是能独立地反映空间共同定义的实体。这里，空间实体的概念更加宽泛，所有作为描述目的实体的空间位置的参照物的实体都是空间实体，也就是在物理世界占据一定空间的实体。至于那些在物理世界不占据一定空间的概念，如"你钻进了我梦里"，这里采用空间隐喻的表达方式，"梦"也有了空间。这些空间实体有的比较大，如山脉、河流、道路、学校、医院、广场等；也有的比较小，如汽车、杯子，甚至是一朵小花，如"蜜蜂钻进了花里"。

时间和空间都是客观存在的物质世界的表现形式，任何物质都存在于特定的时间和空间中，也都在特定的时间和空间中不停地运动和变化。生活在三维空间世界里的人们，随时通过各种感知器官认知周围的世界，判明物体的所在空间，以引导自己的行动。

空间实体也有自己的基本特征：确定的位置、属性特征和空间特征。空间特征也称几何特征，具体包括空间实体的位置、大小、形状、分布状况等。按照几何定位特征和空间维数，地理空间实体分为点、线、面、表面和体五类地理空间实体。

人们永远生活在三维的空间世界里，感知到的空间实体都是三维的"体"，都具有长、宽、高三个维度上的特征。但在语言空间中，人们也常将空间实体抽象为点、线、面。

点：把物体所占有的空间范围看成一个"点"，即不考虑这个范围在长、宽、高三个维度上的特征。例如：

A：怎么还没到啊？

B：到西站了，马上就到。

这里"西站"就被看成了一个点，规划路径上的一个点，完全没考虑其庞大的面积，也完全没考虑其众多高耸的大楼。我们在使用头脑中的地图导航时，常常把很大的空间实体都看成一个点，有时一个国家都被看成一个点。

线：把物体所占有的空间范围看成一条"线"，即只考虑这个范围在长度上的特征，而不考虑其在宽度和高度上的特征。例如：

路边插着一排红旗。

岸边种满了杨柳。

面：把物体所占有的空间范围看成一个"表面"，即只考虑这个范围在长度和宽度上的特征，而不考虑其在高度上的特征。例如：

墙上写满了粉笔字。

客厅地板上到处都是玩具。

体：把物体所占有的空间范围看成一个"体积"，即考虑这个范围在长、宽、高三个维度上的特征。例如：

汽车里塞满了东西。

鱼儿在水里自由地游弋。

5.3.2 认知空间和语言空间

认知心理学区分了两种不同的空间世界：物理空间和认知空间。物理空间是客观存在的空间世界，它是一个客观存在的三维空间世界的场景，如书房有门有窗，里面还有书桌、椅子和书架，这些物体按其所在位置之间的相互距离、方向等空间关系构成一个三维空间世界场景。认知空间是物理空间通过各种感知器官为人们所认知的空间世界，跟客观存在的物理空间的三维场景不一样，它是映射到人们感知器官里的主观的三维空间世界场景，以视觉认知为例，三维空间世界场景在视网膜上被映射为一幅空间世界图像。从物理学意义上来说，客观存在的三维空间是确定的、全面的。然而，从认知的角度来看，由于受自身主观条件的限制，人类对三维世界的认识又是变易的、特定的。

生活在三维空间的每一个人，都会随时随地通过自己的感官从自己的视角去认知周围的世界，并用自己的语言来表达所感受到的各种空间关系。这样就形成了第三种空间世界：语言空间。人们永远生活在三维的空间世界里,并且随时通过各种感知器官认知周围的世界,判明物体的空间关系,以引导自己的行动。语言是表达思维的工具,人们对空间世界的认知必然诉诸语言加以表达,语言空间就是人们运用某种特定语言的结构形式表达出来的认知空间。每种语言都有一套能够完整表达各种方位关系的方位词系统,都有一套能够适应于描写各种空间关系的句法结构,利用这些方位词和相关句式,人们可以组织各种各样的句子对所感知到的认知空间世界图景加以描写、叙述或说明。

5.3.3　空间关系的定性表示

科学研究一般有定量分析、定性分析两种方法。定量分析是依据统计数据,建立数学模型,并用数学模型计算出分析对象的各项指标及其数值的一种方法。定性分析则是主要凭借分析者的直觉、经验,分析对象过去和现在的延续状况及最新的资料信息,对分析对象的性质、特点、发展变化规律作出判断的一种方法。

在自然科学领域,空间关系表示历史悠久,传统上人们通常都以定量框架定位目标,地理信息系统(GIS)使用完全定量的方法,用数学语言进行表示和推导空间信息。现有计算机系统对空间信息的表示主要基于完全数值的坐标和参数,是定量信息。然而定量方法通常难以处理,有时或许根本无法得到定量信息。定量方法需要空间目标几何信息的完全、精确表示,不能处理不完全、不精确的定性空间信息。不精确的几何信息、有限的计算精度以及误差的组合传播都会给定量方法带来严重影响。

空间关系的定性描述则是用文字语言进行相关描述。人们在日常交流中都是使用定性描述的方式来描述空间关系,用完全定量的方法表示空间认知和空间推理是不恰当的。基于欧几里得几何、直角坐标系统和矢量代数的定量空间推理形式化系统与人们熟悉的直观推理过程相差甚远,空间信息的定量处理方式明显与人们处理空间概念的方式不同,不符合人们的空间认知结构,人们更倾向于从空间认知的观点研究空间概念,从而激发了定性空间推理在人工智能和GIS领域的发展。

现在,定性空间推理的研究涉及空间知识的拓扑、距离、朝向、形状、路途、时间、运动、语言学、认知科学、空间描述的可视化等方面,对空间知识与时间、因果性和动力学的集成也予以足够的重视,探索出了公理化、代数、几何约束满足、基于模型的推理等基本方法,并在导航、地理信息系统、工程设计、定性物理、空间数据库和图形图像等领域进行了应用研究[6]。

5.3.4　静态空间关系

静态空间关系是由处于相对静止状态的空间实体对象的几何特征而引起的并与空间实体对象的空间特性有关的关系。埃根霍弗(Max J. Egenhofer)等人提出可以将空间关系分为如下几种类型[7]:

(1)拓扑关系,例如地理实体(行政区划)之间的邻接、相离、包含、相交等关系;

(2)方向关系,例如东、南、西、北、东南、西南、西北、东北、上、下、左、右等;

(3)顺序关系,例如在……之内、在……之外、在……中间;

(4)距离关系,表示地理空间目标要素间的关系(依据某种度量),例如地理空间目标之间的距离远近、亲疏程度等;

(5)模糊关系,例如接近、贴近、疏远等。

王家耀院士认为传统的空间关系主要包含拓扑关系、方位关系和度量关系等三种基本关系类型[8]。这里讨论的静态空间关系主要包括拓扑关系、方位关系和距离关系。

5.3.4.1　拓扑关系

拓扑(topology)是研究几何图形或空间在连续改变形状后还能保持不变的一些性质的一个学科。它只考虑物体间的位置关系而不考虑它们的形状和大小。空间对象经过拓扑变换后始终保持不变的空间关系被称为拓扑关系,如相交、相邻、相离、包含于、包含、内切等。拓扑关系描述方法比较成熟的是 N 交模型(4-交和 9-交模型)、基于维数扩展的 9-交模型、基于 Voronoi 图的 9-交模型等。

(1)4-交模型。

埃根霍弗等人以点集论为基础,用集合的交集来表示地理空间实体间的拓扑关系,由此提出了 4-交模型[7]。此模型将空间实体 a、b 划分为内部和边界,用 I(a)、I(b)表示 a、b 的内部,B(a)、B(b)表示 a、b 的边界,空间实体 a 与 b 之间的拓扑关系可以用一个矩阵如式(5-1)来表示:

$$R_{4IM}(a,b) = \begin{bmatrix} I(a)\cap I(b) & I(a)\cap B(b) \\ B(a)\cap I(b) & B(a)\cap B(b) \end{bmatrix} \quad (5-1)$$

矩阵(1)中的每个元素都代表一个交集,取值为空或非空,分别用 0 或 1 来表示,因此矩阵的取值最多有 $2^4 = 16$ 种情况,埃根霍弗认为二维空间实体共有 8 种面面关系, 19 种线面关系, 23 种线线关系, 8 种点和其他关系。以面状空间实体为例,该模型描述的拓扑关系主要包括分离(Disjoint)、包含(Contain)、内部(Inside)、相接(Meet)、等价(Equal)、覆盖(Cover)、覆盖于(CoveredBy)、相交(Overlap)等,其对应的 4 -交模型矩阵图如图 5 - 10 所示。

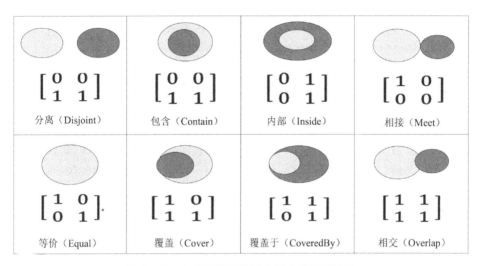

图 5 - 10　4 -交模型能够区分的 8 种面面关系

(2)9 -交模型。

由于 4 -交模型不能很好地描述邻接、相离等拓扑关系,其对线空间目标间关系以及简单线目标和简单面目标间关系的表达并不是唯一的。为了更合适地表达地理空间要素间的拓扑关系,埃根霍弗和赫林(Herring)等人针对 4 -交模型的不足引入了空间要素的外部,加入了点集的余,由此提出了 9 -交模型[9]。该模型由边界、内部和点集的余组成,空间对象的边界、内部和外部形成的 9 个交集用一个九元矩阵来描述。

例如,设两个空间实体 x、y,用 B(x)、B(y)表示 x、y 的边界,I(x)、I(y)表示 x、y 的内部,E(x)、E(y)表示 x、y 的余,可以构建一个 9 -交模型,如式(5 - 2)所示:

$$R_{9IM}(x,y) = \begin{bmatrix} I(x) \bigcap I(y) & I(x) \bigcap B(y) & I(x) \bigcap E(y) \\ B(x) \bigcap I(y) & B(x) \bigcap B(y) & B(x) \bigcap E(y) \\ E(x) \bigcap I(y) & E(x) \bigcap B(y) & E(x) \bigcap E(y) \end{bmatrix} \quad (5 - 2)$$

式(2)矩阵中的每个元素都取值为空或非空,分别用0或1来表示,因此矩阵的取值最多有2^9＝512种情况。图5-11形象化地展示了8种常见的拓扑关系及对应的9-交矩阵。

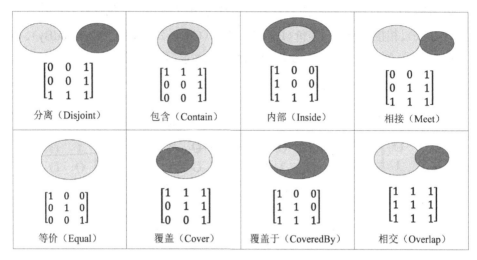

图5-11　9-交模型区分的8种面/面拓扑关系

(3)基于维数扩展的9-交模型。

纵然4-交模型和9-交模型已能够基本描述大多数的空间拓扑关系,但对于一些特殊情形,例如两个空间面状目标有一条公共边和有一个公共点等情况,在这两种模型框架下都是以Meet形式来描述的。为此,克莱门蒂尼(Clementini E)等学者提出了基于维数扩展的9-交模型[10]。DE9I Model运用维数扩展法扩展了9-交模型,即运用两个空间实体的内部、边界和维数(余之间的交集)作为描述拓扑关系的基本框架。点集P的求维函数式可以如下式(5-3)定义。假设二维空间中,两空间实体无公共元素则交集为空记为0,交于一点代表0维,交于一线代表1维,交于一面代表2维。

$$R_{DE-9IM}(x,y)=\begin{bmatrix} DIM(I(x)\bigcap I(y)) & DIM(I(x)\bigcap B(y)) & DIM(I(x)\bigcap E(y)) \\ DIM(B(x)\bigcap I(y)) & DIM(B(x)\bigcap B(y)) & DIM(B(x)\bigcap E(y)) \\ DIM(E(x)\bigcap I(y)) & DIM(E(x)\bigcap B(y)) & DIM(E(x)\bigcap E(y)) \end{bmatrix}$$

$$(5-3)$$

基于维数扩展的9-交模型同4-交模型一样,对于邻接(Neighborhood)、相离(Disjoint)等拓扑关系的描述仍然无能为力。

(4)基于 Voronoi 图的 9 - 交模型。

由于 9 - 交模型的外部是不确定的,导致计算机无法直接计算和操作,更不用说区分空间临近及相邻、相离等复杂关系。陈军教授选择了具有良好图形结构和数学特性的 Voronoi 图,发展了基于 Voronoi 图的 9 - 交模型(V9I Model)[11]。该模型把地理空间实体目标分为边界、内部和 Voronoi 区域等三个部分,创造性地提出用 Voronoi 区域取代 9 - 交模型中空间实体目标的外部。用 V(x)、V(y)表示空间目标 x、y 的 Voronoi 区域,V9I Model 表达式如式(5 - 4)。

$$R_{V9I}(x,y) = \begin{bmatrix} I(x) \bigcap I(y) & I(x) \bigcap B(y) & I(x) \bigcap V(y) \\ B(x) \bigcap I(y) & B(x) \bigcap B(y) & B(x) \bigcap V(y) \\ V(x) \bigcap I(y) & V(x) \bigcap B(y) & V(x) \bigcap V(y) \end{bmatrix} \quad (5-4)$$

该模型集成了 4 - 交模型和 9 - 交模型的优点,克服了 4 - 交模型和 9 - 交模型无法完全区分相离关系、无法计算目标的补等不足,为空间关系的计算和描述等前沿研究领域提供了一种新的思路。

5.3.4.2 方向关系

在静态的空间里,目标物是通过参照物来确定位置或方向的。参照物用以确立空间表达范围,即由此施加一定角度形成坐标系(coordinate system)或参照系(frame of reference),将参照物以外的空间分成清晰可辨的不同搜索范围,以利于空间表达识解[12]。参照系的不同实质上讲的就是坐标系的不同。这就是说参照系提供给人的是通过地标来识别方位的线索。

莱文森(Stephen C. Levinson)把参照系归纳为以下三种类型[13]:

①绝对参照系(absolute frame of reference)。它是以地球为中心的(geocentric)参照系,用来确定由地心引力或标准视平线提供的某种恒定不变的方向,由此产生的四大方向即为"东南西北"。它是从空间的"基本方向"出发,来观察目标空间实体的,例如,那个人在房子的北边。

②相对参照系(relative frame of reference)。它是从观察者的视角出发,如"左、右、前、后、上、下"等,来观察目标空间实体的,这是一种三角观察法:利用来自观察视角的坐标值对目标物和参照物指派方位。例如,那个人在房子的左边。

③内在参照系(intrinsic frame of reference)。它是从参照物体的"前、后、侧、上、下"等固有特征的方位出发来观察目标空间实体的,例如,那个人在房子的前边。

(1)绝对参照系下的方向关系。

根据位置参照点和方位辖域的关系,可将绝对参照系进一步分为外域参照和内部参照[14]。外域参照是指目标空间实体在参照物的外部区域,如日本在我国的东边。内部参照则是指目标空间实体在参照物的内部区域,如上海在我国的东边。

①外域参照系下的方向关系:外域参照系下的方向关系描述方法比较成熟的有锥形方法、投影方法、方向关系矩阵法等。

• 锥形模型

哈尔(R. Haar)最早提出了锥形模型[15]。该模型以参考目标质心为原点,围绕质心可以把平面分为四个锥形区域,锥形区域的角平分线分别代表东、北、西、南四个方向。如图5-12所示,空间实体A、B的方位关系为A在B的西方,两者的方位关系可以表示为(A,西,B)。

由于四方向锥形模型忽略了空间目标的大小、形状对方位关系判断的影响,为此,弗兰克(Andrew Frank)提出了八方向锥形模型[16],原理与四方向锥形模型类似,八方向锥形模型将空间区域划分为八个方向区域:东、南、西、北、东北、东南、西北、西南。如图5-13所示,空间实体A、B的方位关系为A在B的东北方,两者的方位关系可以表示为(A,东北,B)。

在此基础上,普里昆特(Donn Peuquent)等人改进了传统的四方向和八方向锥形模型,考虑到了空间目标的最小边界矩形、形状、大小等影响因素,创造性地提出了朝向侧的概念[17],使其模型能够判断更复杂的方位关系,更符合人类的常识性空间认知。

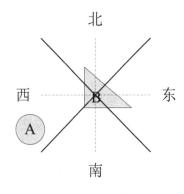

图5-12　四方向锥形模型

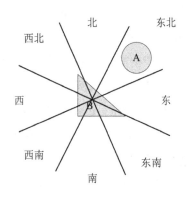

图5-13　八方向锥形模型

• 投影模型

投影模型是把空间目标分别向 X 轴和 Y 轴投影,根据向 X 轴和 Y 轴投影后的空间坐标来判断方位关系,依据参考系可以区分为正向投影和斜向投影。

正向投影的特例是最小约束矩形模型 MBR(Minimum Bounding Rectangle Model)利用两个空间对象分别在 X、Y 轴上的投影来建立最小外接矩形进行近似地表达源目标的方位关系[18](见图 5 - 14)。

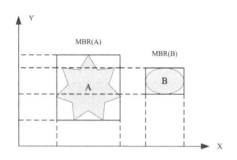

图 5 - 14   MBR 模型示意图

斜向投影的特例是最小外接矩形模型 MER(Minimum Enclosing Rectangle Model)利用空间目标的最小外接矩形的中心来替换空间目标本身进行表达方位关系[19],MER 模型如图 5 - 15 所示。

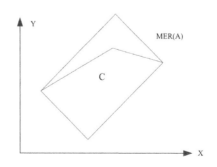

图 5 - 15   MER 模型示意图

最小约束矩形模型和最小外接矩形模型都是投影模型,区别在于最小约束矩形模型的边必须与坐标轴垂直,而最小外接矩形模型不一定与坐标轴垂直。

• 矩阵模型

戈亚尔(Roop K. Goyal)提出了方向关系矩阵模型[20],以空间目标的最小外接矩形(MER)为参考方向,将 MBR 的四条边分别向外延伸,将空间区域划分为九个方向区域,然后利用源目标与这九个方向区域的相交情况来定义与描述其方向关系。如图 5‑16 所示,空间实体 A、B 的方位关系为 A 在 B 的东南方,两者的方位关系可以表示为(A,东南,B)。

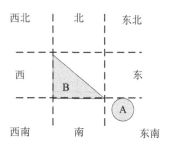

图 5‑16　方向关系矩阵模型示意图

②内部参照系下的方向关系:当目标空间实体处于参照对象内部时,或是参照对象的一部分时,上面所讨论的外域参照系下的方向关系描述方法就无法确切描述目标空间实体所处的位置了,它们只能简单地用“同一”方向来描述。但在日常交流中,人们经常使用如“东部边界”“中东部”等概念。这时只能使用内部参照系下的方向关系描述方法才能解决这一问题。

内部参照是以参照对象外接矩形的中心点为中心,将参照对象的外接矩形的内部区域再次划分为九个子矩形,从而将参照对象的边界、内部和环部分割为九个部分,这种划分被称为内部划分。内部方向关系,杜世宏等也称之为细节方向关系[21],把参照对象的内部区域划分为九个区域,依次称为东部(EP)、西部(WP)、南部(SP)、北部(NP)、东北部(NEP)、西北部(NWP)、东南部(SEP)、西南部(SWP)和中部(CP),如可以说“岳阳市在湖南省的东北部。”

(2)相对参照系下的方向关系。

相对参照系是从观察者的视角出发,如“左、右、前、后、上、下”等,来观察目标空间实体的。这是一种三角观察法:利用来自观察视角的坐标值对目标物和参照物指派方位。例如,那个人在房子的左边。

相对参照系往往有两个方向基点:观察点和位置参照点。根据位置参照点和观察点的关系,可把位置参照分为自身参照和他物参照[22]。

①自身参照:选择观察点为位置参照点的方位参照是自身参照。例如:"他在我左边。"这里"我"既是观察点,也是位置参照点。自身参照是以观察者为中心,把观察者的朝向确定为方向"前",相反的方向确定为"后",左手边为"左",右手边为"右"。这样把观察点以外的水平空间分成了前、后、左、右四部分,还可以进一步分成右前、右后、左前、左后共八部分(见图5-17)。自身参照还把观察点以外的垂直空间分成了上、下两部分,还可以进一步分成右上、右下、左上、左下共六部分(见图5-18)。

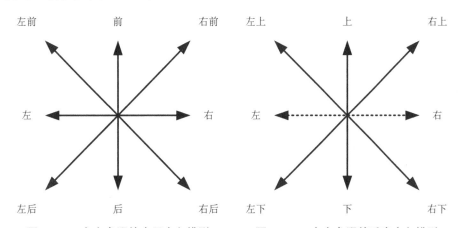

图5-17 自身参照的水平方向模型   图5-18 自身参照的垂直方向模型

自身参照的方向关系表示只涉及目标空间实体和参照点,因此可以采用与绝对参照系一样的表示方法,只是方向关系不同。如在"图书馆在我们左前方。"中,"图书馆"与"我们"的方向关系可以表示为(图书馆,左前,我们)。

②他物参照:选择观察点以外的事物位置为位置参照点的方位参照是他物参照。例如:"小狗在房子的右边。"这里观察点是叙述者"我",位置参照点是"房子","小狗"的空间位置是由观察点"我"和位置参照点"房子"两者共同确定的(见图5-19)。在"小狗在房子的右边。"中,"小狗"位置必须由两对方向关系才能确定:(小狗,侧,房子)(小狗,右,叙述者)。

(3)内在参照系下的方向关系。

内在参照是从参照物体的"前、后、侧、上、下"等固有特征的方位出发来观察目标空间实体的。使用内在参照框架定位目标物时,以该参照物的几何体为中心,以其固有方位的前侧为"前",后侧为"后",根据地球引力以及参照物的固有特征确定了"上""下",然后是两侧,这样就将该参照物的几何体周围的空间切分

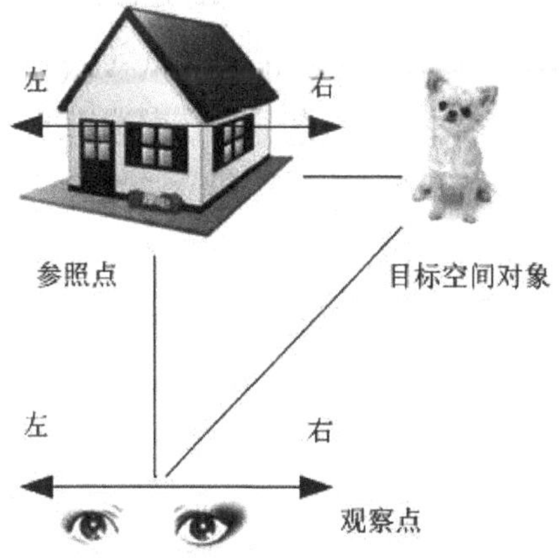

图 5 - 19 他物参照的方向关系模型

成了"前、后、上、下"及两侧这样六个空间(见图 5 - 20)。如作为参照物体的图书馆、沙发、天安门等拥有固有"前""后"方位特征,因此我们可以说:在图书馆后面等我。那个人站在沙发前。30 万人兴高采烈地站在天安门前。

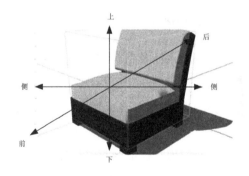

图 5 - 20 内在参照的方向关系模型

内在参照的方向关系表示只涉及目标空间实体和参照点,因此可以采用与绝对参照系一样的表示方法,只是方向关系不同。如在"小狗在沙发前面。"中,"小狗"与"沙发"的方向关系可以表示为(小狗,前,沙发)。但要智能机器人能理解这一表达,必须在其常识知识库中配备相应的参照物的方向辨认知识,这就要求智能机器人不仅能识别该参照物(如沙发),还要能识别该参照物的"前""后"

等方向。这是一个很大的难题。

5.3.4.3 距离关系

距离反映了空间实体之间的几何接近程度，距离关系描述是人们日常生活对话中最常出现的描述之一。如"从我家到学校有 3.8 千米。""这里离大海非常近。"从这些例子也可以看出，距离关系的描述需要三个要素：源点、参照点、距离值。我们可以按照(源点,距离值,参照点)格式来描述距离关系，如"从我家到学校有 3.8 千米。"中"我家"与"学校"的距离关系可以描述为(我家,3.8 千米,学校)。

在日常交流中，人们描述距离关系的方式是多种多样的，既可能是"非常远""很近""不远"这类定性描述，也有可能是"2000 米"等含有数值的定量描述，或出现时间距离描述，如"步行 3 分钟""开车 10 分钟"等。

模糊性是自然语言空间关系描述的一个重要特性，也是其复杂多变、难以被计算机"理解"的关键所在。根据描述语句中"模糊"程度的差异进行细分，主要分为完全模糊描述、区间模糊描述、定量模糊描述三类。

(1)完全模糊描述。完全模糊描述含有语义信息较少，描述内容最为模糊，不含定量参数信息，亦是人们面临陌生环境常用的描述形式。如"我家离学校不远"。

(2)区间模糊描述。区间模糊描述含有语义信息较完全模糊描述丰富一些，描述的往往是一个范围，如"我家到学校也就三四千米远"。

(3)定量模糊。定量模糊描述进一步细化，精确到某一个数值，但是常带有表示程度的副词，如"约、左右、大概"等，如"我家到学校大约 3800 米"。

唐天琪等探索了模糊距离的计算问题[23]，将空间距离关系分为非常近、近、中等、远和非常远五个等级，并建立了时间距离描述统一定量化转换并获取规则，有效地建立了时间距离描述与计算机所需定量参数之间的映射联系，如"步行 3 分钟"，则对应词语为"很近"，采用"很近"对应的最小、最大距离进行计算即可。

5.4 构件

5.4.1 构件及其特征

在现实世界中，人们往往把一个实体看成由许多构件组成的，也就是说一切实体都可以分解为构件。如时间可以分解为过去、现在和未来,空间可以分解为上、下、左、右。每一个实体都可能是另一个实体的构件,同时每一个实体也有可能是另外一个实体的整体。如门、窗、墙等是教学楼的构件,但与此同时,教学楼又是学校的构件。

实体的整体与其构件是有着明显区别的:①含义不同。两者有严格的界限,在同一实体中,整体就是整体而不是构件,构件就是构件而不是整体,一个整体本身不能是自己的构件,两者不能混淆。②地位不同。整体居于主导地位,整体统率着构件,构件在事物的存在和发展过程中处于被支配的地位,构件服从和服务于整体。③功能不同。整体具有构件所不具备的功能;当构件以有序合理优化的结构形成整体时,整体功能大于局部功能之和;当构件以无序欠佳的结构形成整体时,整体功能小于构件功能之和。

实体的整体与其构件是有着相互联系的:①两者相互依存。整体是由构件构成的,离开了构件,整体就不复存在;构件是整体中的部分,离开了整体,构件就不成其为部分,就要丧失其功能。②两者相互影响。整体功能状态及其变化也会影响到部分,构件的功能及其变化甚至对整体的功能起决定作用。

为了进一步深入讨论构件,揭示构件的相关知识,我们还得讨论构件的如下特征:

(1)可分离性/不可分离性。可分离性是指构件可以脱离实体的整体对象而单独存在,例如非生物构件,如轮胎、发动机等可以脱离汽车单独存在;不可分离性是指构件不可以脱离实体的整体对象而单独存在,生物构件如心脏、肺、肝脏等是不能脱离人体而存在的。

(2)可替性/不可替性。可替性是指在整体对象存在的生命周期里,构件可以被同一个类中的其他对象替换。例如,一辆汽车的轮胎可以被同类的其他轮胎替换。不可替性是指整体对象和构件永远不变,不可为其他构件替换,即它们具有相同的生命周期,同时创建同时消亡,例如人的大脑和人。

从上面的分析中可知,如果一个构件是可分离的,那它一定是可替换的;如果一个构件是不可替换的,那么它一定是不可分离的。

不可分离性说明了在时刻 t 当构件对象存在时,它一定依附于某个实体对象,但如果该构件具有可替性,那么在该构件存在的生命周期里,它所依附的整体对象却可以改变。例如,心脏是人体的一部分,依赖于人体而存在,但是它可以从一个人体内移植到另一个人体内。

5.4.2 整体部分关系与上位下位关系的区别

整体部分关系反映的是现实世界中一个对象和其构件之间的关系,它无处不在,是现实世界中的一个非常重要的关系。因此,无论在软件工程还是在知识工程的模型建立中,整体部分关系都扮演了一个重要的角色。特别随着本体论在计算机领域的深入应用,整体部分关系已经被认为是本体分析中的一个重要形式分析基础。

一个整体部分关系包括一个整体对象(类)和一个构件对象(类),所以整体部分关系是一种二元关系。在现实世界中,一个实体由许多构件构成,实体中的整体对象具有管理和控制构件对象的功能,这是整体部分关系与其他关系的本质区别。如果:

$$O = P_1 + P_2 + \cdots + P_n$$

那么,所有的都是 P 都是实体 O 的一个构件。

从概念之间的关系而言,如果有这样两个概念,其中一个概念真包含另一个概念,那么前者被称为上位概念,后者被称为下位概念,这两个概念间具有上位下位关系。如概念"生物"真包含概念"动物",因而"生物"是上位概念,"动物"是下位概念,两者间是上位下位关系。同样地,"动物"与"鸟"之间也是上位下位关系。

通常我们用"下位概念＋是＋上位概念"来表达上位下位关系,如"鸟是动物"。但在表达整体－部分关系时,我们可以说:

"人"的构成部分是"头"＋"颈"＋"躯干"＋"四肢"……

"四肢"的构成部分是"上肢"＋"下肢",等等。

也可以说成:构件＋是＋整体＋的一部分,如:

"头"是"人"的一部分。

"上肢"是"四肢"的一部分。

"手"是"上肢"的一部分。

"手指"是手的一部分。

但绝不可以说:

"四肢"是"人"。

"上肢"是"四肢"。

"手"是"上肢"。

"手指"是"手"。

"指甲"是"手指",等等。

5.4.3　构件的分类体系

(1)构件的分类。

我们首先把构件分为生物构件和非生物构件。生物构件具有不可分离性,他们必须依附于实体整体;而非生物构件则是可分离的,可以脱离实体整体单独存在。然后我们把生物构件进一步细分为植物构件和动物构件。植物构件如根、茎、叶、花、果,动物构件如头、躯干、四肢等。

动物构件还可以进一步细分为一般构件和专门构件,如"鸟"的专门构件有羽毛、翅膀、冠等;"鱼"的专门构件有鳃、鳞、鳍等(见图 5-21)。

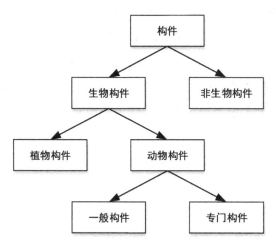

图 5-21　构件的分类

另外,我们还可以把构件分为外部构件(如头、手)和内部构件(如脑、心脏、肺)。

(2)一个实体的构件的层次性。

人们往往把一个实体分解为若干构件,而其构件又分解为由更小的构件组成,而这些更小的构件又由更小的构件组成……直到人们觉得没有进一步分解的必要为止。图5-22是"人"的构件组成示意图。

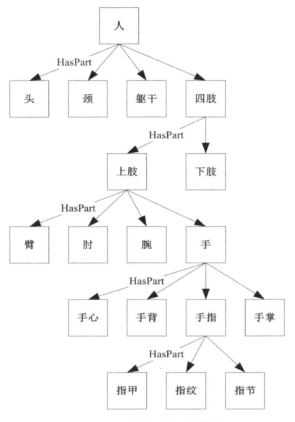

图5-22 人的不同层次构件

5.5 万物

5.5.1 万物的概念结构

心理学上认为,概念是人脑对客观事物本质的反映,这种反映是以词来标示和记载的。概念是思维活动的结果和产物,同时又是思维活动借以进行的单元。表达概念的语言形式是词或词组。从逻辑学可知,任何一个概念都有内涵和外延两个方面,这是概念的两个基本特征。概念的内涵是指概念所反映对象的特性和本质属性,外延是指概念所反映对象的具体范围。概念的内涵与外延之间构成反变关系,即概念的内涵越丰富,则外延越小,反之,概念的内涵越少,则外延越大。

　　人类在长期的社会实践中,从许多同类事物的不同对象中独立发现和获得客观事物的共同特征,从而形成了万物的概念,并用语言的词来表示,例如,汉族人对客观世界的一种长角、偶蹄的动物很早就有了认识,逐步认识到可以取奶、食肉、剥皮、役使、耕田等,于是归纳、抽象后形成了一种概念,并且用一个声音(niú)、一个符号"牛"来代表。

　　我们可以用词来指称万物的概念,也可以指称一个具体的实体对象。当我们用一个词来指称一个具体的实体时,我们是在指称实体对象。实体概念是对一类实体的描述,是抽象的,无具体的时空特征,实体对象则是一类事物的实例,是具体的,存在于具体的时间、空间中。实体对象就是实体概念的外延。

　　万物的概念的内涵是什么? 万物的概念的内涵就是对应实体具有的属性。任何一个实体都一定包含着多种属性,实体间的异同是由属性决定的,没有属性就没有实体。如人就有性别、年龄、身高、体重等自然属性,还有国籍、职业、贫富、职位等社会属性。属性与宿主之间的关系是固定的,也就是说,有什么样的宿主就有什么样的属性,反之亦然。每一宿主的特定的属性也必然会有特定的属性值,如人的性别可以取值男或女。

　　实体对象和实体属性之间也具有一定的关系,即实体对象具有或不具有某一属性,我们可以称之为内部关系。

　　世界是普遍联系的。任何事物都不能孤立地存在,都同其他事物发生着联系;世界是万事万物相互联系的统一整体;任何事物都是统一的联系之网上的一个部分、成分或环节,都体现着普遍的联系。因而各实体间还存在各种各样的联系,即存在各种各样的关系。

　　综上所述,万物的概念可以看成由实体对象、实体属性、关系所组成的。因而万物的概念结构可以用图 5 - 23 表示如下。

　　万物概念(concept)是人脑对客观事物本质的反映,表示为 C,万物概念的逻辑结构可定义为一个五元组 $C=(O,A,R_c,R_i,R_o)$,其中:

　　O 表示实体对象集合;

　　A 表示实体属性集合;

　　R_c 表示实体内部关系集合;

　　R_i 表示实体输入关系集合;

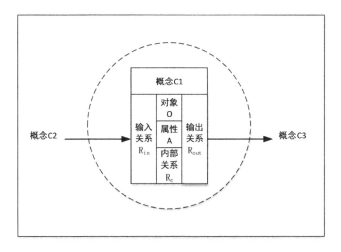

图 5 - 23　万物的概念的结构示意图

R_o 表示实体输出关系集合。

5.5.2　对象

实体对象是实体概念的实例化,如"雷锋"这个人就是概念"人"的一个实例化。实体对象则是一类事物的实例,是具体的,存在于具体的时间、空间中。只要我们提到某一实体对象,那肯定是指在某一具体时段中,是在某一具体空间中存在的。因为时间的一维性,便于建立索引,我们可以把实体对象表示为 O_t。虽然实体对象的存在空间也具有非凡的重要性,但为了处理的方便,把实体对象的存在空间处理为实体对象的广义的属性:位置属性。这样实体对象 O_t 的相关知识可以表示为图 5 - 24:

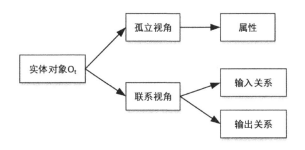

图 5 - 24　实体对象知识结构示意图

实体概念的实例化过程可以表示为：

$$C(O, A, R_c, R_i, R_o) \rightarrow O_t(A_o, R_{oc}, R_{oi}, R_{oo})$$

其中：A_o 表示具体实体对象所具有的属性；

　　R_{oc} 表示具体实体对象所具有的实体内部关系；

　　R_{oi} 表示具体实体对象所具有的与其他实体的输入关系；

　　R_{oo} 表示具体实体对象所具有的与其他实体的输出关系。

实体概念的实例化过程就是实体知识框架的填充过程。如当我们认识一个人的时候，我们首先知道了对方的性别、身高等属性，然后知道了对方的姓名，后来还慢慢了解到对方的爱好，等等。

为了区分不同的实体对象，还需要为每个实体对象分配一个唯一的 ID。ID 由实体对象类别标志符和序号组成，如"人"用 p 表示，用 p_i 表示具体某一个人，这里的 i 为 1 到 n 的正整数。

5.5.3　属性

一切事物和存在都表现为一定的性状和数量，即表现为属性的集合。为了描述属性需要引进两个类：属性名和属性值。属性名描述的属性的名称，如"性别"就是人的一个属性；属性值描述实体对象的某个属性的具体取值，如用"男"或"女"来表示人的"性别"属性的具体取值。

属性也必然对应着相应的属主，实体属性知识可以表示为：（属主，属性名，属性值），这样我们就可以用这样的格式来表示实体对象的相关属性了，如：

（p_1，姓名，张三）

（p_1，性别，男）

（p_1，身高，175 cm）

（p_1，年龄，30）

......

实体对象具有哪些属性呢？目前还没有一个清晰的答案。袁毓林在语料调查的基础上，为汉语名词的物性结构设立十种物性角色：形式、构成、单位、评价、施成、材料、功用、行为、处置、定位[24]。不过，他是从挖掘实体的相关常识角度来进行研究的，很多方面都不是静态视角下的实体属性，而是动态视角下实体的动态语义角色。这与我们讨论的实体属性还是有所不同。

众多的专家也往往从自己的研究需要出发,在构建领域本体时挖掘相关实体的属性,即使在挖掘实体的属性时,对与研究目的不是非常相关的属性也往往会置之不理,因为这样可以减少麻烦,提高解决问题的效率。但如果从语境构建的视角来说,需要一个完全的实体属性描述框架,因为所有的相关属性都有可能是说话人所谈及的内容。

李闪闪总结了描述事件知识的维度[25]。该文介绍了彭会良在获取人物相关事件的常识知识时所采用的总结人物相关事件的常识知识角度:生理、心理、社会、物理世界[26]。这种挖掘事件知识的方法极具启发意义,我们也将从生理、心理、社会、物理世界这四个角度来挖掘实体知识,其中生理、心理、社会方面主要是人类相关的,物理世界方面主要是物体相关的。

(1)生理属性。

生理属性指有生命的那些实体对象的生理特点。生理属性又可以细分为生活习性、用途、生命状态、性别、年龄、身体功能部件、健康状况、感觉等。

生活习性指生活环境(水栖、陆栖、双栖)、食物种类(草食、肉食、混合)、作息习惯(昼伏夜出、白天活动)等。用途针对动物而言包括观赏、食用、劳作等。如耕牛是一种陆栖草食类动物,白天活动主要是劳作。

生命状态包括活着和死亡两种状态,非特别指出时,均认为是活着的状态。性别指某些事件对角色性别的限制。年龄指某些事件对角色年龄的要求。

健康状况指实体对象是否健康,包括健壮、体弱、生病、受伤等。身体功能部件指参与者必须具有的身体的某种功能。感觉包括外部感觉和内部感觉。外部感觉指由于外界的刺激作用于感觉器官所感受到的,包括视觉、味觉、嗅觉、听觉、皮肤感觉;内部感觉指由于身体内部的刺激所引起的感受,包括饿、渴、恶心、疼痛等。

(2)心理属性。

心理角度,指人的心理特征。心理属性可以细分为信念、注意、意识、目标、态度、记忆、情绪等方面的属性。

信念属于认知,指人们内心相信为真的事。注意指人们的注意力在哪里以及注意的方式,包括有意注意、无意注意、有意后注意。意识指人们做某件事是有意识的还是无意识的,包括有意识、无意识、下意识、潜意识。

目标是人们想要达到的状态或希望保持的状态。态度指人们对其他的人或物的态度,包括喜欢、厌恶、同情、信任等。记忆指人对某些事记忆时间的长短,记忆的形式包括形象记忆、语词逻辑记忆、情绪记忆和运动记忆。情绪指由于外界的刺激产生的心情、心境等,包括自我情绪和对他情绪两种。自我情绪有高兴、悲伤、忧虑、害怕、吃惊等,对他情绪有感激、怨恨、敬佩等。

(3)社会属性。

社会属性,指人们的社会状态。人都生活在一定社会中,必然具备相应的社会属性。社会属性又可以进一步细分为受教育程度、职业、职称、社会地位等。

受教育程度可以分为小学、中学、大学、研究生等层次,获得学位可以分为学士、硕士、博士。

职业指人所从事的职业类别。职称又可以分为不同系列,如高教系列就分为助教、讲师、副教授、教授;图书系列分为助理馆员、馆员、副研究馆员、研究馆员。

地位高低包括人的家庭地位、社会地位、学术地位的高低。

人都有各种各样的社会关系,如人与人的关系、人与团体的关系、人与物品的关系等,由于现在是从孤立视角来讨论实体对象的属性,所以暂时不讨论人的社会关系,这一部分将在下面的实体关系部分讨论。

(4)物理属性。

物理属性,指物质不需要经过化学变化就表现出来的性质,如颜色、气味、状态、是否易融化、凝固、升华、挥发,还有些性质如熔点、沸点、硬度、导电性、导热性、延展性等,可以利用仪器测知。还有些性质,可以通过实验室获得数据,进而计算得知,如溶解性、密度等。

实体的位置可以看成比较特殊的属性,可以用经度、纬度、海拔数据来描述,但人们常常用相对位置来描述,如"我在天一广场。"已在前面静态空间关系中详细讨论过,这里不再赘述。

5.5.4 关系

实体首先可以分为实体内部关系和实体间关系,实体间关系又可以进一步区分为输入关系和输出关系。

5.5.4.1 内部关系

概念的内部关系是指概念的对象与概念的属性间的关系,即这些对象是否具有概念的相关属性的关系的集合。任何一个概念也都具有复杂的内部关系。概念的内部关系可以用图 5‐25 表示如下：

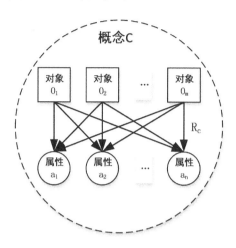

图 5‐25 概念 C 的内部关系 R_c 示意图

认知语言学认为，概念不是均质的，而有一个原型、好样本、差样本和模糊边界[27]。原型就是概念的认知参照点，是概念的最好样本，是概念的中心和典型性成员。概念的对象并不是都具有概念的所有属性间，概念的一致性来源于"家族相似性"。比如，从"鸟"这一概念的较好的样本（如知更鸟、麻雀等）中，我们可以归纳出一组表示"鸟性"重要方面的属性，如下蛋、有喙、有羽毛、会飞等。而"鸟"这一概念的中间样本和差样本（如鸵鸟）与原型样本（知更鸟）相比，在一个或多个属性上稍微偏离了一般标准，甚至有些属性完全缺失（如鸵鸟不会飞）。"鸟"概念的属性分布情况见表 5‐1，其中加号表示具备该属性，减号表示不具备该属性。

表 5‐1 "鸟"概念的属性分布

属性	概 念 成 员				
	知更鸟	麻雀	鸽子	鹦鹉	鸵鸟
下蛋	＋	＋	＋	＋	＋
有喙	＋	＋	＋	＋	＋
有两翼和两腿	＋	＋	＋	＋	＋/－
有羽毛	＋	＋	＋	＋	＋

属性	概念成员				
	知更鸟	麻雀	鸽子	鹦鹉	鸵鸟
小而重量轻	+	+	+/−	+/−	−
会飞	+	+	+	+	−
会唱歌	+	+	+	+/−	−
有瘦而短的腿	+	+	+	+/−	−
短尾	+	+	+	+/−	−
红胸	+	−	−	−	−

实体对象的内部关系则是指该实体对象与所属概念的属性间的关系，即该实体对象是否具备所属概念的相关属性。

5.5.4.2　实体间关系

世界是普遍联系的，实体间存在各种各样的关系。按理来说，实体间关系包括静态关系和动态关系，但动态关系全部放到"事件"部分进行讨论，这里暂时只讨论静态关系。

如人与人之间就存在姻缘关系、血缘关系、地缘关系、业缘关系、事缘关系、情缘关系。其中每一个方面又可以具体细分下去。

如人与团体的关系，人是否属于某个团体；若属于某个团体，在团体中担任什么角色，老板还是职员等。如人与物品的关系，包括是否具有所有权、使用权等。如物与物的关系，如钱包与牛皮间就有"成品与材料"的关系。而实体间的静态空间关系已在空间部分详细讨论过了，这里不再赘述。

根据实体间关系的指向，我们可以把实体间关系进一步区分为输入关系和输出关系。

（1）输入关系。

输入关系是指其他概念（或对象）指向当前概念（或对象）的各种关系。我们可以采用三元组：（实体1，关系，实体2）来表示实体间的关系，如（张三，有弟弟，张四）。可以看出，这里的"关系"是有方向的，是从前一对象指向后一对象的。如果把三元组的前后对象看成图的节点，把两者的关系看成边，那么这样的三元组知识库就可以看成一个图或一个知识图谱。

在上例中，从"张四"这个节点来看，从"张三"这个节点指向过来的"有弟弟"

这个边就是"张四"这个节点的一个输入关系。

当然,实体间存在各种各样的关系,一个实体也就有很多的输入关系。如一个人是其父亲的儿子,是其妻子的丈夫,是其孩子的父亲等。

(2)输出关系。

输出关系是指目标概念(或对象)指向其他概念(或对象)的各种关系。在上例中,从"张三"这个节点来看,指向"张四"那个节点的"有弟弟"这个边就是"张三"这个节点的一个输出关系。

当然,实体间存在各种各样的关系,一个实体也就有很多的输出关系。如一个人有父亲,有母亲,可能有妻子,可能有孩子等。

本章参考文献：

[1] 张志伟. 西方哲学十五讲 [M]. 北京:北京大学出版社,2004:106.

[2] 张岱年. 张岱年全集(第五卷)[M]. 石家庄:河北人民出版社,1996:487.

[3] 胡敏中. 论马克思主义的自然时间观和社会时间观[J]. 马克思主义研究,2006(2):38-43.

[4] 龚千炎. 现代汉语的时间系统[J]. 世界汉语教学,1994,27(1):1-6.

[5] 胡广朋,裴勇,于枫,等. 事件的模糊离散时间区间的表示[J]. 科学技术与工程,2006,6(24):3925-3925.

[6] 廖士中. 定性空间推理分层逼近方法研究[D]. 北京:清华大学,1997.

[7] Egenhofer M, Franzosa R. Point-Set Topological Spatial Relations[J]. International Journal of Geographic Information Systems, 1991,5(2):161-174.

[8] 王家耀,等. 普通地图制图综合原理[M]. 北京:测绘出版社,1992.

[9] CLEMENTINI E, FELICE D P. A Small Set of Format Topological Relationships Suitable for End-User Interaction[C]. Advaneces in Spatial Database Springer. Verlag, 1993,277-295.

[10] CLEMENTINI E, SHARMA J. EGENHOFER M J. Modeling Topological Spatial Relations:Stagies for Query Processing. Comput&Grapics, 1994, 18(6):815-822.

[11] 陈军. Voronoi 动态空间数据模型[M]. 北京:测绘出版社,2002:67-74.

[12] 刘礼进. 汉语空间参照系和拓扑关系表达[J]. 北京第二外国语学院学报, 2014(10):24-32.

[13] LEVINSON S C, WILKINS D P. Grammars of Space:Explorations in Cognitive Diversity[C]. Cambridge:Cambridge University Press,2006.

[14] 方经民. 论汉语空间方位参照认知过程中的基本策略[J]. 中国语文,1999(1):12-20.

[15] HAAR R. Computational Models of Spatial Relations[R]. Technical Report:TR_478, MSC-72-03610 Computer Science,University of Maryland, College Park. MD. 1976.

[16] FRANK A. Qualitative Spatial Reasoning:Cardinal Directions as an Example[J].

International Journal of Geographic. Information Systems，1996，10(3)：269‐290.

[17] PEUQUET D，ZHAN C X. An Algorithm to Determine the Directional Relationship Between Arbitrarily Shaped Polygons in the Plane[J]. Pattern Recognition，1987，20 (1)：65‐74.

[18] PAPADIAS D，THEODORIDIS Y，SELLIS T. The retrieval of direction relations using r‐trees[C]//Karagiannis D. LNCS 856：the 5th International Conference on Database and Expert Systems Applications，DEXA´94，Athens，Greece. New York：Springer‐Verlag，1994：173‐182.

[19] MUKERJEE A，JOE G A Qualitative Model for Space[C]//Proceedings 8th National Conference on Artificial Intelligence，Boston，MA，1990：721‐727.

[20] GOYAL R K，GOYAL K. Similarity Assessment for Cardinal Directions between Extended Spatial Obiects[D]. Orono：University of Maine，2000.

[21] 杜世宏，王桥，李治江. GIS 中自然语言空间关系定义[J]. 武汉大学学报（信息科学版），2005，30(6)：533‐538.

[22] 方经民. 汉语空间方位参照的认知结构[J]. 世界汉语教学，1999(4)：32‐38.

[23] 唐天琪，曹青，张翎，龙毅. 点线目标自然语言空间关系描述模拟表达方法研究[J]. 地理信息科学学报，2018，20(2)：139‐146.

[24] 袁毓林. 汉语名词物性结构的描写体系和运用案例[J]. 当代语言学，2014，6(1)：31‐48.

[25] 李闪闪，曹存根. 事件前提和后果常识知识分析方法研究[J]. 计算机科学，2013，40 (4)：185‐192.

[26] 彭会良. 人物相关事件的常识知识获取方法研究[D]. 北京：首都师范大学，2010.

[27] 弗里德里希·温格瑞尔，汉斯—尤格·施密特. 认知语言学导论[M]. 上海：复旦大学出版社，2009.

6 动态视角：事件知识

6.1 事件的定义

世界是物质的,物质的世界是由实体组成的。实体是可以感知的、相对独立的、相对静止的存在。世界是运动的,运动的世界是由事件组成的。事件是可以感知的、相对独立的、运动着的存在,它不同于静态概念。事件涉及多方面的实体,或称要素,包括时间要素、地点要素、参与者要素、过程状态要素。

世界的运动是绝对的,静止是相对的。任何实体都可以是事件要素的构成元素,不构成事件要素的实体是不存在的。事件是随着时间变化的具体事实。事件与事件之间具有本质的内在联系。

"事件(event)"是一个复杂的、具有多重含义的概念,这一概念现在被广泛运用在认知科学、哲学、语言学、信息科学与人工智能等领域,但是,目前各领域对于事件这一概念还未达成一致的认识。在不同的学科领域,对事件的定义也有所差异。

6.1.1 哲学中的事件

哲学家们在探讨世界的本源和存在方式的时候,离不开对事件的思考。法国哲学家巴迪欧(Alain Badiou)指出,存在是空无的,是不一致的、纯粹的无限。存在的这种不可还原的不一致性,会导致一系列的突变,这种突变就是事件。事件是某种既定的情景发生断裂,新的事物由此产生[1]。

英国哲学家梅勒(D. H. Mellor,1998)认为事件就是时间的流逝,时间流中存在的任何实体都是事件。英国数学家、哲学家怀特海(Alfred North

Whitehead)则认为事件是自然的最基本的普遍成分,即我们在辨识自然时所感知到的某时某地正在进行的某事情[2]。在他看来,整个宇宙就是一个是由各种事件和实际存在物构成的有机系统,包括人类社会和人类思维都是由事件构成的[3]。

总之,在哲学家眼中,事件是能够被感知到的相对独立的动态存在,是一系列随着时间变化改变的状态而形成的具体事实。

6.1.2　语言学中的事件

语言学研究中最早引入事件概念的是德国哲学家赖兴巴赫(L. B. Reichenbach),他在 1947 年出版的《符号逻辑原理》中提出,在谓词逻辑中,可以把事件作为变元。而真正系统的事件语义学的形式化分析方法是美国逻辑学家、哲学家戴维森(Donald Davidson)在其《行为句的逻辑形式》一文中提出的。他在分析句子的语义逻辑时,从逻辑蕴含的角度对句子进行分析,在结构表达式中增加了事件论元。这就是广为应用的戴维森分析法[4]。

到目前为止,语义学领域的事件研究,主要还是集中在语义分析方面。学界习惯将这方面的研究称为事件语义学。至于什么是事件,在语言学的领域分歧是最大的。不同的学者从各自的研究目的出发,从多个角度来对事件进行定义。

卡尔森(Carlson)判定一个事件的原则是一个行为事件最多只有一个对象成为一个特定的语义角色,精炼的表达就是两个施事,两个事件。福尔斯特(Voorst)也持类似观点,他认为,一个句子中的主语和宾语定义了一个事件的边界,一个句子表达一个事件,该事件起于主语,终于宾语。

伦巴德(Lombard)则认为,时间和地点的统一是鉴定一个事件身份的决定因素[5]。博内梅耶(Bohnemeyer)等认为,一个事件作为一个个体,是一个语言和认知的对象,这一对象有时间的边界,它对内有限定的对象,对外,与其他的事件发生各种关系[6]。

樊友新则认为,"一个事件一般就是一个陈述句的单句所要表达的语义内容,该语义内容以句子中的动词为核心代表。[7]"

不过,大部分的研究都是对事件进行分类,通过这些下位词类来说明事件的内涵和外延。其中,Vendler 的事件分类研究是较早和较有影响的。他根据动词的持续性、完整性、动态性几个方面的语义特征,将动词划分为四种类型:状态

(states)、活动(activities)、完成(accomplishments)、实现(achievements)。

6.1.3 信息科学中的事件

在计算机信息学领域，事件研究越来越受到重视。知网中将事件定义为"事情"，并将它分为静态和行动两大类。WordNet 则给出了很宽泛的"事件"定义："在特定地点和时间发生的事情"。在信息检索领域，"事件"被认为是"细化了的用于检索的主题"。在美国国防高级研究计划委员会(Defense Advanced Research Projects Agency，DARPA)主办的话题识别与跟踪(TDT)评测会议上，事件被定义为"特定时间特定地点发生的事情"，认为事件是小于话题的概念，多个事件组成一个话题。话题识别与跟踪的五个主要子任务中包括事件识别这一重要的任务。信息提取是近年来自然语言处理领域的又一个热点，信息提取的三大主要任务中包括事件提取。推动事件提取领域发展的 ACE (Automatic Content Extraction)评测会议，将事件定义为包含参与者的特殊的事情，事件通常可以描述为一种状态的改变。在自动文摘领域，费拉托瓦(Filatova)等定义了被称为"原子事件(atomic events)"的概念[8]。它是动词(或者动名词)及其连接起来的行为的主要组成部分(如参与者、地点、时间等)。

刘宗田等在讨论了大家的定义后，把事件定义为在某个特定的时间和环境下发生的、由若干角色参与、表现出若干动作特征的一件事情[9]。

6.1.4 事件的定义

辩证唯物主义的物质观认为，物质处于永恒的运动之中，运动则是绝对的、无条件的和永恒的；同时并不否认静止的存在，并认为相对静止是重要的，任何事物的发展都是绝对运动和相对静止的统一，都是动和静的结合与统一。如果在某一观察时段，某实体的状态没发生变化，那该实体就处于相对静止状态，因而也就不构成事件。综上所述，我们把事件定义为：实体状态在时间流中的变化。

无论"鲁迅是浙江绍兴人。"，还是"鲁迅浙江绍兴人。"都不是事件，只是描述对象"鲁迅"的一个属性而已。

无论"张三上个月重 150 斤。"，还是"张三这个月重 160 斤。"都不是事件，但"张三胖了"是一个事件。

"墙上挂着一幅画。"是在描述一个状态,它本身不是一个事件,但也蕴涵一个事件:某人在某时把画挂到墙上。

同样,"张三认识李四。"是在描述一个状态,这本身不是一个事件,但也缊涵一个事件:张三在某时结识过李四。

6.2　事件本体的研究现状

目前,事件本体的研究在国内外尚处于起步阶段,但近年来有迅速发展之势。虽有很多关于事件本体的表示模型,但还未形成统一的共识,而各事件本体表示模型的区别主要在对事件的定义、事件类型的划分、事件本体的应用领域、形式化表示方法和事件本体的结构上。

6.2.1　传统的事件本体表示模型

事件本体是一种面向事件的知识表示方法,经典的描述事件本体的模型主要有 ABC、EO、SEM、LODE、F-Model、SEM、CIDOC-CRM。

拉戈斯(Lagoze)提出的 ABC 本体模型,通过对事件、动作、Agent 和情景等概念以及它们之间的关系来描述事件,并通过 Event 与 Situation 的交替出现来描述事件的动态过程[10]。其不足是很难描述事件之间以及事件和要素之间的关系。

雷蒙(Raimond)等人在构建音乐本体时使用到了事件本体 EO(Event Ontology)[11],它描述事件和要素之间的关系采用的是链接方式,事件与其他概念之间的关系如图 6‑1 所示。但是该事件本体缺乏对事件关系的描述。

萧(Shaw)等提出的 LODE(Linking Open Description of Event)模型把事件定义为一个动作或者是在某个时间地点下发生的一件事情[12],该定义有利于从迅速增长的关联数据集中收集个别实体并发现数据间更复杂的关系,但是它没有表示事件之间的关系。

舍尔普(Scherp)等提出了一个叫作 F 的事件形式化模型[13]。这是在传统本体模型 DOLCE+DNS Ultralite(DUL)基础上扩展的一个小型上层本体。F-Model 支持时间、空间、对象和人物等方面的表示,同时也支持一些事件关系,如

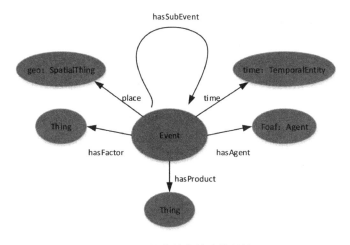

图 6‑1 雷蒙的事件本体结构

选择关系、因果关系和互关联关系。然而 F-Model 的主要关系是因果关系，而对其他事件关系的建模方法并未深入研究。

范哈格（Van Hage）提出了一种简单事件模型 SEM（Simple Event Model）[14]。SEM 模型可以描述不同领域之间的数据，该模型允许事件的类型为事件个体或事件类。其优点是可以方便地描述事件实例，可以实现概念重用；不足之处是没有对事件进行动态表示，没有从真正意义上解决时间与空间的动态表示，推理实现困难，结构上形如词汇分类关系图。

CIDOC-CRM 模型是一个概念参考模型，是国际博物馆理事会下属的国际文献工作委员会（International Committee for Documentation，CIDOC）所开发的面向对象的概念参考模型[15]。CIDOC-CRM 仅从层次结构上说明了父类、子类以及相关属性，没有明确区分事件类的定义，未对事件的非分类关系进行定义。

传统事件本体存在的不足：①传统事件本体所使用的概念模型难以反映事件这一更高层次和更复杂的语义信息，模型缺少了更高层次结构。②传统事件本体用表示概念的方法表示事件类，忽视了事件类的动态特性，而用表示关系的方法表示事件类，不仅忽略了其动态特性，也忽略了事件的其他要素。总之，传统事件本体对于概念的描述着重于对其静态特征的描述，缺乏对动态特征的描述即在时间与空间变化中的概念描述。

6.2.2　鲁川的中枢角色

鲁川认为事件是表示知识的基本单位,事件能表达一个完整的意思,一个"事件"由一个"中枢事元"和若干个相关的"周边事元"组成。中枢事元和周边事元所充当的语义角色分别叫作"中枢角色"和"周边角色"[16-17]。

鲁川首先将中枢角色分成静态和动态两大类,然后把静态中枢角色又分成状态、心理、关系 3 类,把动态中枢角色又分成进化、自动、关涉、改动、转移 5 类,然后进一步细分为 26 类,整个中枢角色层次网络如图 6-2 所示。鲁川提出的"中枢角色"实际上相当于我们讨论的事件类。鲁川提出的相关理论是我国较早根植于汉语实际研究事件本体且非常有影响力的成果。

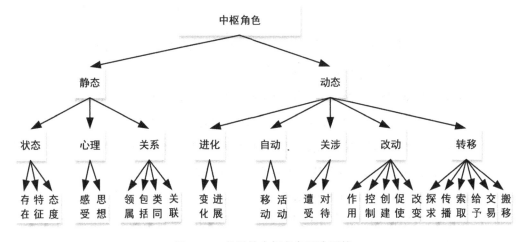

图 6-2　鲁川的中枢角色层次网络

6.2.3　董振东的事件分类

董振东创建了一个以揭示概念之间以及概念所具有的属性之间的关系为基本内容的常识知识库:知网[18]。知网提出了事件概念分类的双轴论:知网中事件概念分为静态和动态两类。静态再分为两类,一是表示关系的,另一是表示事物发生发展过程的状态的。而动态事件简单地说是表示行为动作的,它们的核心是一个"变"字。就是说所有的行为动作都不外是在"改变"。它们也再分两类,一是改变静态中的关系的,另一是改变静态中的状态的。知网的事件概念分类体系如图 6-3 所示。

知网提供了知识描述的系统框架和方法论，它们将成为专业知识库建设的基础。总之，知网是建立关系语义描述的一次大规模的伟大尝试。

图 6-3 董振东在知网中的事件概念分类体系

6.2.4 刘宗田的事件六元组

刘宗田首先指出了传统本体模型存在的缺陷，接着把事件定义为一个六元组：e=(A, O, T, Y, P, L)，其中，事件六元组中的元素被称为事件要素，分别表示动作、对象、时间、环境、断言、语言表现[9]。

A(动作)：事件的变化过程及其特征，是对程度、方式、方法、工具等的描述，例如快慢、使用什么、根据什么等。

O(对象)：事件的参与对象，包括参与事件的所有角色，这些角色的类型数目被称为对象序列长度。对象可分别是动作的施动者(主体)和受动者(客体)。

T(时间)：事件发生的时间段，从事件发生的起点到事件结束的终点，分为绝对时间段和相对时间段两类。

Y(环境)：事件发生的场所及其特征等。例如：在小池塘里游泳。场所：小池塘；场所特征：水中。

P(断言)：断言由事件发生的前置条件、中间断言以及后置条件构成。前置条件指为进行该事件，各要素应当或可能满足的约束条件，它们可以是事件发生的触发条件。中间断言指事件发生过程的中间状态各要素满足的条件。事件发生后，事件各要素将引起变化或者各要素状态的变迁，这些变化和变迁后的结果，将成为事件的后置条件。

L(语言表现)：事件的语言表现规律，包括核心词集合、核心词表现、核心词搭配等。核心词是事件在句子中常用的标志性词汇。核心词表现则为在句子中各要素的表示与核心词之间的位置关系。

该事件知识表示模型通过断言的前置条件、中间断言以及后置条件，实现了事件的动态性描述。

6.2.5　事件本体的研究进展

关于事件的研究从概念的表示即已开始，而关于事件本体的研究才刚刚起步，且目前对事件本体的本质认识还欠清晰。现有的事件本体表示方法存在以下不足[19]：①用静态概念的方式将事件理解为实体概念的子集，或用概念与概念之间的关系表示事件，这样的表示方法粒度过大，不能涵盖事件所包含的常识性知识，不能描述事件的动态过程；②关于事件的表示还需要进一步探讨以确定适合于事件本体的事件表示方法；③对事件(类)之间关系的研究还有待推进，以便用于基于事件本体的推理；④有关事件语言表现的研究有待拓展，事件语义理解与自然语言理解、事件本体的研究密不可分。为了解决上述问题，不少学者在事件本体领域继续探索，代表性的研究成果有：

李闪闪提出了一种事件的知识表示模型。该模型将事件表示为 E＝(CW，L，P，LCS，PK，EK，R)七元组[20]，即事件＝(中枢词类，语言表示，谓词表示，语义角色，前提知识，后果知识，角色细化)。该模型将事件知识的挖掘推进到了一个新的高度，但没考虑事件间的相互影响。

仲兆满首先定义了事件、事件类、事件类影响因子，以及事件间的分类关系和非分类关系,在此基础上给出了事件本体模型:事件本体的逻辑结构可定义为一个五元组:EO＝(ECS, EIS, R, W, Rules),即事件＝(事件类集合,事件实例集合,事件间关系集合,事件间影响因子,事件推理规则)[21]。该模型运用事件间影响因子来实现事件推理,这是一次富有意义的探索。

朱文跃把事件本体定义为一个五元组:EO＝(UECS, LECS, R, Rules, Individuals),即事件＝(上层事件类集合,下层事件类集合,事件间关系集合,事件推理规则,事件类的实例集合)[22]。该模型首次高度重视下层事件类,再次推进了事件知识的挖掘。

另外,刘宗田指导他的博士们在事件本体构建的细节上继续深入研究:如,张旭杰从概念理解的角度以概念代数的方法对事件六要素以及事件的表示进行详细分析[19]。张亚军针对事件要素的知识特点,构建了不同要素的形式背景描述方式,从而形成异构的形式事件背景,并设计了一种渐进式的事件格生成算法[23]。

本章构建事件本体是为了更深入全面挖掘事件知识,以及探索事件知识的形式化表示方法,构建事件知识库、常识知识库,以便满足交际意图识别的知识需要。从研究目的来说,现有的事件本体存在如下不足:

(1)对事件的动态过程描述不充分。所有的事件本体表示模型都对事件发生的时间、环境、参与的人或物等进行了定义与描述。基于传统本体概念结构的事件本体表示模型将事件理解为实体概念的一个子集;基于逻辑方法的事件本体表示模型希望通过逻辑方法实现事件的推理。一半以上的事件表示模型未对事件的动态过程进行描述,即使描述了事件的动态过程,也只描述了事前、事中、事后三个阶段,比较粗略。

(2)对事件的更小粒度的组成事件挖掘得还不够。如挖掘"煮饭"事件的组成事件:量米、淘米、入锅、开煮、结束,还有粒度更小的,如挖掘"淘米"事件的组成事件,一直挖掘到人们认知上的原子事件。

(3)对事件与相关实体间的联系挖掘得还不够。如"过生日"事件与"蛋糕"间的联系,"付款"事件与"手机"间的联系。

(4)对事件间的相互影响的常识知识挖掘得还不够。如"饿了"事件与"吃"事件,"吃"事件与"烹饪"事件,一直到理清事件间的影响链。

6.3　事件本体

在事件本体中,"事件"这一概念不再仅仅作为一个静态概念或是概念与概念之间的关系来表示,而被视为一个包括动作、对象、环境、时间等信息的知识表示单元。作为一种大粒度的知识表示单元,事件本体中的"事件"不但要描述事件之间的关系、参与事件的人与物之间的关系,同时还要表示这些参与者在事件中所扮演的角色以及事件的动态过程等内容。

6.3.1　动态知识表示的对象快照模型

我们所处的世界无时无刻不在运动变化中,因此我们需要对这些运动变化的动态知识进行表示。而这一领域的研究成果目前主要集中在动态空间关系这方面。

动态空间关系表现为空间关系在时间上的变化,因此也被称为时间空间关系。同时考虑时间、空间信息的数据模型被称为时空数据模型。在时空数据模型方面,近几十年来涌现多种时空数据模型,如序列快照模型、时空复合模型、时空立方体模型、基态修正模型、基于事件的时空模型、时空对象模型、"时间—空间—语义"三域模型以及地理原子对象—场统一模型[24]等。各种数据模型对实体对象的抽象和表达方式不同,对时空查询的支持各有侧重点。随着面向对象建模技术的发展,基于面向对象模型,融合其他数据模型成为发展趋势。此处采用李国斌等提出的基于对象快照模型[25]来表示动态知识的方法,这一模型也是面向对象模型与快照模型的结合。

在面向对象时空数据模型中,各种事物或现象被抽象为时空对象,时空对象具有生命周期,即具有诞生、存在和消亡的时间。时空对象在生命周期内是连续的,并且具有空间特征和属性特征,空间特征和属性特征随时间而变化。另外,对象之间存在继承关系也是面向对象模型的一个重要特征。

在对象快照模型中,实体对象被描述为时间快照的序列,即设 $\{t_i\}$ 为实体对象 O 生命周期内的一个时间分割,实体对象被描述为:

$$O = \{O_{ti}\}$$

这里 O_{ti} 表示实体对象 O 在时间点 t_i 的一个快照,一个快照就是该对象的一个状态,包含该对象的所有特征,并且这些状态可能在时间流中发生变化。这些特征如"张三从这里跳到了那里",我们可以根据时间进行分割,给出一系列快照,来描述这一运动过程。动态知识表示的对象快照模型可以用图 6-4 表示如下:

图 6-4　动态知识表示的对象快照模型示意图

该模型既可以表示静态的知识,即在所观察的时间段内,相对不发生变化的对象信息;也可以表示动态的知识,通过描述时间流中的实体状态来揭示运动变化,如"他昨天从宁波飞到了长沙。"可以通过描述运动的起点和终点,以及乘坐的交通工具来表示动态知识。

6.3.2　事件的形式化表示

6.3.2.1　事件的形式化定义

我们所面临的是由一个时刻都在运动变化的世界,这个世界在我们的眼前就是由一幅幅画面组成的视频流,人们为了理解和表达这个世界,就根据事件的相对独立性把这些川流不息的视频流分割成若干事件。如在汉语中,人们就把从洗锅、量米到饭熟停火的这一过程称为"煮饭"。事件虽然用了词或短语来表示,但其所指对象仍然是那一段视频流,即包括那一段时间内的所有变化过程。即我们采用基于对象的快照模型来表示事件,事件就是事件发生时段的事件快照的集合。

事件(event)是实体状态在时间流中的变化。形式上,一个事件可表示为 e,事件可以表示为:

$$e = \{e_{t_i}\}$$

这里 e_{ti} 表示事件对象 e 在时间点 t_i 的一个快照,一个快照就是该事件对象的一个状态,包含该事件对象的所有特征,并且这些状态可能在时间流中发生变化。

t_i 为时间标记,当 t_i 为事件开始时间标记时,i=1;当 t_i 为事件结束时间标记时,i=n;当 t_i 为事件过程中某一时间标记时,则 1<i<n。

正因为一个事件包含了该事件的整个过程,因而我们在言语交际时,只要一提及某事件,该事件的整个过程都会被激活,作为理解话语意义的语境知识。如"老婆"知道家中没有任何菜了,下班后还需到超市买菜,还需好一阵忙碌才能吃上晚饭,当刚下班时收到了"老公"的微信"饭熟了,等你回家。"这是"老婆"立马就能推断出,"老公"肯定去过超市买菜,肯定也完成了"煮饭""炒菜"的整个过程。

6.3.2.2 事件快照

事件快照(event snapshot)是事件过程中某一时刻的状态。形式上,在事件过程中时间点 t_i 的一个事件快照可表示为 es_{ti},事件快照可以表示为一个三元组:

$$es_{ti} = (O_{ti}, V_{ti}, A_{ti})$$

其中,O_{ti} 表示在事件过程时间点 t_i 事件的参与对象;V_{ti} 表示在事件过程时间点 t_i 事件发生的场所及其特征等;A_{ti} 表示在事件过程时间点 t_i 事件的参与对象间的广义作用关系。

(1)事件过程时间。

时间要素 T 用来说明事件发生的时间,通常为一些关于时间的描述,这些时间描述用以说明事件在现实世界时间轴上的位置等有关时间的信息。时间要素 T 与事件的关系即表示事件发生的时间,是事件的一个属性,而属性值即为时间的描述。事件过程时间 T 也是事件知识的主索引。

时间要素 T 也是实体,同样具有属性。主要包括时间长度(time span, TS)、时间类型(time type)等。其中时间类型又包括绝对时间(absolute time)、相对时间(relative time)、时间段(time duration)、开始时间(start time)、结束时间(end time)、过程时间(duration time)、日期(date)、年(year)、月(month)、小时(hour)、分钟(minute)、秒(second)、周期时间(period)、频率时间(frequency)等。

（2）事件的参与对象。

事件参与对象O_{t_i}是指在事件过程的时间点t_i所有参与事件的人或物等实体，包括这些实体在此时刻的所有存在属性，即在此时刻的整个存在状态。这些实体在事件中分别扮演了不同的角色，主要的角色包括施事、当事、受事、内容、成果、起源、对象、依据、涉事等。

施事（agent）是发出可控行动的主体或可控心理状态及思维活动的有意志的主体。如：我爱我的祖国。妹妹在跳舞。

当事（experiencer）是非可控状态、活动或自身变化的无意志的主体。如：黄河向东流。水果店烂了三箱苹果。

受事（patient）是主体的行动所改变的直接客体。如：老师奖给他一支铅笔。狼咬死了猎人的狗。

内容（content）是"感知"以及"探求""传播"等行动所涉及但未改变的客体或信息。如：王老师给学生们讲历史。小王收到一封信。

成果（product）是创造性行动所创造的或建立的新生客体。如：学者们成立了一个研究所。小张创作了一本小说。

起源（source）是"索取""探求"等行动中的作为来源的邻体，或者是事件的时间起点、空间起点以及事件的起始状态。如：我们要向英雄学习。他从宁波飞到了上海。

对象（target）是"对待""给予""传播"等行动所指向的邻体。如：老师奖给他一支铅笔。王老师给学生们讲历史。

依据（basis）是事件中作为比较的邻体。如：我们按上级的指示办事。本庭依法判决。

涉事（comitative）是事件中的伴随者、排除者、受益者或受损者。如：他跟他父母一起去了美国。全班除了小明都去了。

一个事件快照就是该事件的所有参与对象在事件过程时间点t_i时自身的状态及相互间的关系的总和。我们在第五章讨论过，任何一个实体都是在一定时空下的具体存在，这种存在表现为一定的特征；并且实体间都是相互联系的，存在着各种关系，包括静态关系和动态关系。所以在描述事件快照时需要对这些事件参与对象的状态进行描述，即描述这些事件参与对象的属性和关系。对象的属性用属性值来表示，对象间的关系则由具体关系名来表示。

(3)事件发生的环境。

事件发生的环境要素 V_{ti} 表示在事件过程时间点 t_i 事件发生的场所(location of，LOC)及其特征等。对地点的描述即静态空间关系描述主要包括拓扑关系、方位关系和距离关系。详见 5.3 节的讨论。而对于事件地点发生变化的事件来说，还需要确定出发地(departure，DEP)、经由地(by land，BYL)与到达地(destination，DES)。因此将"地点""出发地""经由地"与"到达地"作为事件快照的属性名，而其属性值就是描述这些环境的概念(见表 6-1)。

表 6-1　事件发生的环境的属性

环境属性	属性名	缩写
地点	location of	LOC
出发地	departure	DEP
经由地	by land	BYL
到达地	destination	DES
其他	…	…

由于人们往往都是采用相对于参照物的位置关系来表示目的物的位置，因此还需要定义空间关系名，才能描述实体或事件发生的地点。我们将常用的有关空间关系的关系名定义如下(见表 6-2)：

表 6-2　表空间关系的关系名

空间关系	关系名	缩写
在某实体内	in/inside	IN
在某实体上	on	ON
在某实体下	under	UNDER
在某实体前	in front of	INFRONT
在某实体后	behind	BEHIND
在某实体中间	between	BETWEEN
在某实体对面	opposite	OPP
其他	…	…

(4)广义作用关系。

辩证唯物主义告诉我们，世界上的物质是普遍联系的，世界上的每一个事物或现象都同其他事物或现象相互联系着，没有绝对孤立的东西。任何事物的运动都是内部结构要素之间或与周围其他事物的相互作用导致的。广义作用关系 A_{t_i} 表示在事件过程时间点 t_i 事件的主要参与对象间或参与对象内的影响关系。这种广义作用关系，也被称为"动作要素"或"事体"，是指事件中主要参与对象间的作用方式，典型的如"张三打李四"。其实作用存在于一切事物的内部和相互之间。如"苹果红了"就是苹果自身内部的作用。

广义作用关系本身也具有属性，如方式（manner）、频次（frequency）（见表 6-3）。

表 6-3 广义作用关系的属性名

作用属性	属性名	缩写
方式	manner	MANNER
频次	frequency	FREQ
其他	...	...

"方式"是事件中主体的态度和方法，以及运动的情形或样式。如：乌龟慢慢地爬进河里。姑娘高高兴兴地唱着歌。

"频次"是事件中的动量，即行动或变化所进行的次数以及用工具表示的动量。如：他去过西湖四次。男人打了那个叛徒两耳光。

6.3.3 事件类及事件间关系

6.3.3.1 事件类

事件类（event class，EC）是具有共同特征的事件的集合，$EC = \{E, E_O, E_T, E_V, E_A\}$。其中：E 是事件的集合，被称为事件类的外延；$E_i = \{E_{i1}, E_{i2}, \cdots, E_{im}\}$ $(i \in \{O, T, V, A\}, m \geqslant 1)$，被称为事件类的内涵，是 E 中的每个事件在第 i 个要素上具有的共同特性的集合，E_{im} 是事件类中每个事件在第 i 个要素上具有的一个共同特性。

如张三用高压锅煮饭，李四用电饭煲煮稀饭，王五用竹筒煮饭……但这些事件都具备共同特征：把米放到容器中，加水后加热，直到生米煮成熟饭。因此这些事件可以归纳为一个事件类"煮饭"。而"张三用高压锅煮饭"就是事件类"煮饭"的实例化。

6.3.3.2　事件(类)关系

事件(类)间存在多种关系,这些关系首先可以分为层次关系和非层次关系。非层次关系可以分为时间关系和非时间关系。时间关系又可以进一步分为之前关系、相同关系、包含关系、后接关系等。非时间关系又可以进一步分为组成关系、因果关系、条件关系、并列关系、递进关系等。事件(类)间存在的关系可以用图 6‑5 表示如下。

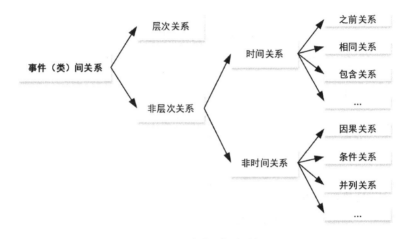

图 6‑5　事件(类)间关系

(1)层次关系。

层次关系也就是上下位关系,即逻辑学上的种属关系。在逻辑学中,概念间的关系是根据概念外延间的关系来确定的。如果两个概念,其中一个概念的外延完全被包含在另一个概念的外延之中,而且仅仅是另一个概念的部分外延,那么这两个概念之间的关系就是种属关系。其中外延比较小的概念叫作被包含概念,或叫作种概念,或下位概念。外延比较大的概念叫作包含概念,或叫作属概念,或上位概念。

同理,如果 EC_1、EC_2 是两个事件类,当仅当 $E_2 \subset E_1$,即事件类 EC_1 的外延完全被包含在事件类 EC_2 的外延之中,这时,EC_2 是 EC_1 的下位事件类,EC_1 是 EC_2 的上位事件类,两者的关系可以表示为(EC_1,R_H,EC_2),或 $R_H(EC_1,EC_2)$。

例如,"劳动"是"烹饪"的上位事件类,而"烹饪"又是"炸""煮""煎"等的上位事件类,而"煮"又是"煮饭"的上位事件类。

汉语事件类的整个层次网络是怎样的? 这还是一个有待深入研究的问题,本文借鉴董振东建设知网时的研究成果[26],先初步给出事件类间的层次网络的大体设想(见图6-6)。具体细节还有待在以后的研究中进一步讨论。

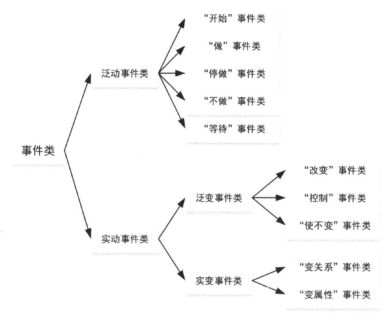

图6-6 事件类的层次网络

(2)时间关系。

这里的时间关系是指两个事件间的时间关系。由于事件的时间是指从事件开始到事件结束的这一时段,因而两个事件间的时间关系就是两个时段间的关系。设 I_1 为事件 e_1 的时段,I_2 为事件 e_2 的时段,并且 t_1 是时段 I_1 的起点,t_2 是时段 I_1 的止点,t_3 是时段 I_2 的起点,t_4 是时段 I_2 的止点,则时段 I_1 与时段 I_2 间可能存在的时间关系有13种(见表6-4):

表 6－4　事件间的 13 种时间关系

时间关系			
关系名	缩写	（逆）关系名	缩写
1. 之前（Before）	T-BEF	2. 之后（After）	T-AFT
3. 后接（EndMeet）	T-EMEET	4. 前接（BeginningMeet）	T-BMEET
5. 后叠（EndOverlap）	T-EOVE	6. 前叠（BeginningOverlap）	T-BOVE
7. 相同（Equal）	T-EQU	7. 相同（Equal）	T-EQU
8. 之间（During）	T-DUR	9. 包含（Including）	T-INC
10. 起段（Beginning）	T-BEG	11. 起于（BeingBegun）	T-BBEG
12. 止段（Ending）	T-END	13. 止于（BeingEnded）	T-BEND

　　按照两个时段间所有可能出现的排列位置就可以得出两事件间的时间关系，研究结果表明，两个时段间一共可能存在 13 种时间关系。而这些时间关系间还存在着逆关系，表中的左栏与右栏就存在逆关系。逆关系（inverse relation）是一种特殊的关系，是指对于两个事物之间的某个关系，颠倒事物的位置以后其间存在的关系。如（I_1，T-BEF，I_2）→（I_2，T-AFT，I_1），即根据事件 e_1 在事件 e_2 之前，就可以推出事件 e_2 在事件 e_1 之后。

　　①之前（T-BEF）：时段 I_1 的止点 t_2 在时段 I_2 起点 t_3 之前，即 $t_2 < t_3$。时段 I_1 与时段 I_2 间的时间关系如图 6－7 所示，时段 I_1 与时段 I_2 间的时间关系可以表示为（I_1，T-BEF，I_2）。

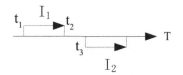

图 6－7　时间关系"之前"的示意图

　　如"网上下单后的第二天就收到了货。"从句意可知，事件"网上下单"（e_1）的发生时段在事件"收货"（e_2）的发生时段之前，事件"网上下单"与事件"收货"的时间关系可以表示为（e_1，T-BEF，e_2）。

　　②之后（T-AFT）：时段 I_1 的起点 t_1 在时段 I_2 的止点 t_4 之后，即 $t_1 > t_4$。时段

I_1与时段I_2间的时间关系如图6-8所示,两者的时间关系可以表示为(I_1,T-AFT,I_2)。"之后"与"之前"互为逆关系,即(I_1,T-AFT,I_2)→(I_2,T-BEF,I_1),反过来也是。

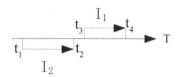

图6-8　时间关系"之后"的示意图

如"我回到家,她早就做好了饭。"从句意可知,事件"我回家"(e_1)的时段就在事件"她做饭"(e_2)的时段之后,事件"我回家"与事件"她做饭"间的时间关系可以表示为(e_1,T-AFT,e_2)。

③后接(T-EMEET):时段I_1的止点t_2正好等于时段I_2起点t_3,即$t_2 = t_3$。时段I_1与时段I_2间的时间关系如图6-9所示,时段I_1与时段I_2间的时间关系可以表示为(I_1,T-EMEET,I_2)。

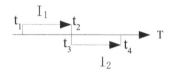

图6-9　时间关系"后接"的示意图

如"我一打开门就看见……。"从句意可知,事件"我开门"(e_1)的发生时段后紧接着事件"我看见"(e_2)的发生时段,事件"我开门"与事件"我看见"的时间关系可以表示为(e_1,T-EMEET,e_2)。

④前接(T-BMEET):时段I_1的起点t_1等于时段I_2的止点t_4,当然时段I_1的止点t_2在时段I_2的止点t_4之后,即$t_1 = t_4$,$t_2 > t_4$。时段I_1与时段I_2间的时间关系如图6-10所示,时段I_1与时段I_2间的时间关系可以表示为(I_1,T-BMEET,I_2)。

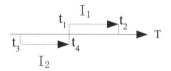

图6-10　时间关系"前接"的示意图

如"我看见他吓了一跳,就在我打开门的一刹那。"从句意可知,事件"我看见"(e_1)的发生时段紧接着事件"我开门"(e_2)的发生时段,事件"我看见"(e_1)与事件"我开门"(e_2)间的时间关系可以表示为(e_1,T-BMEET,e_2)。

"后接"与"前接"互为逆关系,即(I_1,T-EMEET,I_2)→(I_2,T-BMEET,I_1),反过来也是。

⑤后叠(T-EOVE):时段 I_1 的起点 t_1 在时段 I_2 的起点 t_3 前,时段 I_1 的止点 t_2 在 I_2 的 t_3、t_4 之间,即 $t_1 < t_3$,$t_3 < t_2 < t_4$。时段 I_1 后半段与时段 I_2 前半段重叠。时段 I_1 与时段 I_2 间的时间关系如图 6-11 所示,时段 I_1 与时段 I_2 间的时间关系可以表示为(I_1,T-EOVE,I_2)。

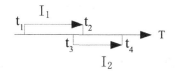

图 6-11　时间关系"后合"的示意图

如"张三话还没说完,他老婆就冲了进来。"从句意可知,事件"张三说话"(e_1)的发生时段的尾部与事件"他老婆冲进来"(e_2)的发生时段的开始部分重叠,事件"张三说话"(e_1)与事件"他老婆冲进来"(e_2)间的时间关系可以表示为(e_1,T-EOVE,e_2)。

⑥前叠(T-BOVE):时段 I_1 的起点 t_1 在时段 I_2 的起点 t_3 之后,在时段 I_2 的止点 t_4 之前,时段 I_1 的止点 t_2 在时段 I_2 的止点 t_4 之后,即 $t_3 < t_1 < t_4$,$t_2 > t_4$。时段 I_1 与时段 I_2 间的时间关系如图 6-12 所示,其时间关系可以表示为(I_1,T-BOVE,I_2)。

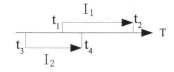

图 6-12　时间关系"前合"的示意图

如"新的客人陆续走了进来,服务员都还在清理。"从句意可知,事件"服务员清理"(e_2)尚未完成,事件"新客人走进来"(e_1)就发生了。事件"新客人走进来"

(e_1)与事件"服务员清理"(e_2)间的时间关系可以表示为(e_1,T-BOVE,e_2)。

"后叠"与"前叠"互为逆关系，即(I_1,T-EOVE,I_2)→(I_2,T-BOVE,I_1)，反过来也是。

⑦相同(T-EQU)：时段 I_1 的起点 t_1 等于时段 I_2 的起点 t_3，时段 I_1 的止点 t_2 等于时段 I_2 的止点 t_4，即 $t_1 = t_3$，$t_2 = t_4$。时段 I_1 与时段 I_2 间的时间关系如图6-13所示，时段 I_1 与时段 I_2 间的时间关系可以表示为(I_1,T-EQU,I_2)。"相同"的逆关系还是"相同"。

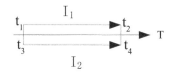

图6-13　时间关系"相同"的示意图

如"他一边唱歌一边跳着舞。"从句意可知，事件"他唱歌"(e_1)的发生时段与事件"他跳舞"(e_2)的发生时段相同，事件"他唱歌"(e_1)与事件"他跳舞"(e_2)间的时间关系可以表示为(e_1,T-EQU,e_2)。

⑧之间(T-DUR)：时段 I_1 的起点 t_1 在时段 I_2 的起点 t_3 之后，时段 I_1 的止点 t_2 在时段 I_2 的止点 t_4 之前，即 $t_1 > t_3$，$t_2 < t_4$。时段 I_1 与时段 I_2 间的时间关系如图6-14所示，其时间关系可以表示为(I_1,T-DUR,I_2)。

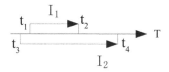

图6-14　时间关系"之间"的示意图

如"小李开着新买的小车高高兴兴地回老家了。"这里事件"小李开车"(e_1)的发生时段是在事件"小李回老家"(e_2)的时段之中，事件"小李开车"(e_1)与事件"小李回老家"(e_2)间的时间关系可以表示为(e_1,T-DUR,e_2)。

⑨包含(T-INC)：时段 I_1 的起点 t_1 在时段 I_2 的起点 t_3 前，时段 I_1 的止点 t_2 在时段 I_2 的止点 t_4 之后，即 $t_1 < t_3$，$t_2 > t_4$。时段 I_1 与时段 I_2 间的时间关系如图6-15所示，时段 I_1 与时段 I_2 间的时间关系可以表示为(I_1,T-INC,I_2)。

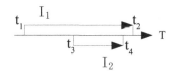

图 6‑15　时间关系"包含"的示意图

如"我在读大学期间,李老师给我们上过现代汉语。"从句意可知,事件"李老师给我们上现代汉语"(e_2)的发生时段是在事件"我读大学"(e_1)的发生时段,事件"我读大学"(e_1)与事件"李老师给我们上现代汉语"(e_2)间的时间关系可以表示为(e_1,T-INC,e_2)。

"之间"与"包含"互为逆关系,即(I_1,T-DUR,I_2)→(I_2,T-INC,I_1),反过来也是。

⑩起段(T-BEG):时段 I_1 的起点 t_1 等于时段 I_2 的起点 t_3,时段 I_1 的止点 t_2 在时段 I_2 的止点 t_4 之前,即 $t_1 = t_3$,$t_2 < t_4$。时段 I_1 与时段 I_2 间的时间关系如图 6‑16 所示,时段 I_1 与时段 I_2 间的时间关系可以表示为(I_1,T-BEG,I_2)。

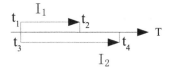

图 6‑16　时间关系"起段"的示意图

如"新生从报到起就开始了他们的大学生活。"这里的事件"新生报到"(e_1)是事件"新生开始大学生活"(e_2)的开始,事件"新生报到"(e_1)是事件"新生开始大学生活"(e_2)间的时间关系可以表示为(e_1,T-BEG,e_2)。

⑪起于(T-BBEG):时段 I_1 的起点 t_1 等于时段 I_2 的起点 t_3,时段 I_1 的止点 t_2 在时段 I_2 的止点 t_4 之后,即 $t_1 = t_3$,$t_2 > t_4$。时段 I_1 与时段 I_2 间的时间关系如图 6‑17 所示,其时间关系可以表示为(I_1,T-BBEG,I_2)。

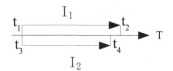

图 6‑17　时间关系"起于"的示意图

如"公主和王子结婚了，过上了幸福生活。"从句意可知，事件"公主和王子过上了幸福生活"（e_1）的时段开始于事件"公主和王子结婚"（e_2），事件"公主和王子过上了幸福生活"（e_1）与事件"公主和王子结婚"（e_2）间的时间关系可以表示为（e_1，T-BBEG，e_2）。

"起段"与"起于"互为逆关系，即（I_1，T-BEG，I_2）→（I_2，T-BBEG，I_1），反过来也是。

⑫止段（T-END）：时段 I_1 的起点 t_1 在时段 I_2 的起点 t_3 之后，时段 I_1 的止点 t_2 等于时段 I_2 的止点 t_4，即 $t_1 > t_3$，$t_2 = t_4$。时段 I_1 与时段 I_2 间的时间关系如图 6-18 所示，其时间关系可以表示为（I_1，T-END，I_2）。

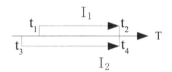

图 6-18 时间关系"止段"的示意图

如"飞机着陆了，他安全地从英国回到了中国。"这里事件"飞机着陆"（e_1）的时段是事件"他从英国回到中国"（e_2）的结束时段，事件"飞机着陆"（e_1）与事件"他从英国回到中国"（e_2）的时间关系可以表示为（I_1，T-END，I_2）。

⑬止于（T-BEND）：时段 I_1 的起点 t_1 在时段 I_2 的起点 t_3 前，时段 I_1 的止点 t_2 等于时段 I_2 的止点 t_4。时段 I_1 与时段 I_2 间的时间关系如图 6-19 所示，其时间关系可以表示为（I_1，T-BEND，I_2）。

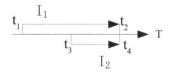

图 6-19 时间关系"止于"的示意图

如"8 月 24 日，北京奥运会圣火在北京国家体育场的主火炬塔缓缓熄灭，第29 届奥运会正式落幕。"这里事件"第 29 届奥运会"（e_1）止于事件"北京奥运会圣火熄灭"（e_2），e_1 与 e_2 的时间关系可以表示为（e_1，T-BEND，e_2）。

"止段"与"止于"互为逆关系，即（I_1，T-END，I_2）→（I_2，T-BEND，I_1），反过

来也是。

（3）非时间关系。

事件(类)间的非时间关系主要有因果关系(cause)、条件关系(condition)、选择关系（selection）、目的关系（intention）、并列关系（paralleling）、跟随关系（following）、递进关系（progressive relation）、实例化（instantiation）、组成关系（composed）等。

①因果关系:指两个事件(类)存在原因和结果的关系。原因和结果是揭示客观世界中普遍联系着的事物具有先后相继、彼此制约的一对范畴。原因是指引起一定现象的现象,结果是指由于原因的作用,缘之串联而引起的现象。

事件类 EC_1 的事件的发生以一定的概率导致事件类 EC_2 的事件发生,发生的概率大于给定的阈值,则称两事件类之间具有因果关系。这时称 EC_1 为 EC_2 的原因, EC_2 为 EC_1 的结果,我们可以表示为 $R_{CAU}(EC_1,EC_2)$ 或 (EC_1,R_{CAU},EC_2)。

例如,"今天路上堵车,我们都迟到了。"在这里"堵车"事件 E_1 与"迟到"事件 E_2 间就是因果关系,可以表示为 (E_1,R_{CAU},E_2)。

②条件关系:指两个事件(类)存在条件和结果的关系,即是指一事件的存在与否对另一事件的存在与否的制约或依赖的关系。

如果事件类 EC_1 的发生,必定引起事件类 EC_2 的发生;如果事件类 EC_1 的不发生或不存在,必定会引起事件类 EC_2 的不发生,则称两事件类之间具有条件关系,这时我们称 EC_1 为 EC_2 的条件, EC_2 为 EC_1 的结果,我们可以表示为 $R_{CON}(EC_1,EC_2)$ 或 (EC_1,R_{CON},EC_2)。

例如,"如果太阳从西边出来,我就答应你。"在这里事件类 EC_1 "太阳从西边出来"与事件类 EC_2 "我就答应你"间就是条件关系,可以表示为 (EC_1,R_{CON},EC_2)。

③选择关系:指有意识的主体(往往是人或动物)在某事件发生后,可以选择两个以上的事件中的一个来实施。

如果事件类 EC_1 的发生后,有意识的主体可以自主从 EC_2、EC_3 等事件类中选择其中之一来实施,则称事件类 EC_1 与事件类 EC_2、EC_3 之间是选择关系,我们可以表示为 $R_{SEL}(EC_1,(EC_2,EC_3))$ 或 $(EC_1,R_{SEL},(EC_2,EC_3))$。

例如,"补充水分"就可以选择喝茶、喝水、喝饮料、吃水果等,因而可以表示为(补充水分，R_{SEL}，(喝茶，喝水，喝饮料，吃水果))。

④目的关系：指有意识的主体(往往是人或动物)所发出的行为与行为目的的关系。动物的行为就已经具有目的，而人更是具有自觉目的性的存在物，人的活动都是有目的性的。

如果有意识的主体实施事件类 EC_1 就是为了实现事件类 EC_2，这时我们称 EC_2 为 EC_1 的目的，我们可以表示为 $R_{INT}(EC_1, EC_2)$ 或 (EC_1, R_{INT}, EC_2)。

例如，"小戴今天起得很早，为的是赶上上午 8 点半的飞机。"在这里事件 E_1 "小戴今天起得很早"与事件 E_2 "赶上上午 8 点半的飞机"间就是条件关系，可以表示为 (E_1, R_{INT}, E_2)。

⑤跟随关系：指当某事件发生时，另一事件很可能在不久就会发生，即往往跟随着上一事件的发生而发生。

在一定长度的时间段内，事件类 EC_1 中的事件发生后，EC_2 中的事件可能跟随发生，若跟随发生的概率大于给定的阈值，则称两事件类之间具有跟随关系，称 EC_1 是 EC_2 的前面事件，EC_2 是 EC_1 的后面事件，表示为 $R_{FOL}(EC_1, EC_2)$ 或 (EC_1, R_{FOL}, EC_2)。

例如，一般情况下，一个人起床后，往往都会刷牙、洗脸等，因而事件类"起床"是事件类"刷牙"的前面事件，事件类"刷牙"是事件类"起床"的后面事件，可以表示为(起床，R_{FOL}，刷牙)。

⑥并列关系：指同层次的两事件类间的关系，主要揭示两事件类间的平等关系，与时间先后关系不大。

如果事件类 EC_1 与事件类 EC_2 是同层次的平等关系，则称事件类 EC_1 与事件类 EC_2 是并列关系，可以表示为 $R_{PAR}(EC_1, EC_2)$ 或 (EC_1, R_{PAR}, EC_2)。

例如，"小李一边走，一边向我打招呼。"这里的事件 E_1 "小李走"与事件 E_2 "小李向我打招呼"就是并列关系，可以表示为 (E_1, R_{PAR}, E_2)。

⑦递进关系：指事件(类)间存在更进一层的关系，这种关系是以前一事件为基点，后一事件向更重或更大、更深、更难的方向推进一层。递进关系表达的是语意的程度的变化，可能是语意的逐渐加强也可能是语意的逐渐减弱。递进关系往往隐含着某种预设，即后一事件在语义上向更重或更大、更深、更难的方向更进一层。

如果事件类 EC_2 比事件类 EC_1 在语义上向更重或更大、更深、更难的方向更进一层,则称两事件类间是递进关系,可以表示为 R_{PRO}(EC$_1$,EC$_2$)或(EC$_1$,R_{PRO},EC$_2$)。

例如,"观众席里坐满了人,连靠墙的两边通道上都站满了人。"这里的事件 E$_2$"靠墙的两边通道上都站满了人"比事件 E$_1$"观众席里坐满了人"在语义上更进一层,两事件间是递进关系,可以表示为(E$_1$,R_{PRO},E$_2$)。

⑧实例化:指事件类与其对象间的关系。该术语来源于信息科学。在编程时,我们总是先用关键词 class 定义一个类,然后在运行时创建一个类的实例对象,该对象继承了类的结构、属性和动作,这就是对象的实例化。

如果事件 E$_1$是事件类 EC$_1$的一个对象,则称事件 E$_1$是事件类 EC$_1$的实例化对象,事件类 EC$_1$是事件 E$_1$的事件类,可以表示为 R_{INS}(EC$_1$,E$_1$)或(EC$_1$,R_{INS},E$_1$)。

例如,某人说"我在学校食堂吃饭。",这时的事件 E$_1$"我在学校食堂吃饭"就是事件类 EC$_1$"吃饭"的一个实例化对象,可以表示为(EC$_1$,R_{INS},E$_1$)。

⑨组成关系:指一个事件类由其他若干个小事件类组成。人们往往会对事件过程进行进一步细分,根据这些细分过程间相对独立性,把一个事件过程又进一步细分为几个事件阶段,并对各个阶段进行了命名,如"煮饭"这个事件过程又被细分为"洗锅""量米""淘米""入锅""开火""停火"等。

如果事件类 EC$_1$是由事件类 EC$_2$、EC$_3$等组成,则称事件类 EC$_1$为大事件,事件类 EC$_2$、EC$_3$为小事件,可以表示为 R_{COM}(EC$_1$,EC$_2$)、R_{COM}(EC$_1$,EC$_3$),或(E$_1$,R_{COM},E$_2$)和(E$_1$,R_{COM},E$_3$)。

例如,事件类"煮饭"与事件类"淘米"之间就是组成关系,可以表示为(煮饭,R_{COM},淘米)。

我们将上面讨论的事件(类)间的关系总结为表 6-5:

表 6-5　事件(类)间关系

事件(类)间关系	关系名	缩写
因果关系	cause	R_{CAU}
条件关系	condition	R_{CON}
选择关系	selection	R_{SEL}
目的关系	intention	R_{INT}

（续表）

事件(类)间关系	关系名	缩写
并列关系	paralleling	R_{PAR}
跟随关系	following	R_{FOL}
递进关系	progressive	R_{PRO}
实例化	instantiation	R_{INS}
组成关系	composed	R_{COM}
其他	…	…

6.3.4　事件动态过程的描述

6.3.4.1　事件动态过程模型

（1）只描写三个关键状态。

张旭洁选择事件过程中最具代表性的事件状态来表示一个事件，即前置断言和后置断言，而事件的中间状态可以通过其他事件的前置断言和后置断言来表示，即忽略事件的变化过程[19]。这种简化的事件过程描述方式只关注的是事件发生之前的状态和事件发生之后所产生的变化，好处是非常简明，节约了大量的系统资源，但却丢失了大量的事件过程信息，这对于常识描写来说，就是有大量的常识未纳入描写，智能机器人是无法从中学会人类的行为，如煮饭、炒鸡蛋等，也无法实现相关的交际意图推理。如，A：你去煮饭。B：停水了。如果不知道煮饭过程中要加水，是无法理解 B 的话语的意义的。

（2）依次描写每一个状态。

要构建事件的常识知识库，就必须详细地描述事件的状态，也就是说，要描写每一个有意义的事件快照，这种表示思路如图 6-20 所示。这里所说的"有意义"是对智能机器人而言的，如拿起杯子，智能机器人的手移向杯子的详细过程并没有意义，因为在指令中是要机器人把手的位置移到杯子的位置，再张开手，握住杯子。

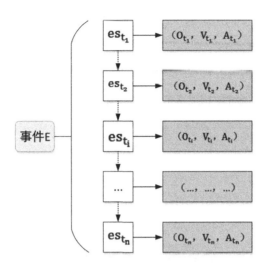

图 6 - 20   事件快照与事件动态过程

这种表示方式可以非常详细地描写一个事件的整个过程,可以事无巨细地揭示出一个事件的每一个细微状态,但是会产生大量的重复工作。如果我们详细描写了"煮饭"事件类的每一个有意义的快照,而在描写"淘米"这一事件类时又要进行一些重复工作。因此,更为理想的表示方式是分级描写。

(3)分级描写。

由于时间是匀速地不断向前推进的,按理来说,这些事件快照可以按照时间进程来均衡地记录,比如说每一秒记录一个事件快照。但实际上人们却没有给予这些事件快照同等的关注,而是根据人们对该事件过程的认知,根据这些细分过程间的相对独立性把一个事件进一步细分为几个事件阶段,并对各个阶段进行了命名,如"煮饭"这个事件过程又被细分为"洗锅""量米""淘米""入锅""开火""停火"等。

人们并没有到此为止,还会对这些细分组成事件进一步进行分割。如"量米"这一细分组成事件还可以分割为:找到量杯、拿起量杯、进入米箱、装满米、拿起量杯、把米倒入内胆。从理论上来说,这些过程还可以进一步分割,但还有必要进一步分割吗? 我们对事件进行深入分析的目的是给智能机器配备这些事件知识,最终实现交际意图识别,实现自然人机对话。因而对事件的分割只需要到智能机器的原子行动就可以了。原子行动可以理解为智能机器可以执行的最基本的行动,如比较理想的结果是这样的,主人说声"我渴了。",智能服务机器人首先要能推断(理解)主人的交际意图：要机器人为他拿杯水来，然后该智能服务机器人通过任务规划将这一任务分解为可以被机器人执行的高层原子行动序列[27]：先去桌子旁，抓取水杯，走到用户旁边，把水递给主人。也就是说智能机器人最终将事件过程知识理解为原子行动的组合，这也是智能机器人真正理解人们话语意义的途径。

通过上面的分析可知，对事件动态过程进行描写的比较好的方式是分级描写。分级描写就是指，把一个大的事件动态过程根据人们的认知习惯分割成相应的数个组成事件，然后又把这些组成事件进一步细分为更小的组成事件，以此类推，直到人们认知习惯上不再进一步分割，然后对这些原子行动进行动态过程描述。这样这些原子行动的快照的有序组合就实现了对整个事件动态过程的描写，当然也实现了对其所有组成事件的动态过程的描写。其实这种描写方式的最大好处就是把事件的语义表示成智能机器人所能理解的原子行动的集合，让智能机器人真正理解了事件的意义。

我们按照事件表达粒度的大小，把事件过程抽象成过程、子过程、阶段、原子行动四个表达层次来进行描述。原子行动为事件过程的最基本的表达单位，采用快照进行描写，具体如图 6-21 所示。

从事件过程变化的粒度来看，整个事件的时空过程处于顶层，概括了事件的整个演变过程，是宏观整体上对事件过程的描述，如"煮饭"这一事件名就概括了煮饭的整个过程。

一个整体事件的整个动态过程往往可以分割成若干子过程，看成是由若干子过程构成的。事件过程的子过程序列包括子过程 1、子过程 2、子过程 i、……子过程 n，整个子过程序列就构成了事件的整个过程。一个事件过程包含的子过程的数量并不固定，由事件过程中的具体特征而定，依据各个子过程的相对独立性而定。

根据事件过程的各个子过程的特点，子过程可以进一步被分割为若干个阶段。依据子过程的特点，我们把它划分为阶段 1、阶段 2、阶段 i、……阶段 n。这样相应的每一个事件子过程就可以分割为一个或多个子阶段，子过程下的这些子阶段按时间轴组织起来，就可以描述子过程的变化情况。

每一个子过程的子阶段又是由若干个原子行动构成的，因此可以用原子行动 1、原子行动 2、原子行动 i、……原子行动 n 来描述一个子阶段。将这些原子

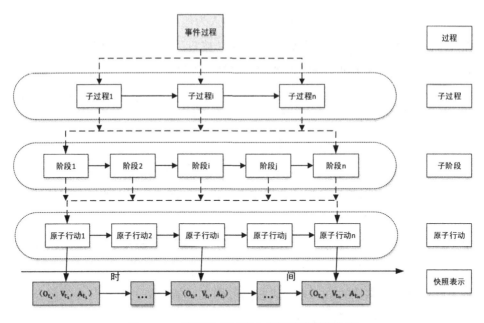

图 6‑21　事件动态过程分级描写模型结构图

单元按照时间的先后顺序形成一个有序的时变序列,就可以完整地描述一个子阶段的详细变化过程。原子行动描述事件动态变化过程中的一个原子状态,记录了事件在某一变化时刻的状态,我们采用快照来表示原子行动,即描述在事件变化时刻 t,事件的参与对象的存在状态、环境对象的存在状态、事件参与对象间的作用关系的具体状态。

6.3.4.2　表示规范

根据事件动态过程的分级描写规则,对事件动态过程的描写任务分成两大块:一是描写事件与组成事件的关系,二是描写事件快照,这里实际上是描写原子行动的快照。

(1)事件与组成事件的关系的表示规范。

如果事件类 EC_1 可以分割成若干组成事件类 EC_{11},EC_{12},$\cdots$,EC_{1m},也就是说是若干组成事件类一起构成了事件类 EC_1,那么,事件类 EC_1 与这些组成事件类间存在"组成关系"(R_{COM}),我们可以表示为(EC_1,R_{COM},EC_{11}),(EC_1,R_{COM},EC_{12}),(EC_1,R_{COM},$\cdots$),(EC_1,R_{COM},EC_{11})。当然我们也可以把它简约地表示为,(EC_1,R_{COM},(EC_{11},EC_{12},$\cdots$,EC_{1m}))。如"煮饭"这个事件过程可以被细分

为"洗锅""量米""淘米""入锅""开火""停火"，因而可以被表示为（煮饭，R_{COM}，（洗锅，量米，淘米，入锅，开火，停火））。

只是描述事件与组成事件的关系是不够的，还需进一步描写同一级组成事件类间的关系，这些关系主要包括时间关系、跟随关系。

如果事件类 EC_1 可以分割成若干组成事件类 EC_{11}，EC_{12}，…，EC_{1m}，则组成事件类 EC_{11} 与 EC_{12} 在时间方面存在"之前"（T-BEF）关系，在逻辑上存在"跟随关系"（R_{FOL}），我们可以表示为（EC_{11}，T-BEF，EC_{12}），（EC_{11}，R_{FOL}，EC_{12}）。如"煮饭"这个事件类的组成事件类"洗锅""量米"间的关系可以表示为（洗锅，T-BEF，量米），（洗锅，R_{FOL}，量米）。

上面讨论了事件过程知识的表示，在系统中如何实现呢？在系统中，事件过程被视为对象。事件过程对象的描述包括四部分：事件过程标识 EID、事件过程名称 Name、事件过程发生的时间域 Time（包括事件过程的开始时间和终止时间）、事件过程的子过程的标识列表 subEList（该列表包含该过程的所有子过程的 ID）。事件过程的详细信息通过相关联的子过程进行具体描述。

事件子过程的信息包括六部分：事件子过程唯一标识符 subEID、事件子过程名称 Name、事件子过程的时间域信息 T（包括该子过程的开始时间和终止时间）、与该子过程关联的前一个子过程 preE（如果当前子过程是第一个子过程，那么该 preE 指向 NULL）、与该子过程关联的后面一个子过程 nextE（假如当前子过程为该事件过程的最后一子过程，那么该 nextE 指向 NULL）、子过程的子阶段列表 StageList（该列表包含该子过程的所有子阶段的 ID）。事件子过程的详细信息通过相关联的子阶段进行具体描述。

事件子过程的阶段信息包括六部分：事件阶段标识符 Stage、事件阶段名称 Name、事件阶段时间域 T（包括开始时间和结束时间）、阶段的前一阶段 preS、阶段的后一阶段 nextS、组成阶段的原子行动列表 AList。事件子阶段的详细信息通过相关联的原子行动进行具体描述。

原子行动的相关信息由事件快照进行描述。

（2）事件快照的表示规范。

我们将事件快照表示为一个三元组：$es_{ti} = (O_{ti}, V_{ti}, A_{ti})$，因而表示一个事件快照需要首先明确时间要素、事件的参与对象、事件发生环境、事件的参与对象间的广义作用关系的表示规范。

①时间要素表示规范。我们定义"现在"的时间标记为 t_{now}，"说话时间"的时间标记为 t_{say}。令事件类 EC_1 开始时间标记为 t_1，事件结束时间标记为 t_n，事件过程中的时间标记为 $t_i(1<i<n)$。

事件类 EC_1 的组成事件的时间表示：我们将其组成事件类 EC_{11}，EC_{12}，…，EC_{1m} 的每一个组成事件的时段进一步细分为若干时段，令该组成事件类开始时间标记为 t_{j1}，结束时间标记为 t_{jn}，组成事件类的事件过程中的时间标记为 t_{ji}（$1<i<n$，$1<j<m$）。如 EC_{11} 的开始时间标记为 t_{11}，结束时间标记为 t_{1n}，其事件过程中的时间标记为 t_{1n}。

由此类推，我们根据表达需要，无限地对时间进行进一步分割。如将 EC_{11} 的组成事件类 EC_{111} 开始时间标记为 t_{111}，结束时间标记为 t_{11n}，其事件过程中的时间标记为 $t_{11i}(1<i<n)$。

②事件参与对象表示规范。事件参与对象主要有：施事（agent）、当事（experiencer）、受事（patient）、内容（content）、成果（product）、起源（source）、对象（target）、依据（basis）、涉事（comitative）等，它们的表示规范如表 6-6 所示：

表 6-6　事件与参与对象间关系

事件与参与对象间关系	关系名	缩写
施事	agent	AGEN
受事	patient	PATI
当事	experiencer	EXPE
内容	content	CONT
成果	product	PROD
起源	source	SOUR
对象	target	TARG
依据	basis	BASI
涉事	comitative	COMI
其他	…	…

很多时候我们还需要对事件对象要素的状态进行描述，描述对象的状态包括属性和关系两方面（详见第 5 章的讨论）。每个对象都具有若干属性，而对象的属性描述用属性值来表示。这些属性的表示规范如表 6-7 所示：

表 6 - 7 事件参与对象的属性

事件参与对象的属性	属性名	缩写
姓名	name	NAME
性别	gender	GEND
年龄	age	AGE
身高	height	HEIG
颜色	colour	COLO
数量	quantity	QUAN
质量	quality	QUAT
单位	unit	UNIT
其他	…	…

　　每个对象具有若干属性的同时，还与其他对象间存在若干关系（这里的关系指静态关系，动态关系放在广义作用中讨论），如人与人之间就存在姻缘关系、血缘关系、地缘关系、业缘关系、事缘关系、情缘关系。其中，每一个方面又可以具体细分下去。如人与团体的关系，人是否属于某个团体，若属于某个团体，在团体中担任什么角色，老板还是职员等。如人与物品的关系，包括是否具有所有权、使用权等。如物与物的关系，如钱包与牛皮间就有"成品与材料"的关系。这些静态关系的表示规范如表 6 - 8 所示：

表 6 - 8 对象间关系

对象间关系	关系名	缩写
父亲	father	FATHER
妻子	wife	WIFE
同学	classmate	CMATE
朋友	friend	FRIEND
有所有权	ownership	OSHIP
有使用权	right of use	URIGHT
其他	…	…

事件发生环境表示规范与作用关系表示在本章前文已有表述,此处不再赘言。

我们用 R_T 来表示事件与事件发生时间的关系,用 R_O 表示事件与事件参与对象的关系,用 R_V 表示事件与事件发生环境的关系。事件与广义作用关系的关系,我们可以把它表示为 R_A。我们可以把事件与事件要素间的关系整理如成表 6-9:

表 6-9　事件与事件要素间的关系

事件要素	概念集	事件与要素间关系
事件发生时间	$\{t_1, t_2, \cdots, t_n\}$	$R_T = \{r_{T1}, r_{T2}, \cdots, r_{Tn}\}$
事件参与对象	$\{o_1, o_2, \cdots, o_m\}$	$R_O = \{r_{O1}, r_{O2}, \cdots, r_{Om}\}$
事件发生环境	$\{v_1, v_2, \cdots, v_x\}$	$R_V = \{r_{V1}, r_{V2}, \cdots, r_{Vx}\}$
广义作用关系	$\{a_1, a_2, \cdots, a_y\}$	$R_A = \{r_{A1}, r_{A2}, \cdots, r_{Ay}\}$

6.3.4.3　事件动态图

图论是对复杂网络进行精确数学处理的框架,并且形式上无论怎么复杂的网络都可以用图(graph)来表示。

人们通常将图定义为一个二元组 $G=(V,E)$,其中 V 表示图中的节点集,E 表示图中边的集合,又被称为弧,被用来表示两个节点间的关系,图中的边和节点可以带有属性信息。图中的任意一条边 $e \in E$,都可以由节点对 (Vi, Vj) 来表示,其中 $Vi, Vj \in V$。

"图"作为离散数学和计算机科学中基本的数据结构,可以有效地表示存在多种关联的数据以及内部具有一般性结构的数据。图中,每个顶点代表现实世界中的实体对象;两个不同顶点之间则可能会存在一条或多条边,由其代表不同实体之间存在的某种关系。针对这种形式的结构化的数据,研究者们将其称作"图数据"[28]。

近年来,图数据已被人们广泛用于刻画现实世界中各类实体间的复杂关系,如互联网领域中的页面超链接关系图,社交网络中用户之间交互关系图,物流学领域中的交通网络、物流网络,语言学领域的语义网络,等等。最初语义网刚出现时,就是把知识表示成图,而在互联网时代的语义网知识表示框架 RDF 和

RDFS中,仍是如此。在 RDF 和 RDFS 中,知识总是以三元组的形式出现。每一份知识可以被分解为如下形式:(subject,predicate,object)如(张三,年龄,30岁),(张三,妻子,杨丽),(张三,儿子,张明)等。如果把三元组的主语和宾语看成图的节点,三元组的谓语看成边,那么一个 RDF 和 RDFS 的知识库则可以被看成一个图或一个知识图谱。图 6-22 就是一个图,节点或边的属性表示在矩形中。

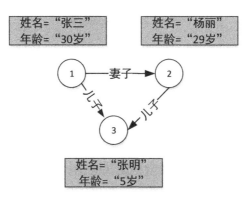

图 6-22 静态图示例

但传统的图论主要研究的是固定节点、固定边的静态图,这种静态图在描述现实世界的真实情况时有着很大的不足。在现实世界中,实体对象间的关系每时每刻都在发生变化,因而需要对传统的图论进行扩展,将静态图进一步扩展到动态图。

动态图(dynamic graph)是指会随时间发生变化的图。动态图的更新形式可分为以下两类:①图结构更新。随着时间推移,图数据中的节点和边会被插入和删除,从而导致图数据的结构发生变化。②图内容更新。随着时间推移,图数据中的节点和边所关联的数据对象的内容或属性会发生改变,从而导致图数据的内容发生变化[29]。

在时间域[1,n]上的动态图是一个数据图序列,即动态图可以被描述为一系列图快照的集合,因而我们可以把动态图定义为:

$$G_D^{[1,n]} = (G_1, G_2, \cdots, G_n)$$

其中,每一个图快照 $G_i(1 \leqslant i \leqslant n)$ 都是一张静态图。图 6-23 就是一个动态图。

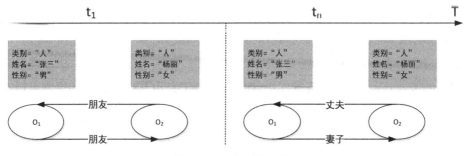

图 6 – 23   动态图示例

对应着动态图的表示,原来的静态知识表示的三元组必须扩展为动态知识表示的四元组(T,subject,predicate,object),或者称之为(T,节点一,关系,节点二),这里的 T 表示事件域,用来限定每一份知识存在的时间限制。例如,在图6 – 23中,我们可以把"张三与杨丽结婚了"表示为(t₁,张三,朋友,杨丽),(tₙ,张三,妻子,杨丽)。我们可根据需要来确定描述的详细程度,可以比较简略,比如只描述事前、事中、事后三个快照;也可以非常详尽,详细地描述事件的每一个细微的变化,揭示事件的每一个状态。

表示动态知识的四元组也非常容易变成动态图。我们只需要将动态知识库中的知识按时间进行索引,这样把在每一个时间戳上的知识用静态图表示出来,就构成了一系列图快照,也就完成了动态图的表示。

6.3.4.4   表示实例

如果我们承认静态图可以表示世界上的实体存在状态,也能表示实体间的所有静态关系,那么我们就可以用动态图表示世界的一切变化。从动态图的视角来看,世界中的千变万化可以归纳为变属性、变关系、变节点。

(1)变属性。

一切事物和存在都表现为一定的性状和数量,即表现为属性的集合。我们往往用"属性名"和"属性值"来描述事物的属性。在静态图中,把实体属性知识表示为:(属主,属性名,属性值)。

世界无时无刻不在运动,这种变化的结果之一就是事物的属性发生变化。只要存在某种属性,事物的这种属性就有可能发生变化,如人有饥饱状态,相应地就会发生"饿了""饱了""撑了"这些变化;又如,人有职位这一属性,就会发生"升职""降职""被开除"等事件,导致职位的属性值发生变化。事物的属性值是有时间限制的,都是在某一具体时空中的特定存在,因而采用动态图能更好地表示这种变化。在动态图中,实体属性知识可以表示为:(T,属主,属性名,属性值)。

在动态图中,事物的属性变化表现为对动态图的节点、边的属性相关操作,这种相关操作共有三种:改、删、添。

①改。这里的"改"操作就是指修改节点或边的相关属性的属性值。事物的存在状态以其属性表现出来,而随着时间的变化,事物发生了变化,即事物的某时属性发生了变化,体现为这些属性的属性值发生了变化。这时需要在图中修改表示该事物的节点的相关属性的属性值,需要运用到"改属性"的操作。

②添。这里的"添"操作就是指增加节点或边的相关属性。从本质上来说,在某一特定的时刻,任何事物都是以某种具体的状态存在,这一存在状态就包含了该事物的所有属性,而在动态图的快照中不可能把该事物的所有属性都表示出来,否则该图会变得无比繁杂。比较务实的做法是只把与当前讨论紧密相关的属性表示出来,当讨论中需要时才把其余的相关的属性表示出来,这时就要用到"添属性"的操作。

③删。这里的"删"操作就是指删除节点或边的相关属性。与"添"的操作同理,当动态图中的某些属性在下面的讨论中已无必要的时候,这时就需要将相关属性删除。

动态图示例一:"张三饿了。"

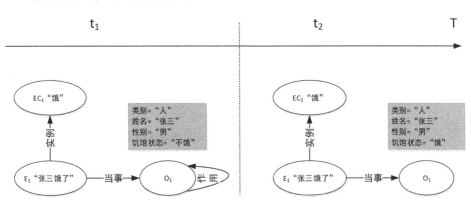

图 6-24   动态图示例一:张三饿了

在上图中,EC$_1$表示"变饿"是个事件类,而 E$_1$"张三饿了"是个具体事件,是事件类"变饿"的一个实例。O$_1$表示"张三"这个节点,该节点具有类别、姓名、性别、饥饱状态等属性。E_1 的当事是 O_1。t_1 时，O_1 开始自己"作用"自己，导致在 t_2 时，饥饱状态的属性值变为了"饿"。

(2)变关系。

世界是普遍联系的，世界上的事物都存在各种各样的联系，这些联系可以分为静态关系和动态关系。事物间的联系在图中用边来表示。在静态图中，把实体属性知识表示为：(节点一，关系，节点二)。

世界无时无刻不在运动，这种变化可能会导致事物间的关系发生变化。如 A 与 B 原来是同学关系，结婚后 A 与 B 就成了夫妻关系。因而事物间的关系是有时间限制的，都是特定时间域中的联系，因而，采用动态图能更好地表示这种变化。在动态图中，实体属性知识表示为：(T，节点一，关系，节点二)。

在动态图中，事物间关系的变化表现为对动态图的边的相关操作，这种相关操作共有三种：改、删、添。具体操作同变属性一样。

动态图示例二："张三与杨丽结婚了。"

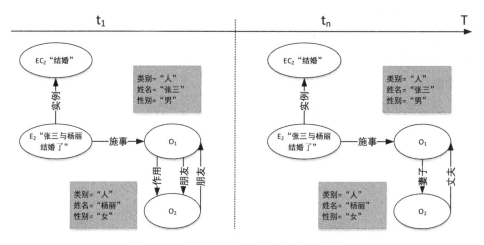

图 6-25　动态图示例二：张三与杨丽结婚了

在图 6-25 中，EC_2 表示"结婚"是个事件类，而 E_2 表示"张三与杨丽结婚了"是个具体事件，是事件类"结婚"的一个实例。O_1 表示"张三"这个节点，O_2 表示"杨丽"这个节点，这两个节点具有类别、姓名、性别等属性。E_2 的施事是 O_1。t_1 时，O_1 与 O_2 之间是朋友关系，O_1 对 O_2 进行作用，导致在 t_n 时，O_1 与 O_2 之间变为了夫妻关系。

动态图示例三："张三与好友李四的姐姐李丽结婚了。"

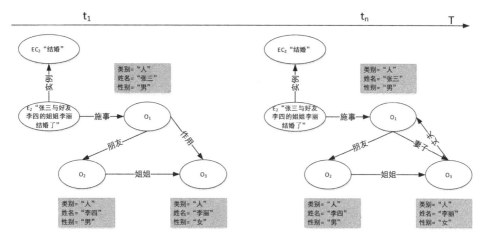

图6-26 动态图示例三：张三与好友李四的姐姐李丽结婚了

在图6-26中，EC_2表示"结婚"是个事件类，而E_3表示"张三与好友李四的姐姐李丽结婚了"是个具体事件，是事件类"结婚"的一个实例。O_1表示"张三"这个节点，O_2表示"李四"这个节点，O_3表示"李丽"这个节点，三个节点都具有类别、姓名、性别等属性。E_3的施事是O_1。t_1时，O_1与O_2之间是朋友关系，O_2与O_3之间是姐弟关系，随着O_1对O_3进行作用，导致在t_n时，O_1与O_3之间形成了夫妻关系。

动态图示例四："张三打了李四一巴掌。"

前三个示例都是采用的横式动态图，这里采用的是纵式动态图。两者仅有方向上的差别，其余的都一样。当需要的快照比较多才能表示事件的详细过程时，纵式动态图使用起来更为方便。

在图6-27中，EC_2表示"打"事件类，而E_4表示"张三打了李四一巴掌"是个具体事件，是事件类"打"的一个实例。O_1表示"张三"这个节点，该节点具有类别、姓名、性别等属性。E_4的施事是O_1。在t_1时，O_1作用（位移）O_2（自己的构件：手）向O_3移动，O_2与O_3之间的空间关系是"相离"。在t_2时，O_2与O_3之间的空间关系变成"相接"了，并且O_2对O_3进行作用：击打。在t_n时，O_1没有继续作用（位移）O_2了，O_2也停止了对O_3的作用，O_2与O_3之间的空间关系也恢复到"相离"。

（3）变节点。

世界上的任何事物都有一个产生、发展、灭亡的过程。被列宁称为"辩证法的奠基人之一"的古希腊唯物主义哲学家赫拉克利特，就曾经指出一切皆流、一切皆变，认为世界上的万事万物都处在产生和灭亡的过程中。

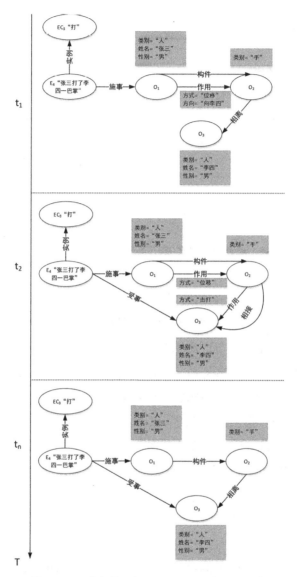

图 6－27　动态图示例四：张三打了李四一巴掌

在动态图中，事物的产生和灭亡表现为对动态图的节点的相关操作，这种相关操作共有两种：添、删。

①添。这里的"添"操作就是指在动态图的快照中添加节点。有两种情况需要进行相关的操作：

第一种情况是新产生的实体。某实体原来并不存在，但随着某种作用的发生,一定时间后产生了新实体。如 A 与 B 结婚后不久,B 就怀孕了,B 腹中的胎儿就是新实体。表示新产生的实体就要运用到"添加节点"的操作。

第二种情况是新加入实体。从本质上来说,在某一特定的时刻,任何事物都与很多的其他事物有联系,譬如,每一个人都有大量的亲属关系,如果一旦提及该事物,就把其所有相关的亲戚都表示出来,这将会使图变得无比繁杂。比较经济的做法是,在需要时才把相关的实体表示出来。这时也就会用到"添加节点"的操作。

②删。这里的"删"操作就是指删除原来在图中已经存在的节点。原来存在某实体,但随着某种作用的发生,一定时间后该实体消亡了,如本来有只羊,但后来这只羊被狼吃掉了。这时就需要运用"删除节点"的操作,在图中删除掉那个表示已经消亡实体的节点。当然删除一个节点,肯定得先删除掉该节点与其他节点的所有边。

动态图示例五:"张三写了一部著作。"

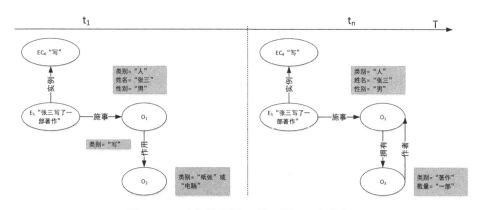

图 6-28　动态图示例五:张三写了一部著作

在图 6-28 中,EC_4 表示"写"事件类,而 E_5"张三写了一部著作"是个具体事件,是事件类"写"的一个实例。O_1 表示"张三"这个节点,该节点具有类别、姓名、性别等属性。E_5 的施事是 O_1。在 t_1 时,O_1 作用 O_2。在 t_n 时,O_2 节点已被删除,出现了节点 O_3,O_1 拥有 O_3,O_3 的作者是 O_1。

动态图示例六:"狼把羊吃了。"

在 t_1 时,狼在向羊移动,两者的空间关系是"相离";在 t_2 时,狼与羊的空间关系是"相接",狼开始咬羊了,羊活着,但已经受伤流血;在 t_3 时,羊已经死了,狼在吃羊;在 t_n 时,羊已经不存在了,只剩下狼了。

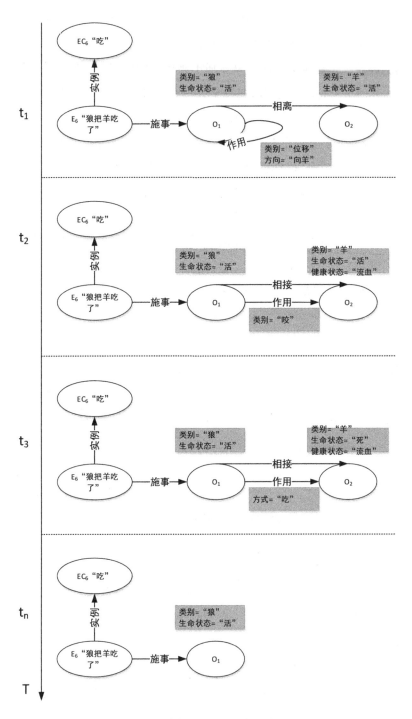

图 6 - 29　动态图示例六:狼把羊吃了

本章参考文献：

[1] 严泽胜. 巴迪欧论存在与事件[J]. 清华大学学报,2013(6):124-130+158.

[2] 王立志. 怀海特的事件思维[N]. 光明日报,2014-05-14(16).

[3] 刘水桃. 怀海特实践理论之哲学思考[J]. 新西部(理论版),2014(24):85+90.

[4] 吴平,郝向丽. 事件语义学引论[M]. 北京:知识产权出版社,2017.

[5] LOMBARD L B. Events：A Metaphysical Study. London：Routledge & Kegan Paul,1986.

[6] BOHNERNEYER J, ENFIELD N J, ESSEGBEY J. et al. Principles of Event Segmentation in Language：The Case of Motion Events. Language. 2007,83(3):495-532.

[7] 樊友新. 从事件结构到句子结构[D]. 上海:华东师范大学,2010.

[8] FILATOVA E, HATZIVASSILOGLOU V. Domain-independent Detection, Extraction, and Labeling of Atomic Events[C]//Proceedings of RAN LP. Borovetz, Bulgaria,2003:145-152.

[9] 刘宗田,黄美丽,周文,等. 面向事件的本体研究[J]. 计算机科学, 2009,36(11):189-192.

[10] LAGOZE C, HUNTER J. The ABC Ontology and Model[C]// Proceedings of International Conference on Dublin Core and Metadata Applications, Tokyo, Japan, 2001:160-176.

[11] RAIMOND Y, ABDALLAH S, SANDLER M, et al. The Music Ontology[C]// Proceeding of the 8th International Conference on Music Information Retrieval (ISMIR'07), Vienna, Austria, 2007：417-422.

[12] SHAW R, TRONCY R, HARDMAN L. LODE：Linking Open Descriptions of Events [C]//Proceedings of Asian Conference on the Semantic Web. Berlin, Heidelberg：Springer,2009:153-167.

[13] SCHERP A, FRANZ T, SAATHOFF C, et al. F-A Model of Events Based on the Foundational Ontology Dolce+DnS Ultralight[C]//Proceedings of International Conference on Knowledge Capture. New York, USA：ACM Press,2009:137-144.

[14] HAGE W R, MALAISE V, SEGERS R, et al. Design and Use of the Simple Event Model(SEM)[J]. Web Semantics Science Services & Agents on the World Wide Web, 2011,9(2):128-136.

[15] VASSILAKAKI E, ZERVOS S. CIDOC-CRM Extensions for Conservation Processes：a Methodological Approach [C]//Proceedings of International Conference on Integrated Information, 2015:185-192.

[16] 鲁川. 汉语语法的意合网络[M]. 北京:商务印书馆,2001.

[17] 鲁川,缑瑞隆,董丽萍. 现代汉语基本句模[J]. 世界汉语教学,2000,54(4):11-24.

[18] 董振东,董强,郝长伶. 知网的理论发现[J]. 中文信息学报,2007, 21(4):3-9.

[19] 张旭洁. 事件本体构建中几个关键问题的研究[D]. 上海:上海大学,2012.

[20] 李闪闪. 支持汉语语句深层分析的本体研究[D]. 北京:首都师范大学,2013.

[21] 仲兆满,刘宗田,李存华. 事件本体模型及事件类排序[J]. 北京大学学报(自然科学版), 2013,49(2):234-240.

[22] 朱文跃,刘宗田.基于事件本体的突发事件领域知识建模[J].计算机工程与应用,2018,54(21):148-155.

[23] 张亚军.事件木体构建中若干关键技术的研究[D].上海:上海大学,2017.

[24] 刘岳峰,康葳.一种基于对象快照模型的时空查询原子模型[J].北京大学学报(自然科学版),2015,51(04):755-762.

[25] 李国斌,武法东,赵俊美.基于快照方式的面向对象模型探讨[J].地球信息科学,2006,8(2):91-94.

[26] 董振东,董强.面向信息处理的词汇语义研究中的若干问题[J].语言文字应用,2001(3):27-32.

[27] 卢栋才.服务机器人任务理解的关键技术研究[D].合肥:中国科学技术大学,2017.

[28] 杨雅君,高宏,李建中.动态图数据上查询与挖掘算法的研究综述[J].智能计算机与应用,2013,3(4):24-28.

[29] 许嘉,张千祯,赵翔,等.动态图模式匹配技术综述.软件学报,2018,29(3):663-688.

[30] 黄曾阳.HNC(概念层次网络)理论[M].北京:清华大学出版社,1998:6.

[31] 高精錬.电子商务领域事件语义形式化描写研究[M].广州:世界图书出版社,2015.

7 现场语境构建

7.1 现场语境的定义

什么是现场语境？或者说现场语境主要包括哪些因素？学界对这个问题的认识并不一致，下面我们列举几个具有代表性的看法：

何兆熊称之为"情景知识"，认为它主要包括"交际活动的时间、地点、交际的话题、交际的正式程度、参与者的相互关系"[1]。

王均裕虽没有直接提到"现场语境"，但可以看出，"现场语境"对应着他提出的"时空环境""交际双方境况"两部分：时空环境可以进一步细分为宏观时空环境、微观时空环境两类；交际双方境况又可以进一步细分为交际双方的自身特点、交际双方的关系、交际双方的信息背景即双方的知识背景[2]。

王建华称之为"言伴语境"，又分为现场语境和伴随语境两种：现场语境又可分为时间、地点、场合、境况、话题、事件、目的、对象等因素；伴随语境又可分为情绪、体态、关系、媒介、语体、风格以及各种临时语境等因素[3]。

索振羽称之为"情景语境"，认为它可以分为客观因素和主观因素两种：客观因素包括时间、地点、话题、场合；主观因素包括言语交际参与者的身份、职业、教养、心态等[4]。

本书认为，对现场语境构成有不同看法并不是坏事，相反，学者们从不同角度对现场语境的细致分类，可以使我们从不同的方面加深对现场语境的认识。

本书在第 2 章给理解语境下过定义：理解语境是在言语交际中，受话者为了理解发话者的一段主体话语所传递的真正意义（交际意图）而激活的交际双方共有的相关知识命题。根据理解语境的定义，我们就可以给出理解语境视角下的现场语境的定义：现场语境是在言语交际中，受话者为了理解发话者的一段主体话语所传递的真正意义（交际意图）而激活的来源于交际现场的交际双方共有的相关知识命题。

语境由上下文语境、现场语境、背景语境构成，由于上下文语境具有极高的区分度，现场语境不会与上下文语境弄混，但现场语境不容易与背景语境区分开。区别现场语境与背景语境的关键在于：现场语境"来源于交际现场"。怎样认定相关知识命题"来源于交际现场"？

主体话语的相关内容，如语音、句调、语气等，以及用词反映出的语体风格，话语语义反映出的话题，都是主体话语应有的组成部分，不属于语境的内容，更不是现场语境的内容。

发话人一贯的嗓音，与表意无关，不是现场语境的内容。但发话人在发出某一具体话语时因紧张、害怕导致的"颤音"，因悲伤导致的"哭腔"等，是现场语境的构成内容。

受话人看到发话人表情、姿态等，是现场语境的构成内容。受话人一见发话人脑海中就浮现出一个念头：发话人是自己的领导。这不是现场语境的构成内容，应是背景语境知识，是由现场语境激活的背景语境。

总之，主体话语应有的组成部分不是现场语境的构成内容，现场语境是在交际现场能直接感知（视觉、听觉、味觉、嗅觉、触觉）的相关信息形成的知识命题，但由此激发而从记忆深处调用的相关知识是背景语境的构成内容。

7.2　现场语境的构成内容

客观世界需要通过人的认知才能被人们所把握，那受话人是如何认知现场语境的？本文认为，对世界的把握只有两种视角：静态视角、动态视角。在面对面的言语交际中，受话人明明看到发话人在自己眼前说着话，那么受话人只能采用动态的视角来认知当前的情形：在受话人眼中，眼前的画面不就是正在发生的一个言语交际事件？（见图 7‑1）。在旁观者眼中，眼前的画面也就是正在发生的一个言语交际事件（见图 7‑2）。所以现场语境由现场的言语交际事件的相关知识命题构成。

现在　　　　　　　　　　　　　时间

图 7-1　受话人视角的言语交际事件示意图

现在　　　　　　　　　　　　　时间

图 7-2　旁观者视角的言语交际行为示意图

　　正因为人们是通过言语交际事件图式来认知言语交际行为的，所以我们可以通过分析言语交际事件来获得受话人眼中的言语交际行为。言语交际事件的基本要素包括话语、时间、空间、参与对象（发话人、受话人）、言语作用，但话语不属于语境的内容,这样从受话人现场认知的角度来看,现场语境主要包括言语交际时间、言语交际空间、发话人、受话人、言语作用这些要素,其构成可以用图 7‑3 表示如下:

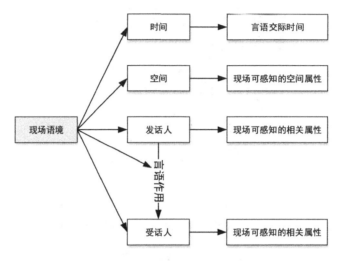

图 7‑3   现场语境构成示意图

7.2.1   言语交际时间

言语交际时间就是现场言语交际事件发生的时刻,它是解读话语字面意义的重要因素。一切交际都是在一定的时间内进行的,因此,一切交际话语中都会有时间因素的介入,无论是口语交际,还是书面的交际。

我们描述事件的时间可以采用绝对时间值或相对时间值,绝对时间值是指以公元元年为绝对时间基点而确立的时间值,相对时间值是指需要使用语境中的参照时间为时间基点才能确定的时间值。

参照时间是说话人选定的、作为描述其他时间的时间基准。一般参照时间就是说话人的说话时刻。汉语要求精炼简洁,因而在语境中不言自明时,说话时刻往往不加指明,如“三小时后来接我。”句中虽未提及,但也是以言语交际时间“说话时刻”作为参照时间。

“现在”我们用 t_{NOW} 表示,那么“将来”时间就可以用 t_{NOW+i} 来表示,“过去”的时间可用 t_{NOW-i} 来表示。“说话时刻”我们用 t_{say} 表示,当两人正在进行交流时,则 $t_{say}=t_{NOW}$。前面我们讨论过事件的发生时间用 t_1 表示,事件的结束时间用 t_n 表示,那么我们就可以表达事件时间与说话时间的关系了,即时态,譬如,A 对 B

说"明天下午开会",这时 $t_{say} = t_{NOW}$,$t_1 > t_{say}$,$t_1 > t_{NOW}$。

言语交际时间也是推理发话人交际意图的重要因素,如,早上 8 点父亲对躺着被窝里玩手机的儿子说:"现在什么时候了?"这时父亲的交际意图是催促儿子起床吃饭。而晚上 11 点父亲对躺着被窝里玩手机的儿子说:"现在什么时候了?"此时父亲的交际意图是催促儿子早点睡觉。也就是,"什么时间该干什么事",或者说"什么时间人们往往干什么事",这是影响交际意图推理的一个非常重要的因素,我们可以称之为时间意义。

时间可以分成年代、季节、月份、星期以及一天的具体时刻等几个层次。虽然这些时间本身是现场语境的因素,但这些时间的意义却是背景语境的内容。如话语描述事件的时间在 1931 年 9 月 18 日至 1945 年 8 月 15 日之间,要理解这些话语的意义可能需要了解这段时间的特殊意义,因为这是中国的抗战时间。又如每天的早上一般 7 点吃早餐,中午 12 点吃午餐,下午 6 点吃晚餐,这是常识,也就是背景知识,不是在现场感知而得到的。

讨论至此,我们发现,时间意义不是现场语境的内容,言语交际时间往往会激活相应的时间意义,因此需要为言语交际时间设置一个属性:时间意义。但在构建现场语境时,此时还为空值,还需在背景语境构建时从长时记忆中调用相关知识来补充。

7.2.2　言语交际空间的现场信息

言语交际空间是现场语境中的另一个重要因素。言语交际空间可大可小,大可至不同的国家、地区,小可到具体广场、一间房内、一辆车内。作为交际空间,至少能够容纳下交际主体。交际空间对人们的言语行为具有一定的约束力。同样的交际对象,往往为了不同交际目的,而选择不同的交际空间。如人们常把饭馆、酒店作为聊天的好场所,因为它适宜于比较随意的角色关系间的交际;把公园、剧院、舞厅视为恋人或夫妻加深感情的理想去处,因为它适宜于亲密角色关系间的交际;而多把办公室看成谈工作的地方,因为办公室多带一种较为正式的商讨型的角色关系色彩。

交际空间是理解话语意义的重要因素,如在车里妻子对丈夫说"没油了",意义是车子快没油了,建议去加油站加油;在厨房里妻子对丈夫说"没油了",意义是油壶里没油了,要丈夫把油壶添满油。

　　根据前面提出的知识本体,空间实质上也是一种实体,可称为空间实体,其认知结构如图7-4所示。现场语境中的言语交际空间是指能现场感知到的各种空间属性。

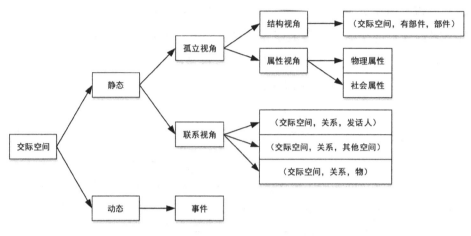

图7-4　言语交际空间的认知结构示意图

　　(1)言语交际空间结构。

　　从结构视角来看,每个空间实体都有自身的结构,都是由若干部件构成的,如医院就由门诊楼、医技楼、住院楼等构成。这些部件与空间存在空间关系,即在空间的具体位置;这些部件之间也存在空间关系。

　　(2)言语交际空间的物理属性。

　　从属性视角来看,每个空间实体有自身的属性,如空间实体的形状、大小、位置等,还有空间的天气、温度、湿度、噪声大小、采光、通风等。

　　(3)言语交际空间的社会属性。

　　言语交际所在的空间不仅仅只具有物理属性,往往还是人们社会活动的重要载体,因而还具备社会属性。只要人们一旦对眼前的空间画面完成模式识别,这些空间的社会属性就会涌现在人们的工作记忆中,似乎就是该空间的现场感知的一样。但从智能机器人的角度来看,如果不建立相关的常识知识库,智能机器人是不能直接从现场感知到这些社会属性的,因而空间的社会属性应是背景语境的内容。这里先简要交代一下,让大家对空间的性质有一个比较全面的认识,以后在背景语境中再详细讨论。

　　①社会功能。很多空间实体就是为了实现特定的社会功能而建造出来的,如医院、学校、超市等,自然该空间的社会功能属性是其最重要的属性,如医院有

着治病防治、保障人民健康的社会功能;超市有着提供消费者购物便利,满足消费者购物需求的社会功能等。另外,空间还有可能获得临时功能,如教室常常被临时用作会议室,操场常常被临时用作露天电影场。

②社会角色。正因为很多空间实体是为了实现特定的社会功能而建造出来的,那么为了实现这些社会功能,我们就必须配备相应的人员,而这些人员由于各自承担不同的社会分工,于是形成了各种各样的社会角色,如医院就有医生、护士、病人等社会角色。

社会角色所规定的角色权利、角色义务、角色规范是推断发话人交际意图的重要依据。例如,"护士"这个社会角色,一方面她有权要求病人服从她的安排,什么时候打针,什么时候吃药,病人必须服从;另一方面,别人也有权要求她表现出护士角色应有的行为,如及时送药、按时打针、认真护理、爱护病人等。所有角色无不具有特殊的权利与义务。长期的社会生活使各种角色形成了一整套各具特色的行为模式,这就要求承担特定角色的人学会特定的待人处世的方法,否则就被认为没有很好地完成这一角色。

(4)言语交际空间的动态事件。

言语交际空间作为言语交际事件的空间因素,不仅具有各种静态的属性,而且还有各种动态的因素。

首先是言语交际空间自身的变化。虽然从广义上说,一切事物无时无刻不在运动,但在言语交际行为发生的生命周期中,有很多的空间并没有发生明显可感知的变化,人们往往认为这些空间是静止的,虽然只是相对静止,如在校园聊天,交际双方都认为校园是没变化的。但有时人们的交际空间就在可感知的明显运动中,如在行驶中的汽车里交流,这时交际空间的运动性也是现场语境的重要构成内容。

另外,虽然言语交际空间自身被视为相对静止的,在这个相对静止的"舞台"上还同时"上演"着其他事件,甚至是多个事件。如在河边散步聊天,就会发现身边发生着多个事件:有人放风筝,有人钓鱼,有人洗衣等。如果发话人的话语与其中的某个事件相关联,那该事件就是推理发话人交际意图的重要线索。

7.2.3 发话人的现场信息

发话人是言语交际事件的施事,无疑是现场语境中最重要的因素,任何特定的言语行为,都是一种信息交流,都离不开发出言语的主体——发话人。在言语交际中,是发话人创设了表达语境,因而发话人是受话人构建理解语境的决定性要件。一切话语意义的理解必须以此为起点,从发话人这里开始。

从知识本体来看,发话人是个实体,可以从动态、静态两个角度来看。静态的角度又分孤立视角、联系视角两种,发话人的认知结构可以用图7-5表示如下:

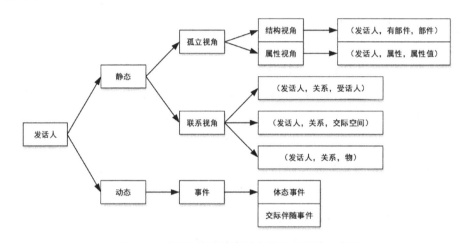

图7-5   现场语境中的发话人的认知结构示意图

7.2.3.1   结构视角

从结构视角来看,受话人由头、颈、躯干、四肢构成,而各部分又由相应的部件构成。受话人一见发话人就会从结构视角扫视一下发话人,看看各部分是否正常,如果有任何异常,如受伤,都会引起受话人的高度关注。

7.2.3.2   属性视角

(1)生理属性:能现场直接感知,对言语交际有影响的生理属性主要有性别、年龄、健康状况、生命状态、精力状态等。

①性别。性别差异是人类的一个最基本的事实,这种差异也影响言语交际。女性和男性在说话方式上存在差异。在跨性别交际中,一位女士和一位男士说话的时候也许会使用和与同性说话时截然不同的说话方式,一位男士在和异性交流时,也会注意自己的用词,避免造成冒犯或误会。

②年龄。受话人往往从发话人的外表来判断其年龄,如头发颜色、面部皮肤的光泽、皱纹等。年龄会影响到交际双方的交际角色构建,也会影响到说话时的

遣词造句,也会影响到话语意义的解读。对小孩,我们会选择更加浅显易懂的方式来进行交流;对老人,我们会选择更加礼貌的方式来进行交流。

③健康状况。受话人往往根据发话人的声音是否中气十足,脸色是否红润,行动是否迅速有力等来判断发话人的健康状况。

④生命状态。受话人往往根据发话人的姿态、说话的气息等来判断其生命状态:是生命力旺盛还是奄奄一息。

⑤精力状态。受话人往往根据发话人的声音、体态来判断其精力状态:精力充沛还是十分疲倦,有时这也是解读发话人交际意图的重要线索。

(2)心理属性:能现场直接感知,对言语交际有影响的心理属性主要有意识状态、情绪、态度、注意力是否集中等。

①意识状态。它可以分为意识清醒、意识模糊、意识不清醒三种状态。一般言语交际时发话人都处于意识清醒状态,但醉酒后往往处于意识模糊状态,此时说话喜欢吹牛,说话声大,态度傲慢,这时候的话语意义不能作为正常话语来理解;有时生病发烧或睡梦中意识不清醒时也会说话,此时的话语意义也要进行特别推理。

②情绪。情绪指由于外界的刺激而产生的心情、心境等,包括自我情绪和对他情绪两种:自我情绪有高兴、悲伤、忧虑、害怕、吃惊等;对他情绪有感激、怨恨、敬佩等。从发话人的姿态、说话时的表情很容易判断出他的情绪状态:冷静还是激动;高兴还是痛苦。

③态度。这里指发话人在交际现场表现出的对受话人或身边某物的态度:喜欢还是厌恶。态度往往折射出一个人的价值观念,是解读发话人交际意图的重要线索。

④注意力。如果发话人在交际时注意力不集中,东张西望,心神不宁,受话人就会认为发话人无心与自己交流,心里肯定还有别的事。

(3)社会属性:能现场直接感知,对言语交际有影响的社会属性主要包括职业、经济状况。

①职业。受话人往往根据发话人的制服来判断,没有穿制服的,则根据发话人所在的场合、他所承担的社会角色来断定。如在商品旁进行推销的人,肯定是商品营销服务员。职业是双方构建交际中的社会角色的重要基础。

②经济状况。它指个人拥有财富的情况,可以是富有、小康、温饱、贫困等。

在社会价值观中,对于同一事件,参与者会因为经济状况不同可能而受到完全不同的社会评价。发话人的经济状况也是解读发话人交际意图的重要线索。受话人往往根据发话人的衣着、使用物品来推断发话人的经济状况。

7.2.3.3　联系视角

(1)发话人与受话人的关系。

①社会角色关系。社会角色是指社会规定的用于表现社会地位的模式行为。也就是说,社会角色指的是人所占有的一定社会位置,即在群体结构或社会关系中与某个地位相关联的行为模式。它预定了处于该位置的人言语交际行为的基本准则,角色对语言交际有制约性,话语的选择随着角色的改变而作适当的调整,如不能以"夫—妻"角色对父母说话。现实生活中的人都是多种社会角色的集合体,会由于交际对象的不同,而转换不同的角色。随着现实时间、空间与交往对象等因素的变化,在话语交际时,人们必须相应地改变心理参考系,选择恰当的社会角色参与交际。

②空间关系。两者的空间关系可用两者的拓扑关系、方位关系、距离关系来描述,详见本文前面讨论空间关系的章节。发话人是拒人千里之外,还是与受话人近距离接触,甚至是躺在受话人怀里,其意义不言自明。

③情感距离。情感距离可以分为亲近、一般、疏远等,言语交际中,交际双方的情感距离是影响交际顺利实现的重要因素。在表达目的一定的情况下,为了让受话者乐于接受,发话者往往选用能满足接受者受尊重需要或审美需要的语言形式来表达,以激发受话者积极的情感,缩短双方的心理距离,顺利实现交际目的。有时发话者也会根据表达内容的需要,选用疏远双方情感的语言形式来拉大双方的心理距离,以更好地实现交际目的。

(2)发话人与物品的关系。

①所有权关系。这里所说的发话人与相关物品的关系主要是指发话人是否具有交际现场相关物品的所有权,这直接影响交际意义的推理。如,母亲听到女儿在家里说"妈,我渴了。",明白女儿的交际意图是帮她拿杯喝的来;母亲听到女儿在街上的冷饮店前说"妈,我渴了。",明白女儿的交际意图是帮她买杯喝的来。因为家中的饮料是拥有所有权的,无须购买,而街上冷饮店的饮料需要购买所有权才能喝。

②空间关系。这里指发话人与相关物品的空间位置关系。不同的位置调用

的常识是不同的,如,母亲看到女儿望着桌上的蛋糕说"妈,我想吃蛋糕。",明白女儿的交际意图是要妈妈容许她吃桌上的蛋糕;如果家中没有蛋糕,母亲听到女儿在家里说"妈,我想吃蛋糕。",知道女儿的交际意图是要妈妈帮她从外面买蛋糕来。

7.2.3.4　动态视角

(1)体态事件。

学界又称之为"非语言行为"或"体态语",它是由人体发出的具有表情达意功能的图像符号,是人们在长期的交际中形成的一种约定俗成的自然符号。它伴随整个交际过程的始终,是人类重要的交际手段之一,在言语交际中的意义十分重大。一方面,没有体态语辅助的孤立语言行为往往难以实现有效的交际目的;另一方面,体态语也必须在一定语言环境中,即在语言行为的配合下,才能执行明确的交际功能。它在交际中具有表情、认识、指示、模仿、礼仪、替代、表露、暗示等八大功能[5]。

体态语以其立体的、可感的动态的表情动作、姿态构成一定的立体图像来传递信息,直接作用于人们的视觉器官,视觉器官将收集到的信息进行模式识别,与已有的认知结构来匹配,模式识别后得到就是体态事件了。体态事件又可以进一步细分为表情事件、手势事件和体姿事件。

①表情事件。与眉目相关的表情事件有皱眉、挑眉、竖眉、闭眼、眯眼、眨眼、瞪眼、凝视、呆视、斜视、盯、使眼色等。与口相关的表情事件有吐舌头、舔嘴唇、咬牙、咬嘴唇、咬指头、打呵欠、抿嘴、嘴唇抖动等。与头相关的表情事件有点头、摇头、歪头、甩头发、撞头、仰头、低头等。

②手势事件。手势事件主要有举手、招手、挥手、摊手、握拳、挥拳、搔头、抓头发、抱头、拍脑袋、手托下巴、拍胸脯、撸袖子、叉腰、拍屁股、握手、抱拳、击掌、双手合十等。

③体姿事件。体姿事件主要有伸懒腰、转身、哈腰、鞠躬、跺脚、磕头、下跪、跷二郎腿、脚踢物等。

这些体态事件的一般约定意义属于常识,应是常识知识库建设的内容之一,此处主要讨论语境的动态构建,故不深入讨论这些体态事件的约定意义。

(2)交际伴随事件。

交际伴随事件是指在实施言语交际行为的同一时刻,发话人在实施的其他行为,如说话的同时在开车,或在炒菜,或在织毛衣,或在看电视,或在散步等。交际伴随行为在知识本体中被视为"事件",故被称为交际伴随事件。它对交际意图的识别具有非常重要的意义,如在图 7-1 中,女士说:"没气了。"男士正是根据交际伴随事件领悟了话语的意义:自行车的车胎没有气了,于是立马帮她推自行车。

7.2.4　受话人的现场信息

受话人是支配言语行为的重要因素,也是说话人组织话语、选择表达方式与手段,以实现自己的交际意图时必须考虑的因素,是现场语境的重要构成内容。不过,受话人在现场语境中以知识命题形式反映的相关信息是自我意识的结果,而发话人的相关信息是对象意识的结果。自我意识是人对自我在客体世界中的地位、关系的一种认识或把握,属于人对自身的一种内在尺度。对象意识是人对外部世界的属性及规律的一种认知,属于对"物的尺度"。这两种不同认知方式导致的结果是:在言语交际中,受话人没有镜子则无法直接观察自身,如无法看到自己的表情,只能依靠自身的机体感觉来感知,肯定不如面对面观察发话人那样真切;但是,发话人对自身的心理活动,如思维、情感、意志等的认识又是直接的,而对发话人的心理活动则只能从其外在的表现去推测。

受话人与发话人一样都是人,其认知结构完全一样,我们同样可以从静态、动态两个视角来描述受话人的相关信息。

7.2.4.1　静态视角

(1)孤立视角。

①结构视角。它是受话人对自身身体的认知,主要是身体的各部分是否正常,自身各构件的相对位置。

②属性视角。它是受话人对自身的各种属性状态的认知,其中可以直接获得的心理属性比观察发话人得到的要多,也更加准确。比如自己当时的情绪状态怎样,对某个对象的态度怎样,自己想干什么等。

(2)联系视角。

①受话人与发话人的关系。它包括受话人与发话人的社会角色关系、空间关系、情感距离。

②受话人与物品的关系。它包括受话人与物品的所有权关系、空间关系。

7.2.4.2 动态视角

(1)体态事件。

受话人虽无法直接观察到自身的各种体态行为,但仍可以通过自身的肢体活动状态的认识感知到,经过模式识别将它们识别为具体的体态事件。受话人的体态事件同样可以细分为表情事件、手势事件和体姿事件。由于两者的体态事件的具体内容并没有什么差别,此处就不再赘述。

(2)交际伴随事件。

受话人在言语交际的同时,可能也在实施其他行为,如开车、散步、喝酒等,因而同样也有交际伴随事件。与发话人的交际伴随事件也无什么区别,此处也不再赘述。

7.2.5 言语作用的现场信息

辩证唯物主义告诉我们,世界上的物质是普遍联系的,世界上的每一个事物或现象都同其他事物或现象相互联系着,没有绝对孤立的东西。任何事物的运动都是内部结构要素之间或与周围其他事物的相互作用导致的。

言语交际是人与人之间最主要的作用(影响)方式。在言语交际中,发话人总是怀着一定的目的(即交际意图),采用恰当的交际策略,通过一定的话语去影响受话人,希望受话人做出他所期盼的反应。如发话人表达“邀请”的交际意图,则希望受话人能接受邀请。受话人能现场直接感知的主要是言语交际方式,而交际意图则需要根据话语提供的信息,结合言语交际当时的具体语境进行语用推理才能识别。

常见的言语交际方式有面对面交流、书信来往、电话、短信、QQ、邮件、微信、钉钉、朋友圈、微博、抖音等,也包括报纸、杂志、广播、会议、文件等。这些言语交际方式也可以从不同的角度进行分类:

(1)面对面沟通与非面对面沟通。

根据是否当面交流可以把言语交际方式分为:面对面沟通、非面对面沟通。面对面沟通的优点是真实,反馈信息及时,沟通深入,便于消除误会,沟通效率高;其缺点是无记录,以后难以查证,多人沟通时效率可能较低,一旦陷入僵局则回旋余地较小。非面对面沟通的优点是能突破时空的阻碍,沟通便利;其缺点是难以传达微妙的情感,特别复杂的问题不容易说清楚,容易引起误会。

(2)口头沟通与书面沟通。

根据信息媒介可以把言语交际方式分为：口头沟通、书面沟通。书面沟通就是用书面形式进行的信息沟通，比如信件、文件等。口头沟通就是运用口头表达所进行的信息沟通，比如谈话、演讲、聊天等。书面沟通的优点是有证据，可以长期保存，描述周密，逻辑性和条理比较清晰；其缺点是耗费的时间多，而且需要保管。口头沟通的优点是信息传递快，沟通灵活，约束少，反馈及时；其缺点是容易忘记沟通内容，沟通过程和结果没有证据。

(3)同步沟通与异步沟通。

根据交流时间是否延迟可以把言语交际方式分为：同步沟通、异步沟通。同步沟通如面谈、电话、微信等，优点是能即时、有效沟通信息，沟通效率较高；其缺点是需要交际双方在交际当时都有时间。异步沟通如书信、邮件等，优点是能打破时间和空间的限制，其缺点是传递信息不及时，容易忽略。

(4)单向沟通与双向沟通。

根据交流信息的传递方式可以把言语交际方式分为：单向沟通、双向沟通。单向沟通是在沟通过程中，只有发话人发送信息，受话人只接收信息。单向沟通的优点是信息传递速度快，意见统一，时间进度易于控制；其缺点是没有信息反馈，观点可能会片面，士气不高。双向沟通是在沟通过程中，发话人和受话人经常要互换角色，发话人把信息发送给受话人，受话人接收到信息后，要以发话人的身份反馈信息，直到沟通完成。双向沟通的优点是参与度高，反馈信息及时；其缺点是如果交流对象多，观点难于统一，会浪费时间和精力。

(5)正式沟通与非正式沟通。

根据言语交际的正式程度可以分为：正式沟通、非正式沟通。正式沟通比较严肃，约束力强，沟通效果好；其缺点是沟通速度慢，方式刻板，参与者沟通压力大。非正式沟通的优点是形式多样，沟通速度快，畅所欲言，沟通压力小；其缺点是话语内容无人见证，执行约束力不强。

在言语交际中，发话人往往会根据自己的交际意图，联系这些不同言语交际方式的优缺点，最终选定恰当的言语交际方式。受话人也会把发话人所运用的言语交际方式作为一个影响因素来推断发话人的交际意图。

7.3 现场语境要素的识别与表示

在言语交际中,受话人通过自身的感觉器官来感知现场的物理世界,收集现场的相关信息,然后对这些信息进行模式识别,识别出言语交际空间中的实体,如人和物,并且识别出这些实体间的关系,从而弄明白目前所处的场景(如超市、加油站、厨房等),识别场景中正在发生的各种事件。受话人一边对外在的物理世界进行认知分析的同时,一边将相应的分析结果表示成知识命题,登录在自己的工作记忆中,以便于进行语用推理,理解发话人话语的真实意义。

智能机器人要想实现上述的现场语境要素的识别功能,首先得具备类似人的感知能力。为此,人们为智能机器人配备了各种传感器。这些传感器根据检测对象的不同可分为内部传感器和外部传感器。内部传感器主要用来检测机器人本身的状态(如手臂间角度),多为检测位置和角度的传感器。外部传感器主要用来检测机器人所处的环境(如是什么物体,离物体的距离有多远等)及状况(如抓取的物体是否滑落),往往配备有物体识别传感器、接近觉传感器、距离传感器、力觉传感器、听觉传感器等。随着这些传感器的功能不断改进,未来的智能机器人不仅能具备类似人的感知能力,肯定还能在很多方面超越人的感知能力,如激光雷达传感器在漆黑的夜晚也能发现物体,并确定与物体的距离。

在智能机器人具备了类似人类的知觉功能的基础上,我们就可以讨论智能机器人如何实现现场语境要素的识别了。智能机器人现场语境要素的识别过程大体包括如下几个过程:①实体识别;②实体关系识别;③场景识别;④行为识别。该识别过程可以用图 7-6 表示。

7.3.1 实体识别

智能机器人未来构建现场语境,首先得识别出言语交际现场的各种实体:人、物、空间实体。实现实体识别需要运用计算机视觉技术。计算机视觉技术是研究怎样让计算机通过摄像机去获取外界的视觉信息,然后像人类一样知道"看"到的是什么,并且理解"看"到的东西在哪里、在"干"什么。因而,物体识别、目标跟踪和行为识别是计算机视觉研究的重要问题[6]。这里物体识别主要指实体识别中的人和物的识别,而空间实体识别因为比较复杂,在计算机视觉技术中

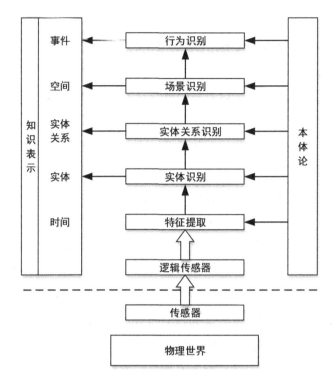

图7-6　现场语境要素的识别与表示过程简图

被称为场景识别,我们稍后再做讨论。

物体识别是计算机视觉领域中的一项基础研究,它的任务是识别出图像中有什么物体,并报告出这个物体在图像表示的场景中的位置和方向。物体识别方法的基本思想可以理解为:抽取出图像中的与物体有关的信息,将这些信息与物体本身具备的信息之间进行比较,寻找出最有可能的对应关系,给出物体预测。目前的物体识别算法大多采用抽取物体的特征,然后由训练数据建立物体模型,最后将待识别的样本特征与模型进行匹配的方法[7],于是一般的物体识别方法都由两个基本组成构件:特征提取与物体模型的表示,物体识别方法的有效性、正确性极大地依赖它们之间的内在关联度。

(1)特征提取。特征提取是物体识别的第一步,也是识别方法的一个重要组成部分。常用的特征有:①颜色特征。颜色特征描述了图像或图像区域所对应的景物的表面性质,常用的颜色特征有图像片特征、颜色通道直方图特征等。②纹理特征。纹理通常定义为图像的某种局部性质,或是对局部区域中像素之间关系的一种度量。③形状特征。形状是刻画物体的基本特征之一,用形状特征区别物体非常直观,利用形状特征检索图像可以提高检索的准确性和效率,形状特征分析在模式识别和视觉检测中具有重要的作用。④空间特征。空间特征是指图像中分割出来的多个目标之间的相互的空间位置或者相对方向关系,有相对位置信息,比如上、下、左、右,也有绝对位置信息。

(2)模型表示。模型表示涉及物体具有哪些重要属性或特征以及这些特征如何在模型库中表示,有些物体模型可定义为一系列局部的统计特征,即生成模型(generative model),有些是采用物体的特征以及物体特征之间的相互关系定义的,比如位置关系等,即判别模型(discriminative model),或者是两者的混合模型。

经典的物体识别方法就是使用各种匹配算法,根据从图像已提取出的特征,寻找出与物体模型库中最佳的匹配,它的输入为图像与要识别物体的模型库,输出为物体的名称、姿态、位置等。大多数情况下,为了能够识别出图像中的一个物体,物体识别方法一般由五个步骤组成:特征提取、知觉组织、索引、匹配、验证。我们研究的重点是如何表示实体识别的结果,并用这些信息构建现场语境,因此我们暂且先假设物体识别技术已经非常成熟,能够高效地识别言语交际现场的各种实体。

假设智能机器人现在处于图 7-7 所示的言语交际现场,当图中的女人说"没油了!"时,高度智能的我们一下子就明白了对方的真实意义,但智能机器人要理解这句话的真正意义,首先还得从实体识别开始。

图 7-7 言语交际现场示意图

　　智能机器人根据传感器获得的数据,提取相应的特征,搜索实体模型库进行匹配,顺利地识别出了橱柜、抽油烟机、灶、锅、砧板、碗、水槽等,当然也识别出了人,识别出这是女人,并且按理应该能识别出这是家中的"女主人"。智能机器人立刻把相应的识别结果保存在工作记忆中。

　　根据本体论,我们确定的相应实体知识表示框架如图7-8所示,包括实体类别、ID、标签、部件、属性、静态关系、动态关系七大部分。

图7-8　实体知识表示框架

　　①实体类别:实体的类别涉及识别精度的问题,比如,它首先得识别出这是猫还是狗,这是基本要求。当然如果能够识别出这条狗的具体品种是拉布拉多、哈士奇,还是藏獒,那就更好了。更难的是如果能识别出具体对象,如能识别出眼前这条狗是自家的那条名为"旺旺"的泰迪,那就完美了。这里涉及的是实体类别(即实体概念)的层次问题,实体类别的层次越低,所表示的对象越具体,但识别难度也就越大。

　　我们的研究重点在动态语境构建,这里就先假设实体识别的技术问题已经完全实现,能够实现任意精度要求的实体类别的识别。这样在知识库中只要构建出实体概念的层次网络,将实体识别的结果与现代汉语中的相关名词对应起来即可。

　　②ID:在第六章我们已经讨论了采用图(动态图)来表示语境知识,那么代表每一个实体的唯一性的地址,实际上也就是动态图中的节点的地址ID。因此我们采用按照实体出现的先后顺序给定其ID。

　　③标签:标签主要用来表示非常重要的实体信息,对非常熟悉、非常重要的实体给予特定的标签,可以加快信息处理速度,如智能机器人要明白眼前的这个女人并不是一般的女人,而是家中的"女主人",这是非常必要的。如一提到"梅

西",就会想到他是个"足球明星",因此给梅西一个"足球明星"的标签也是必要的。

④部件:在现实世界中,人们往往把一个实体看成是由许多构件组成的,这也是在言语交际现场可以直接感知到的信息,如受话人可以直接观察到眼前的人的外部构件有哪些,是否正常,是否完备。如有异常,则需进一步分析是最近受伤还是残疾,在后续的语用推理中,看话语是否与此相关。

⑤属性:一切事物和存在都表现为一定的性状和数量,即表现为属性的集合。现场语境中的属性是指可以现场感知到的实体属性,如,抽油烟机的大小、颜色、品牌名等。实体属性知识可以表示为:(属主,属性名,属性值),如(抽油烟机,卫生状况,干净)。

⑥静态关系:实体间存在着各种各样的静态关系,如人与人之间就存在姻缘关系、血缘关系、地缘关系、业缘关系、事缘关系、情缘关系。其中每一个方面又可以具体细分下去。现场语境中的静态关系是指可以现场感知到的静态关系,如实体间的空间关系。实体间的静态关系可以表示为:(实体1,静态关系,实体2),如(燃气灶,之上,橱柜)。实体间静态关系的识别也是在实体识别之后才实现的,我们在后续的实体关系识别环节再进行详细讨论。

⑦动态关系:动态关系是指实体间的相互作用、相互影响关系。但在实体识别的阶段,智能机器人是无法识别出实体间的动态关系的,需要到事件识别环节才能识别出。但在现场语境中创建实体对象时,动态关系还为空,到事件识别后再将相关动态关系登记上来。

7.3.2 实体关系识别

实体间存在着各种各样关系,包括静态关系和动态关系。这里所说的实体关系识别是指在言语交际现场可以感知到的静态关系,也就是空间关系。至于实体间的动态关系放在后续的事件识别部分讨论。

实体间空间关系识别是后续的场景识别和事件识别的基础,其重要性不言而喻。空间关系识别和实体间的空间关系一样,可以分为拓扑关系识别、方位关系识别和距离关系识别三部分。

(1)拓扑关系识别。

拓扑关系是指空间对象经过拓扑变换后始终保持不变的空间关系。空间关系的研究对象就是空间实体,也就是在物理世界占据一定空间的实体,这些实体可以被抽象成点、线、面、体,实体间拓扑关系也就可以被抽象成点、线、面、体间的关系。拓扑关系的详细讨论见第五章静态空间关系部分。

所谓拓扑关系识别,就是对实体对象所占据的空间之间的拓扑关系进行分类,将两实体间的拓扑关系归为预先设定好的类别中的一种,然后输出该拓扑关系名。

智能机器人识别目标实体间的拓扑关系后,就将相应的识别结果表示出来,然后登记在工作记忆中。实体间的拓扑关系可以表示为(实体对象1,拓扑关系,实体对象2),如"杨丽在厨房里"就可以表示为(杨丽,在里面,厨房)。

(2)方位关系识别。

所谓方位关系识别,就是确定实体对象间的空间方向关系及位置关系。这需要为智能机器人配备参照系的相关知识,如,如何识别绝对参照系的"东、南、西、北"等方向,如何识别相对参照系的"左、右、前、后、上、下"等方向,如何识别内在参照系的"前、后、侧、上、下"等方向。其中,内在参照的方向关系识别是比较困难的,要求智能机器人能识别根据该参照物固有特征来识别"前""后"等方向,这就需要在其常识知识库中,配备每一个实体相应的方向辨认知识,譬如,如何识别汽车的车头、车尾。

智能机器人识别目标实体间的方位关系后,就将相应的识别结果表示出来,然后登记在工作记忆中。实体间的方位关系可以表示为(实体对象1,方位关系,实体对象2),如"杨丽在抽油烟机的前面"就可以表示为(杨丽,前面,抽油烟机)。

(3)距离关系识别。

距离关系识别就是测量出实体间的空间距离。由于智能机器人都装备了距离传感器,测量出实体间的空间距离不是很难的事情,如华为"雷达(LIDAR)系统"就搭载了3颗96线车规级激光雷达,12个摄像机,13个超声波雷达,利用激光脉冲实现测定物体距离、移动速度、方向等要素。

距离关系的描述需要三个要素:源点、参照点、距离值,我们在第五章提出按照(源点,距离值,参照点)格式来描述距离关系,如把"我家离学校3.8千米"描述为(我家,3.8千米,学校),这一描述方法与其他知识的表示方法不一致,在构建动态图时不能实现,因而需要做出修正。实际上,只有两实体间的拓扑关系是

"相离"时,才需要测量距离,两实体间是其他拓扑关系时,距离为零,因而距离可以看成"相离"拓扑关系的一个属性,也就是说,把距离表示成(实体1,相离,实体2)和(相离,距离,距离值),这样我们可以把"我家离学校3.8千米"表示为(我家,相离,学校)和(相离,距离,3.8千米)。

　　除了空间关系以外,实体间还存在许多其他的静态关系,如社会关系、所有权关系、原料关系等。但这些关系的识别需要从背景知识库中调用相关背景知识,如小李遇见老王时,小李也是先通过模式识别认出面前的人是老王,然后老王的相关信息从长时记忆中背景知识库里被激活,老王是自己学院的院长的知识被调入工作记忆,小李立刻意识到自己与老王的关系是下属与领导的关系,但这种关系的识别是依赖背景知识的,并不是现场感知直接得到的。这种经历过从背景知识库调用相关知识这一过程的,无论这一过程有多短,哪怕只有一刹那,也只能视为背景语境的构建过程,因而这些关系的识别我们放在背景语境构建部分进行详细讨论。

7.3.3　场景识别

　　场景识别,即根据场景图像中包含的内容为场景图像分配语义标签。与前面讨论的实体目标识别不同,场景识别任务更为复杂,不仅要考虑目标、背景、空间布局等信息,对图像中存在的各种依赖关系进行挖掘也十分重要。

　　场景识别的关键在于图像特征的提取。在2005年之前,基于低级特征的场景识别方法(颜色、纹理等)获得了广泛的应用。随后的研究已转向中层特征和图像视觉词汇。随着卷积神经网络的快速发展,人们开始利用深度学习方法进行场景识别[8]。深度学习的场景识别方法有如下四种。

　　(1) 深度学习与视觉词袋结合场景识别法。

　　词袋模型(bag of words model)基于文本处理的思想,把图像看作视觉词汇的无序集合,对由图像得到的图像块进行特征提取并聚类,构建视觉码本表示图像,以此判断场景的类别。深度学习与视觉词袋结合场景识别法相对于传统词袋模型而言,利用深度特征构建码本直接提高了场景识别精度。

　　(2) 基于显著部分的场景识别法。

　　人眼往往可以只根据图像中最具代表性的部分判断场景的类别,这一特性也激发了计算机视觉中利用显著部分(显著目标、显著区域及显著形状)提高识别准确率的灵感。如厨房最显著的部分是橱柜、灶、抽油烟机、水槽等。

（3）多层特征融合场景识别法。

卷积神经网络模型的每一层结构都能学习到不同的特征，层次越深学到的特征越抽象，也越具有判别力。将卷积神经网络多层特征进行融合是一种常见的提高识别精度的方法。对于场景识别任务而言，需要从场景布局及细节信息两方面进行考虑。利用场景布局信息可以轻易对一些场景进行区分（例如沙滩与教室的布局明显不同）；但在一些相似的场景类别中（例如餐厅与咖啡厅），细小的差异决定了最终的识别结果。

（4）融合知识表示的场景识别法。

随着深度学习的快速发展，计算机视觉领域中各种视觉处理任务的效果都得到了巨大的提升，为了取得进一步的突破，许多研究工作开始从人类视觉特性角度出发，结合额外的知识表示进行图像处理。场景图像中包含着丰富的知识信息，将这些知识融入场景识别中将有效提高识别精度。如果结合图结构等丰富的知识表达工具，应用视觉推理模型，充分挖掘场景内部的各种联系，将进一步提高场景识别性能。

智能机器人如果具备了相应的场景识别能力，就能在识别场景内的实体的基础上，然后识别这些实体间的关系，然后查询相应的场景识别知识库，详细推敲近似场景间的细微区别性特征，如比较厨房与厨房电器销售展示柜台、厨房装修展示柜台的区别，然后最终确定当前场景的具体类别，将场景识别结果输出为一个语义标签，如图书馆、厨房、超市等。如智能机器人首先识别出了图 7-7 中的人、橱柜、抽油烟机、灶、锅、砧板、刀具、碗、水槽等实体，然后根据这些实体间的空间关系，查询相应的场景识别知识库，将图 7-7 中的场景识别为"厨房"。

智能机器人把场景识别结果登记在工作记忆中，工作记忆中的知识整合表示系统把相应的识别结果整合进当前的现场语境知识中，为进一步的处理做好准备。

7.3.4　行为识别

相对于静态图像中物体识别研究，行为识别更加关注如何感知感兴趣目标在图像序列中的时空运动变化。按照行为的复杂程度来划分，行为由简单到复杂可以分为姿态、单人行为、交互行为和群行为。按照行为复杂度，一般行为识别方法可以分为简单行为识别方法和复杂行为识别方法[6]。

(1)简单行为识别方法。

对于相对简单的行为,即手势和单人行为,这类行为通常被看作是一个物体在时间序列中的动态变化,因此,这类行为可以直接通过对图像序列进行分析来达到行为识别的目的。简单的行为识别方法主要有时空体模型方法和时序方法两类。

①时空体模型方法。基于时空体模型的方法是将一个包含行为的视频序列看作在时空维度上的三维立方体,然后对整个三维立方体进行建模。利用人体在三维立方体中沿时间轴进行投影,构造了运动能量图和运动历史图,然后利用模板匹配的方法对行为进行分类。

②时序方法。基于时序的行为识别方法是将视频中的行为看作人体的不同观测姿态的序列,通过分析行为的时序变化来提升行为的表达能力。此类方法可简单地分为基于模本的方法和基于状态的方法两种。

(2)复杂行为识别方法。

由一般行为识别方法是无法对此类行为进行识别的,这类行为识别的思路是:先识别容易建模的简单的子行为,在此基础上再识别高层的复杂行为。这些子行为可能被进一步分解为原子行为,因此,复杂行为识别方法常出现层级现象。经典的复杂行为识别方法可以分为统计模型方法和句法模型方法。

①统计模型方法。它使用基于状态的统计模型来识别行为,子行为被看作概率状态,行为被看作这些子行为沿时间序列转移的一条路径。底层的一些子行为可以通过前面提到的时序方法进行识别,这些子行为进一步构成了一个高层行为序列。在高层的模型中,每一个子行为在这个序列中都是一个观测值。

②句法模型方法。句法模型把子行为看作一系列离散的符号,行为被看作这些符号组成的符号串。子行为可以通过前面提到的时空或时序方法进行识别,而复杂行为可以用一组生成这些子行为符号串的生成规则来表示,自然语言处理领域的语法分析技术可以被用来对这种生成规则进行建模,从而实现对复杂行为的识别。常用的有上下文无关语法模型和上下文无关的随机语法模型。

智能机器人如果具备了非常高的复杂行为识别能力,那么就能比较轻松地识别出图7-7中的"女主人"当时的行为:在用抹布擦拭抽油烟机。

7.4   现场语境的动态构建

上面我们详细讨论了现场语境要素的识别过程,识别过程中的每一阶段都会把识别结果发送到工作记忆中,工作记忆中的知识整合表示系统把相应的识别结果整合进当前的现场语境知识中,最终实现了现场语境的动态构建,我们还是以图 7-7 为例,智能机器人首先通过各种传感器从环境中提出特征,根据特征识别出了现场语境的各种实体,如女人、抽油烟机、天然气灶、橱柜等,接着进一步识别出了这些实体间的空间关系,依据这些实体以及实体间的关系,智能机器人识别出了所在空间为"厨房",然后也识别出了女主人的行为是"擦拭抽油烟机",最后实现现场语境的构建:"女主人正在厨房擦拭抽油烟机"。这样言语交际行为就是:女主人正在厨房擦拭抽油烟机时,对"我"说"没油了!"。

实际上,前面讨论的仅仅是现场语境知识的获取过程,这还只是完成了现场语境动态构建的第一步。

现场语境是在言语交际中,受话者为了理解发话者的一段主体话语所传递的真正意义(交际意图)而激活的来源于交际现场的交际双方共有的相关知识命题。要实现现场语境动态构建,就需要将获取到的现场语境知识在工作记忆中整合成一个整体。

由于交际现场的多样性,现场语境知识肯定不能用预先设计的固定数据模型来描述,对于这种非结构化的信息肯定不能运用传统关系型数据库来进行处理,只能运用具有高度灵活性的图模型数据库来处理。

7.4.1   图模型数据库简介

在信息爆炸年代,对信息的管理已经变得越来越重要。数据库技术正是对信息进行查询、存储的关键技术,已成为信息系统的核心和基础。在数据库技术发展过程中,比较常用的数据模型有三种:层次模型、图模型和关系模型。其中,关系模型建立在严格的数学基础上,具有较高的数据独立性和安全性,使用简单,因而关系数据库是目前应用得最广泛的数据技术。

但是随着数据规模的膨胀与数据复杂性的增加,关系模型已经无法满足应用需要了。现有关系型数据库面对日益增长的海量的数据面临两个问题:①对非结构化和半结构化的时空动态数据存储显得力不从心；②不能对海量时空动态数据进行高效访问及处理。

针对数据间内在关系复杂且动态变化的问题，人们再次将目光转向图模型数据库，图模型数据库能够有效地存储、管理、更新数据及其内在关系，并能高效执行多层复杂操作。图模型数据库可以看作是结点与关系的集合，就是将数据存储在拥有属性的结点中，并用关系将这些结点组织起来。

图模型数据库相比于传统关系型数据库具有如下特点：

(1)灵活性。

图模型数据库无需建立表结构，任何时候都可以添加新的数据以及数据格式，传统型关系数据库里对表结构的修改代价非常大。如果希望能够兼容第三方应用提供的各种结构化和非结构化大数据，如社交关系图、个人信息、时空信息，这对于定义严格、基于模式的关系型数据库无能为力。而图模型数据库则能很好满足要求，它们通过灵活储存数据而无需修改表或者创建更多的列。

(2)可扩展性。

关系型数据库是中心化的，向上扩展而非水平扩展，这使得它不适合那些简单且动态可伸缩性的应用。图模型数据库天生就是分布式、水平扩展和面向集群的。随着应用人数增加，往往采取添加更多的服务器、更快的 CPU、更多的内存、更大的磁盘，来支持更多的并发访问和数据储存，对于图模型数据库来说，架构更加具有扩展性。

(3)高效性。

关系型数据库在数据库中查找相关信息，都需要遍历整个数据库，系统开销非常大；而图模型数据库在查找"关系"时，如查找"张三认识的人"，只需要沿着张三的"认识"出边导航；如查找"认识张三的人"，只需要沿着张三的"认识"入边导航。这种操作的代价均为 $O(1)$，与图数据的规模无关。

7.4.2　Neo4j 数据库

Neo4j 数据库的 1.0 版本发布于 2010 年，Neo4j 数据库是最流行的图模型数据库，具有非关系、易构建关系的特点，为动态图的组织和存储提供了有效方式。Neo4j 数据库基于属性图模型，其存储管理层为属性图中的节点、节点属性、边、边属性等设计了专门的存储方案，这使得 Neo4j 数据库在存储层对于图数据的存取效率天生就优于关系型数据库[9]。

Neo4j 数据库将结构化数据存储在网络上而非表中。Neo4j 数据库具有大规模可扩展性,在一台机器上可以处理数十亿节点、关系、属性的图,可以扩展到多台机器并行运行。Neo4j 数据库使用节点存储数据和关系连接节点,从而构建出复杂的嵌套关联的非结构化的数据结构,能够满足语境知识表示对多层次嵌套的存储要求。

Neo4j 数据库是将属性图的不同部分分开存储在不同的文件中的。每个存储文件都包含图数据库的特定部分的数据,如节点、节点属性、边、边属性,存储职责的划分,尤其是图形结构与属性数据的分离,有助于高效地遍历整个图。

Neo4j 数据库的节点存储文件用来存储节点记录,用户在图中创建的每个节点最终都位于节点存储文件中,节点存储的物理文件为 neostore.nodestore.db。和大多数 Neo4j 存储文件一样,节点存储是固定大小的记录存储,固定大小的记录可对存储文件中的节点进行快速查找。每个节点记录的长度为 9 个字节(见图 7-9)。其中,节点记录的第 0 个字节 inUse 是记录节点记录使用标志的,告知数据库该记录是否在使用中,还是已经删除并可以回收用来装载新的记录;节点记录的第 1—第 4 字节 nextRelId 是与节点相连的第一条边的 id;节点记录的第 5—第 8 字节 nextProId 是该节点第一个属性的 id。

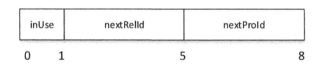

图 7-9　Neo4j 数据库节点记录示意图

Neo4j 数据库的边存储在关系存储文件 neostore.relationshipstore.db 中。与节点存储一样,边存储也由固定大小的记录组成。每个边记录的长度为 33 个字节(见图 7-10)。其中,边记录的第 0 字节 inUse 含义与节点记录相同,表示是否正被数据库使用的标志;边记录的第 1—第 4 字节 firstNode 和第 5—第 8 字节 secondNode 分别是该边的起始节点 id 及终止节点 id;边记录的第 9—第 12 字节 relType 是指向该边的关系类型指针;边记录的第 13—第 16 字节 firstPrevRelId 和第 17—第 20 字节 firstNextRelId 分别是指向起始节点上前一个和后一个边记录的指针;边记录的第 21—第 24 字节 secPrevRelId 和第 25—

第 28 字节 secNext RelId 分别是指向终止节点上前一个和后一个边记录的指针;边记录的第 29—第 32 字节 nextProId 是边上的第一个属性的 id。

inUse	firstNode	secondNode	relType	firstPrevRelId	firstNextRelId	secPrevRelId	secNext RelId	nextProId
0	1	5	9	13	17	21	25	29 32

图 7 - 10 Neo4j 数据库边记录示意图

Neo4j 数据库实现节点和边快速定位的关键在于定长记录的存储方案,将具有定长记录的图结构与具有变长记录的属性数据分开存储。如,由于每个节点记录的长度为 9 个字节,所以要查找 id 是 30 的节点所在的位置,就可以直接到节点存储文件第 270 个字节处访问(存储文件从第 0 个字节开始)。边记录也是定长记录,每个边记录的长度为 33 个字节。这样数据库已知记录 id 就可以 O(1) 代价直接计算其存储地址,而避免了全局索引中的 O(nlogn) 的查找代价。

图 7 - 11 展示了 Neo4j 数据库中节点和边的结构图,从图中可知,每个节点记录都包含一个指向该节点的第一个属性和关系链中第一个关系的指针。如果要查找节点的属性,可由节点找到其第一个属性记录,再沿着属性记录的单向链表进行查找,从指向第一个属性的指针开始遍历读取属性,直到找到需要的属性。如果要查找一个节点上的边,可由节点找到其第一条边,再沿着边记录的单向链表进行查找,从第一条边开始,直到找到需要的边。当找到了所需的边记录后,可由该边进一步找到边上的属性,还可以由边记录出发访问该边连接的两个节点记录。

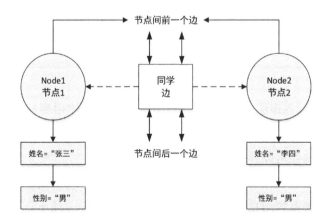

图 7 - 11 Neo4j 数据库节点、边示意图

Neo4j 数据库的每个边记录,实际上维护着两个双向链表。一个是起始节点上的边,另一个是终止节点上的边,可以将边记录想象为被起始节点和终止节点共同拥有,双向链表的优势在于不仅可以在查找节点上的边时进行双向扫描,而且支持在两个节点间高效率地添加和删除边。

7.4.3　Neo4j 之查询语言 Cypher

Cypher 是一种声明式图数据库查询语言,它具有丰富的表现力,能高效地查询和更新图数据[10]。Cypher 作为一个声明式查询语言,专注于清晰地表达从图中检索什么,而不是怎么去检索。这样用户可以将精力集中在自己所从事的领域,而不用在数据库访问上花太多时间。

(1)Cypher 的语法。

①Cypher 的节点语法。Cypher 采用一对圆括号来表示节点。节点的常见表达方式如表 7‑1 所示:

表 7‑1　节点的常见表达方式

Cypher 节点语法	表示意义
()	一个匿名节点
(a)	一个用变量 a 指称的节点,可用 a 引用该节点
(：scientist)	一个带标签"科学家"的匿名节点
(a：scientist)	一个带标签"科学家"的节点 a
(n：actor：director)	带标签"演员""导演"的节点 n
(b：scientist{ name："张三"})	带标签"科学家"的节点 b,属性：姓名为张三
(b：scientist{ name："张三",age：40})	带标签"科学家"的节点 b,属性：姓名为张三,年龄为 40

Cypher 用标签声明了节点的类型,节点索引也会使用到标签,每个索引都是建立在一个标签和属性的组合上。Neo4j 的属性以列表的形式存在,并外加一对大括号。属性可以存储信息和(或者)限制模式。

②Cypher 的关系语法。Cypher 使用一对短横线(——)表示一个无方向关系。有方向的关系则用在其中一段加上一个箭头(<——或——>)的方式来表示。方括号表达式可用于添加详情。可以包含变量、属性和(或者)类型信息。

关系的常见表达方式如表7-2所示：

表7-2 关系的常见表达方式

Cypher 关系语法	表示意义
(a)——(b)	节点 a 与节点 b 间的无向关系
——>	从前节点指向后节点的有向关系
(a)——>(b)	节点 a 指向节点 b 的有向关系
(m)<——(n)	节点 n 指向节点 m 的有向关系
—[r]—>	用变量 r 指称的从前节点指向后节点的有向关系
—[:SPACE]—>	带标签"空间"的有向关系
—[r:SPACE]—>	带标签"空间"的有向关系 r
(a)—[r:SPACE]—>(b)	节点 a 指向节点 b 的带标签"空间"的有向关系 r
—[r:SPACE {direction:"东方"}]—>	带标签"空间"的有向关系 r，属性：方向为东方
—[r:SPACE|AFFECT]—>	带标签"空间"或"作用"的有向关系 r

要特别注意的是，关系不像节点那样可以有多个标签关系，一种关系只能有一个标签，即一种类型，但可以是一个类型集中的任意一种类型，也可以将这些类型都列入模式中，他们之间以竖线分割。

（2）Cypher 的图操作。

Cypher 的图操作主要包括对节点、关系的相关操作。

①对节点的相关操作。对节点的操作主要包括创建或删除节点、设置或删除节点标签、设置或删除节点属性。Cypher 对图节点进行相关操作的常用语句如表7-3所示：

表7-3 Cypher 操作节点的常用语句示例

图节点操作		Cy 语句示例
创建节点	创建单个节点	CREATE(a)
	创建多个节点	CREATE(a),(b)
	创建带有标签的节点	CREATE(a:person)

（续表）

图节点操作		Cy 语句示例
创建节点	创建带有多个标签的节点	CREATE（a：actor：director）
	创建同时带有标签和属性的节点	CREATE（a：person｛name：'张三'，gender：'男'｝）
删除节点	删除单个节点	DELETE a
	删除一个节点及其所有的关系	MATCH（a ｛ name：'张三'｝）//找到姓名为张三的节点 DETACH DELETE a
	删除所有的节点和关系	MATCH（n）//找到所有的节点 DETACH DELETE n
设置标签	设置节点的一个标签	SET a：scientist
	设置节点的多个标签	SET a：actor：director
删除标签	删除节点的一个标签	REMOVE　a：actor
	删除节点的多个标签	REMOVE　a：actor：director
设置属性	设置节点的一个属性	SET n.age ＝ 40
	设置节点的多个属性	SET a.name ＝ '张三'，a.age ＝ 40
删除属性	删除节点的一个属性	REMOVE　a.age
	删除节点的多个属性	REMOVE　a.name，a.age

②对关系的相关操作。Cypher 对关系的相关操作主要包括创建或删除关系、设置或删除关系标签、设置或删除关系的属性。Cypher 对图关系进行相关操作的常用语句如表7－4所示：

表 7－4　Cypher 操作关系的常用语句示例

关系操作	Cy 语句示例
创建两节点间的关系	MATCH（a：person），（b：person） WHERE a.name＝'张三'and b.name＝'杨丽' CREATE（a）－［r］－＞（b）
创建带有标签的关系	CREATE（a）－［：FRIEND］－＞（b）
创建带有标签和属性的关系	CREATE（a）－［r：FRIEND｛since＞2000｝］－＞（b）

（续表）

关系操作	Cy 语句示例
删除两节点间的一个关系	MATCH(a:person),(b:person) WHERE a.name＝'张三'and b.name＝'杨丽' DELETE　(a)‐[r:FRIEND]－>(b)
设置关系的标签	SET r:FRIEND
删除关系的标签	REMOVE r:FRIEND
设置关系的属性	SET r.TIME＝NOW
删除关系的属性	REMOVE r.TIME

要注意的是,关系是两个节点间的关系,因而,需要先找到这两个节点,一般用 MATCH 语句来查找这两个节点,找到这两个节点后,就能在这两个节点间很轻松地创建关系,或者删除某种已经存在的关系。

7.4.4　现场语境动态构建

（1）现场语境构建的实质。

我们有了图模型数据库这一工具后,就可以从图模型的视角来重新审视语境知识了。从图模型的视角来看,语境知识的核心框架就是:在某时刻 T_i,发话人(S)在某一特定的交际空间(V),以一定的言语作用方式(C),对受话人("我")(H)说了一些话语(U)。我们可以用图 7‐12 来表示。

从图 7‐12 可知,所谓话语理解就是受话人 H 根据发话人 S 所发出的话语 U 的字面意义,结合语境知识进行语用推理,最终得出发话人 S 的交际意图的过程,也就是理解当时发话人 S 为什么要对受话人 H 说话语 U。

语境构建的实质就是对语境知识核心框架图进行进一步细化的过程。如识别发话人 S 是谁,从背景知识库中调用相关信息,譬如,发话人与受话人关系,发话人的职位、喜好、价值观等。又如识别交际空间,是超市还是厨房,从背景知识库中调用相关场景信息,譬如,发话人与受话人在场景中的角色及该角色的义务与权利等。

因而现场语境构建的实质,就是将现场感知、识别出的相关信息添加到该图中,对语境知识核心框架的进一步细化的过程。

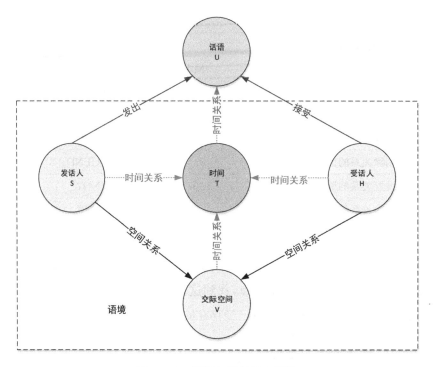

图7-12   语境知识的核心框架

(2)现场语境构建的具体过程。

①实体识别阶段:识别出交际空间中的各种实体,如我们以图7-7为例,识别出发话人是位女性,是女主人;给出受话人"我"的相关信息,如姓名、性别、年龄等;识别出抽油烟机、天然气灶、橱柜、水池等;然后将相关实体在图中表示出来,即创建相关节点表示相关实体。

②实体关系识别:识别出实体间可以现场感知的相关关系。如空间关系,以图7-7为例,女主人在抽油烟机前面,天然气灶在橱柜上面,抽油烟机在天然气灶的上方等,然后将这些关系在图中表示出来,即在相应的两个节点之间创建相应的边。

③场景识别阶段:根据交际空间的相应特征,给出场景的名称,如在图7-7中的场景为"厨房",将这一识别结果表示在图中,即为交际空间节点贴上标签"厨房"。并且补充完发话人、受话人与场景之间的关系,创建相应的边。

④行为识别阶段:首先识别出发话人的相关体态行为,如表情事件(如使眼色)、手势事件(如抱拳)、体姿事件(如鞠躬),将相应的识别结果表示在图中;然

后识别出发话人的交际伴随行为,如在图 7 - 7 中,女主人正在擦拭抽油烟机。然后将相应的识别结果表示在图中,即在表示"女主人""抽油烟机"的两节点间创建一条边,并贴上标签"擦拭"。

(3)现场语境构建时对节点的具体操作。

①时间节点 T 细化。该节点 T 表示言语交际时间。世界上的物质都是具体的存在,都是存在于一定的具体时空中,确定时间是描述言语交际事件中的相关实体的起点。

在言语交际现场,对于受话人来说,当时的时间就是"现在"t_{NOW},而其具体值很容易从智能系统中得知,也就是当时系统时间的绝对时间值。也因为交际双方两人正在进行交流,"说话时刻"$t_{say} = t_{NOW}$。

话语 U 中的事件时间的具体值,也可由当前时刻 t_{NOW} 很快推理出。如"明天下午两点开会",如果当天为"2021 年 5 月 19 日",那么"开会"事件的发生时间为 2021 年 5 月 20 日 14 点,即 t_1 ="20210520T140000"。

时间意义即通常在什么时间干什么事,这是时间的一个非常重要的属性。但在构建现场语境时,此时还为空值,还需在背景语境构建时从长时记忆中调用相关知识来补充。

通过上面的分析,我们发现时间节点 T 必须设置如下几个属性:

t_{NOW}:表示言语交际事件正在进行的时间,即"现在";

t_{say}:表示说话时刻;

CM_t:表示时间的相关常识,以便在背景语境构建时进行填充。

另外,系统给每一个节点都设置有 ID 和标签,其中 ID 是系统设置的每一个节点的唯一地址,标签是用来起区分作用的,可以任意设置多个标签。

现场语境构建时,对时间节点 T 细化就是给 t_{NOW}、t_{say} 进行赋值。

②发话人节点 S 细化。该节点 S 表示言语交际事件的发话人,并表示在 t_{NOW} 这一时刻发话人的整个存在状态。但在现场语境构建阶段,只能根据现场感知的信息来对发话人的部分存在状态进行细化。正因为智能机器人现场语境要素的识别过程大体依次经过了几个过程,因而发话人节点 S 细化也分为几个阶段:

实体识别阶段:先对发话人进行模式识别,认出发话人是"人"还是"机器人",这样需要在此节点上添加标签"person"或"robot",如果是熟人,立马把姓名这一属性添加到该节点;进一步补充现场可以感知的相关特征信息,如肤色、性别、头发颜色、身高、体型等,一一将这些属性添加到发话人节点中。

实体关系识别阶段:把发话人与相关实体的关系,一一表示在图中,即在"发话人"与相应的实体间创建一条边,并贴上相应的关系标签。

场景识别阶段:把发话人与场景的关系表示在图中,即在"发话人"与表示场景的节点间创建一条边,并贴上相应的关系标签。

行为识别阶段:先把发话人的体态行为的识别结果表示在图中,图 7-13 所示即为发话人在"抱拳"这一体态行为。如果发话人有交际伴随行为,识别出相应的行为,如在图 7-7 中,女主人正在擦拭抽油烟机,然后将相应的识别结果表示在图中。

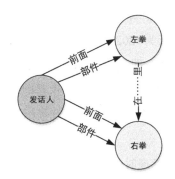

图 7-13 体态行为"抱拳"

③交际空间节点 V 细化。该节点 V 表示言语交际空间,并表示在 t_{NOW} 这一时刻言语交际空间的整个存在状态,也包含其组成部分的整个存在状态。同样,在现场语境构建阶段,只能根据现场感知的信息来对言语交际空间的部分存在状态进行细化。在现场语境要素的识别过程中,只有到了场景识别阶段才得到交际空间的场景名称,因此从场景识别阶段开始才能进行相关细化。

在场景识别阶段,首先把场景识别的结果,如在图 7-7 中的场景为"厨房",表示在图中,即为交际空间节点贴上标签"厨房";然后补充完发话人、受话人与场景之间的关系,创建相应的边;最后进一步补充场景中的相关实体与场景的关系,即这些实体在场景"里面"。

④受话人节点 H 细化。该节点 H 表示受话人,并表示在 t_{NOW} 这一时刻受话人的整个存在状态。受话人对自身情况非常了解,可以一次就把相应的信息全

部完善。这些信息主要包括受话人当时的各种存在属性,如姓名、性别、年龄等;又如受话人当时的意识清醒状态、情绪、对发话人的态度等。这些属性都需要添加至受话人节点中。

另外,受话人当时的体态行为,也需要添加至受话人节点中。受话人言语交际时的交际伴随事件,如开车、散步、喝酒、遛狗等,也需要添加至受话人节点中。

⑤其他实体节点。这些实体节点表示言语交际空间中存在的除发话人、受话人以外的实体,并表示这些实体在 t_{NOW} 这一时刻的整个存在状态。同样,在现场语境构建阶段,只能根据现场感知的信息来对这些实体的部分存在状态进行细化。

实体识别阶段:根据模式识别结果,在图中创建这些实体节点。

实体关系识别阶段:将这些实体间的关系一一表示在图中,即一一在这些相关的实体间创建边,并贴上相应的关系标签。

场景识别阶段:将这些实体与场景间的关系一一表示在图中,即一一在这些实体与场景间创建边,并贴上相应的关系标签。

行为识别阶段:场景中如果除发话人、受话人以外的其他实体正在发生一些行为,也需要对相应的行为进行识别,并把识别结果表示图中,即在表示这些实体的节点上进行相关操作。如发话人与受话人在河堤上散步聊天,看到一对父子在河堤上放风筝。

本章参考文献:
[1] 何兆熊. 语用、意义和语境[J]. 外国语(上海外国语学院学报),1987,51(5):8-12.
[2] 王均裕. 略论语境的特征[J]. 四川师范大学学报(社会科学版),1993,20(3):67-75.
[3] 王建华. 关于语境的构成和分类[J]. 语言文字应用,2002(3):2-9.
[4] 索振羽. 语用学教程[M]. 北京:北京大学出版社,2018:21.
[5] 胡德清. 试论体态语的功能[J]. 外语与外语教学,2002,165(12):11-13.
[6] 单言虎,张彰,黄凯奇. 人的视觉行为识别研究回顾、现状及展望[J]. 计算机研究与发展,2016,53(1):93-112.
[7] 徐晓. 计算机视觉中物体识别综述[J]. 电脑与信息技术,2013,21(5):4-7.
[8] 李新叶,朱婧,麻丽娜. 基于深度学习的场景识别方法综述[J]. 计算机工程与应用,2020,56(5):25-33.
[9] 王昊奋,漆桂林,陈华钧. 知识图谱方法、事件与应用[M]. 北京:电子工业出版社,2020.
[10] 张帜. Neo4j权威指南[M]. 北京:清华大学出版社,2017.
[11] 卜令彬. 基于Neo4j图数据库的地理场景数据组织方法[D]. 南京:南京师范大学,2020.

8 上下文语境构建

8.1 上下文语境构建概论

8.1.1 上下文语境的定义

说上下文语境就是前言和后语,估计大家都没有异议。但这种说法依然比较笼统,还是没有明确"上下文"中的"文"究竟指什么。

大多数专家认为"上下文"中的"文"是指词到句子等语言单位所形成的语境。如,王今铮认为"上下文,就是词语或句子所存在的具体文章、讲话"[1]。张涤华等也认为"文"是指词、短语、句子所构成的话境[2]。冯广艺也持相同观点,认为"微观上的语境是作品内的上下文,从语篇的构成上看,它包括篇、段、句、词语等"[3]。英国的哈特曼和斯托克也认为,上下文语境"在话语或文句中,位于某个语言单项或后面的语音、词或短语"[4]。王建华认为上下文语境就是语言性的话境,词、短语、句子、句子与句子的组合——复句、句群、段落和篇章都可以构成上下文语境。不过他以句子为界将上下文语境分为句内的和句际的两类,并认为句际的上下文语境才能使话语产生具体的动态意义——语境义,因而我们这里主要讨论句际的上下文语境[5]。

实际上,大家对"文"所指的内容有不同看法,关键在于研究对象的差异。如果以某一个词作为研究对象,研究该词在句中的具体意义,那么同一句中的其他词就成了该词的上下文语境了;但如果以某一个句作为研究对象,那么只有前面的句子和后面的句子,才是该句的上下文语境,即只有句际的上下文语境才是"文"的真实所指。

本书的第二章讨论过以句子作为语境构建的起点,因而本书所指的上下文语境是指大于词的语言单位,这样便明确了上下文语境所指的下限,我们讨论上下文语境构建时,不会把句内的所有词作为讨论的内容。句内词的一般意义确定问题放在了句子的字面意义理解部分,而不是在语境构建中讨论。只有当某些词的意义需要进行语用推理才能确定时,我们才启用所构建出的语境来敲定这些词的具体意义。

另外,上下文语境的上限也是一个值得讨论的问题。目标句子的前后几句肯定是该句的上下文语境,那其前后几段算是其上下文语境吗?其前后几章算是其上下文语境吗?目标句所在的那一本厚厚的小说是否也算是其上下文语境?在口语交际中,交际双方一直正在聊的内容肯定是其上下文语境。但如果有事中断了一会儿,那前面所聊的内容算不算上下文语境?其实,这里讨论的就是上下文语境与背景语境比较接近的部分,过了很久时间的交际内容,肯定是背景语境,就是很难找到两者之间的明确分界线,即过来多久的交际内容就是上下文语境,再多1秒就是背景语境了。

本书为了研究的方便,暂且规定:在书面交际中,上下文语境的上限为一本书;在口语交际中,上下文语境的上限为交际的连续性,一旦中断,前面的内容就被认定为背景语境。

8.1.2 上下文语境构建的实质

本书一直认为,一句话语的意义识别包括字面意思理解和交际意图识别两个过程。其中,字面意义理解往往要经过分词、词性标注、句法分析、语义分析等几个阶段才能实现;而交际意图识别则是在字面意义理解的基础上,进一步进行语境构建、语用推理才能实现。我们主要聚焦于语境的动态构建,为了集中精力研究这一问题,假设字面意义理解问题已得到比较完美的解决,不再深入讨论这一方面的问题。

理解语境是在言语交际中,受话者为了理解发话者的一段主体话语所传递的真正意义(交际意图)而激活的交际双方共有的相关知识命题。那么语境构建的实质就是把理解交际意图所需的知识调入工作记忆中的过程。现场语境构建的实质就是把从交际现场获取的相关信息表示在工作记忆中。因而上下文语境构建的实质就是把从上下文语境中获得的相关信息整合进工作记忆中,主要包括语句意义的表示和知识整合两个环节。语句意义表示就是把上下文语境中的相关语句的意义用恰当的方式表示出来,以便于进行进一步的处理;知识整合是指将用恰当的知识表示方式表示出来的相关语句的意义整合进工作记忆中,与工作记忆中已有的知识信息整合成一个完整的整体。下面我们就详细讨论这两个环节。

8.2 上下文语境的知识表示

上下文语境中的句子所表示的信息可以是整个人类知识中的任何知识,既可以表示静态的知识,表示实体的存在属性,如张三是博士;也可以表示动态的知识,表示事件的发展变化,如昨夜比特币暴跌。上下文语境中的句子所表示的信息还可以从不同的角度进行分类,把它分成若干类,并对每一类信息进行深入研究,探索其详细的知识表示方式。本节只就"空间关系"这一细分领域的知识表示进行研究,展示上下文语境中的句子所表示的空间关系信息的表示方法,探索动态构建上下文语境的可行性。

8.2.1 空间关系的研究现状

时间和空间都是客观存在的物质世界的表现形式,任何物质都存在于特定的时间和空间中,也都在特定的时间和空间中不停地运动和变化。生活在三维空间世界里的人们,随时通过各种感知器官认知周围的世界,判明物体的空间关系,以引导自己的行动。在言语交流中,人们运用自己的语言对所感知到的空间世界图景加以说明,空间关系的理解与表达是言语交际的重要内容。随着智能化时代的来临,运用自然语言与计算机进行对话是计算机的发展目标之一,要想实现人机自然交互,空间关系的理解与表达就是一个不可逾越的研究课题。

空间关系的表达与计算涉及 GIS、计算机技术、人工智能和语言与认知科学等多个学科领域,主要从语义和认知角度来探讨空间对象之间的关系,期望依据人们的语言空间特点来进行空间理解和推理,并由此建立一套空间关系表达和计算模型,并且该模型具有可形式化、可数学化和可操作化特征。因此要实现空间关系的计算,建立合适的空间关系表达模型是关键。本部分重点研究空间关系的表达。

8.2.1.1　国内外研究现状

国外对空间关系的研究主要有拓扑、方向以及距离关系三类，空间关系理论研究主要探究的是对拓扑、方位和度量关系的描述问题，主要聚焦于拓扑关系和方向关系的研究。拓扑关系描述方法比较成熟的是 N 交模型（4‑交和 9‑交模型）、基于维数扩展的 9‑交模型、基于 Voronoi 图的 9‑交模型等；方位关系描述方法比较成熟的有锥形方法、投影方法、方向关系矩阵法等；度量关系以距离关系为依托，主要有欧氏距离法和 Voronoi 距离法等。

国内研究主要从语言学视角和知识表示视角两个角度进行的。

（1）语言学视角。

国内学者最初进行的空间关系研究，是在结构主义理论的指导下，主要聚焦于方位词和方所结构的研究。直到 20 世纪 80 年代，认知语言学才逐渐成为国际语言学界的热门话题。国内的学者也尝试在认知视角下研究空间关系，在实体空间、空间隐喻和位移空间三个研究领域取得了比较丰硕的成果。

①实体空间研究：刘宁生在探讨汉语社会是怎样选择参照物、目的物和方位词来表达物体空间关系方面有着精彩的论述[6]。齐沪扬的《现代汉语空间问题研究》是汉语空间范畴研究的新突破，该著作建立了现代汉语空间系统的理论框架，对于我们重构汉语空间关系构式系统有着重要的启示作用[7]。储泽祥的《现代汉语方所系统研究》全面研究和建构了现代汉语的方所系统[18]。方经民发表了关于方所系统的一系列论文，从方位词的语法化问题、方位参照认知过程中的基本策略、空间区域范畴的性质和特点角度来考察汉语空间问题[9-12]。刘礼进统计了汉语空间参照系（物本、相对、绝对、直接、地貌、陆标）和拓扑关系在汉语空间语言表达中的分布情况[13]。

②空间隐喻研究：随着国外认知语言学的理论和著作的传入与普及，隐喻和意象图式理论被国内学者运用于空间关系问题的研究，出现了大量关于空间隐喻的研究。

崔希亮对"在 X 上"进行了解析，他认为该结构除了表达具体的空间方位，还有表达时间、范围和方面的引申用法，这些可以看作空间位置的心理延伸，因为心理的空间位置与现实的空间位置有合理的相似性[14]。蓝纯从认知的角度研究了汉语"上""下"和英语"up""down"的隐喻拓展[15]。曾传禄分析了汉语方位词"上/下、前/后、左/右、里（内）/外"在"时间、范围、数量、状态和地位关系"五个目标域中的表达形式和隐喻意义[16]。白丽芳指出"上"和"下"意象图式的不完全对称导致了"名词＋上"和"名词＋下"的语义关系的不完全对称[17]。徐丹考察了汉语表达时空的语言特点。徐文认为与其他语言相比,汉语表达时间的方式分为横向和纵向两套,除了可以用时空词语"前、后"表述时间的早晚,也可以用"上、下"。这种纵向的描述反映了汉民族人独特的认知观[18]。蔡永强系统分析了汉语方位词"上/下"的概念结构和隐喻形式[19]。

③位移空间研究:学界关于位移空间的研究集中在对位移动词和位移事件的研究上。最早明确提出"位移动词"概念是陆俭明,他指出"上、下"等动词可以表示动作者的位移,"送、拉、拖、拽"等可以表示受动者的位移,"抱、搞、写、抓"等可以进入某种格式后整体表示受动者的位移。随后,他对"位移动词"做了较为完整的定义,即"含有向着说话者或离开说话者位移的语义特征"的动词[20]。齐沪扬在考察位移句"把＋O＋V＋L"时,认为动词后格标的脱落与动词的移动性功能有关。据此,他设立了一个详细的与移动性功能有关的动词分类系统,对动词的移动性功能做了较为透彻的分析[7]。任永军借助认知主义的观点和方法对现代汉语空间词语中的七组空间维度词语进行了语义分析[21]。崔希亮对汉语中的六个与位移事件有关系的介词(从、由、在、到、向、往)进行了考察,详细地描写了每个介词所能标引的事件语义角色[22]。张旺熹指出,"把"字句是一个以空间位移为基础的意象图式及其隐喻系统[23]。栗爽探讨了位移动词的分类的依据和标准,并将位移动词分为自移动词、他移动词和共移动词[24]。刘海琴讨论了位移动词的句型,并构建了存现句的认知模型[25]。韩卢丹对汉语位移动词的词义属性进行深入的研究[26]。范立珂研究描写出位移事件表达的等级、步骤,探讨各概念要素进入句法的组合配置规则[27]。

(2)知识表示视角。

拓扑关系方面。由于 9 交模型的外部是不确定的,导致计算机无法直接计算和操作,更不用说区分空间临近及相邻、相离等复杂关系。陈军教授选择了具有良好图形结构和数学特性的 Voronoi 图,发展了基于 Voronoi 图的 9‐交模型(V9I Model)[28]。

空间关系知识表示及推理方面。曹菡从空间关系的形式化表示、空间关系的基本推理模型、空间关系的推理机制和路径查找空间关系推理的应用模型设计四个方面展开空间关系推理的研究[29]。虞强源等介绍了区域间拓扑关系形式化分析的主要研究内容、研究方法和研究进展,并探讨了目前存在的问题和今后的发展方向[30]。乐小虹等讨论了自然语言中的空间实体、实体间空间关系以及空间过程的表达与提取方法[31]。杜世宏等提出了一种新的方向关系—细节方向关系[32]。

黄茂军等借助于部分整体学、位置理论以及拓扑学这三个理论工具,构造出形式化的空间特征以及空间关系公理[33]。邓敏等分析了拓扑关系在 GIS 空间查询、推理和分析中的应用[34]。李晗静提出了一整套基于自然语言描述的空间概念建模方案[35]。马雷雷探索了空间关系本体建模与推理机制[36]。杜世宏等结合多尺度空间关系变化模型,提出了基于关系的多尺度数据分析技术框架[37]。周琦构建一种反映实体空间关系的语义文法 GeoRSG,实现空间关系解析器 GeoRSG Parser 来获取空间关系知识[38]。周琦等提出一种基于语义文法的地理实体位置关系获取方法,可从网页文本中获取多个地理实体之间的复合位置关系[39]。王彦坤研究了基于相对方位和定量距离的室内位置描述定位问题[40]。

动态空间关系方面。高勇等对移动点—参考地物空间拓扑关系进行建模,将其表示为"变化前观测时刻""突变时刻""变化后观测时刻"的三元组:$R = (R_{ts}, R_{tm}, R_{te})$[41]。张彩丽对移动点对象与参考地物的自然语言时空关系进行定义及形式化描述[42]。

8.2.1.2　空间关系研究的发展趋势

从上面的研究现状可知,近年来,空间关系研究获得了越来越多的研究者的关注,取得了丰硕的研究成果,目前空间研究正在向更深的层次进发,出现了如下的发展趋势:

空间关系研究的应用领域不断拓展。空间关系研究当初主要是集中在地理信息系统 GIS 领域,随着研究的不断进展,空间关系的应用领域已经扩展到计算机视觉、导航、自然语言理解、人机交互、动画制作、人工智能等领域,总之,任何需要空间理解、空间计算的领域都需要研究空间关系。

空间关系研究由定量研究转向定性研究。在自然科学领域,空间表示历史悠久,传统上人们通常都以定量框架定位目标,GIS 使用完全定量的方法表示和推导空间信息。然而定量方法通常难以处理,有时或许根本无法得到定量信息。因此人们更倾向于从空间认知的观点研究空间概念,从而激发了定性空间推理在人工智能和 GIS 领域的发展。

空间关系研究在呼唤自然语言空间关系研究的不断深化。自然语言中空间关系描述虽然具有模糊性和不确定性等特点,但比 GIS 空间关系更接近于人们的认知、交流和表述习惯。因此,对自然语言空间关系的理解是空间关系研究的一个基本问题。目前语言学领域也在高度重视空间范畴的研究,只是局限在动词研究,尤其是位移动词的研究,尚未见到从语义角度探讨空间常识、空间推理的相关研究成果,从人工智能的角度,探索定性的自然语言空间关系描述与定量的图形空间关系之间的映射关系还有待进一步深入。

空间关系研究由静态的空间关系研究转向动态的空间关系研究。事物总是在不停地运动,静态的空间关系研究肯定不能满足社会的需求,如在交通控制、运输管理、车辆导航、移动位置服务、自动驾驶等领域就需要研究动态的空间关系。但从目前的研究成果来看,静态的空间关系的研究成果非常丰硕,但动态的空间关系的相关研究尚未得到足够的重视。

8.2.2　动态空间关系的知识表示

现实世界具有明显的动态特征,空间和时间是现实世界最基本、最重要的属性。通常情况下,大多数实体不会长时期具有恒定不变的空间特征,其空间位置与属性具有随时间变化的特性。因此,开展动态空间关系研究是非常必要的。

8.2.2.1　动态空间关系表示的背景知识

(1)Renz 的有向区间代数。

2001 年,伦兹(J. Renz)等认为空间区间具备方向特征,提出了有向区间代数[43](directed intervals algebra,DIA)。在 Allen 区间代数所定义的 13 种区间关系的基础上,DIA 通过考虑区间自身的方向特征给出了全新的 26 种有向的区间代数关系,在忽略区间次序的条件下,将 26 种归纳总结成 17 种区间特征关系(见表 8-1)。DIA 可以用于表示区间的动态信息,因此被应用于公路网中车辆研究当中。

表 8-1　Renz-DIA 的 26 种区间关系

有向区间关系	符号表示	图像表示
X behind$_=$ Y	b$_=$	
Y in-front-of$_=$ X	f$_=$	

（续表）

有向区间关系	符号表示	图像表示
X behind≠ Y	b≠	
X in-front-of≠ Y	f≠	
X meets-from-behind= Y	mb=	
Y meets-in-the-front= X	mf=	
X meets-from-behind≠ Y	mb≠	
Y meets-in-the-front≠ X	mf≠	
X overlaps-from-behind= Y	ob=	
X overlaps- in-the-front= Y	of=	
X overlaps-from-behind≠ Y	ob≠	
X overlaps- in-the-front≠ Y	of≠	
X contained-in= Y	c=	
Y extends= X	e=	
X contained-in≠ Y	c≠	
Y extends≠ X	e≠	
X contained-in-the-back-of= Y	cb=	
Y extends-the-front-of= X	ef=	
X contained-in-the-back-of≠ Y	cb≠	
Y extends-the-back-of≠ X	eb≠	
X contained-in-the-front-of= Y	cf=	
Y extends-in-the-back-of= X	eb=	
X contained-in-the-front-of≠ Y	cf≠	
Y extends-the-front-of≠ X	ef≠	
X equals= Y	eq=	
X equals≠ Y	eq≠	

（2）Najmeh 的有向区间代数。

区别于 Renz 的 DIA 模型，Najmch 所提出的 DIA 只假设一条区间处于运动状态，另一条保持静止。Najmeh 采用有向区间 DSI 代表运动着的用户对象，而用无向区间 SI 代表关联环境中的对象。以此，Najmeh-DIA 给出了 26 种空间区间关系[44]（见表 8‑2）。通过考虑用户区间与多个关联环境区间 SI 之间的关系，可以帮助用户在寻找目的地的过程中做出决策判断。因此，Najmeh 的 DIA 更多地被用于城市导航、智能家居等领域。

表 8‑2　Najmeh-DIA 的 26 种区间关系

符号表示	图像表示
DSI before SI	或
DIS after SI	或
DSI meets from behind SI	或
DSI meets in front of SI	或
DSI overlaps from behind SI	或
DSI overlaps in front of SI	或
DSI is contained by SI	或
DSI contains SI	或

（续表）

符号表示	图像表示
DSI starts by SI	或
DSI finishes by SI	或
DSI equals SI	或

（3）概念邻域图。

概念邻域图最初是弗雷克萨（Freksa）用于分析 Allen-13 区间代数关系之间连续变化问题的，其基本概念为：若定性空间关系中的两个原子关系可以相互直接转换而不需要中途转变为其他原子关系，则称这两个原子关系是概念邻域关系[45]。例如，考虑两个圆面 A 和 B 相对运动的情况，两者间的拓扑关系"A 与 B 相离"想要转化为"A 与 B 相交"必须要中途先转化为拓扑关系"A 与 B 相切"。因此，拓扑关系"A 与 B 相离"与"A 与 B 相切"是概念邻域关系，而与"A 与 B 相交"不是概念邻域关系。对于一个原子关系集合，如果将每一个原子关系表示成一个节点，并且把互为概念邻域关系的关系节点用线段弧连接起来，所构成的无向图我们就称为这个原子关系集合的概念邻域图。例如，Allen-13 区间关系的概念邻域图如图 8-1 所示。

8.2.2.2　动态空间关系的认知研究

认知科学的核心观点是"基于身体经验（embodiment）"，推理、语言、句法都不是自治的，意义与我们在世界上所发挥的有意义的功能相关，是通过身体和想象力获得的。从认知的观点来看，动态空间关系就是物体的空间位置变化，因此动态空间关系研究就被纳入"位移事件"的研究中。

（1）菲尔莫尔的位移事件框架。

菲尔莫尔 1968 年提出格语法（case grammar）理论，在"格语法"理论框架内进行名词短语语义角色的研究，从论元语义角色角度对动词的深层价位进行描述[46]。菲尔莫尔在描述位移动词时，提出了位移动词的三个语义角色：源点

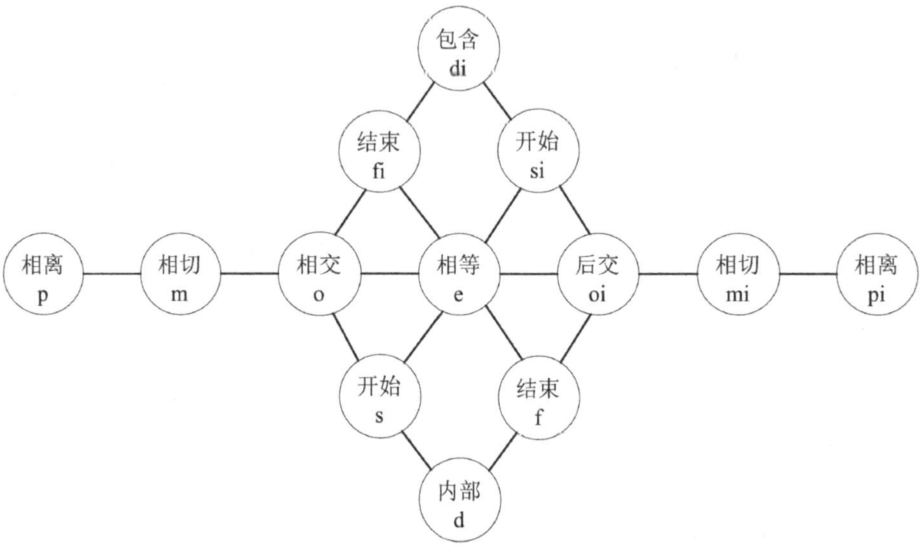

图 8-1 Allen-13 的概念邻域图

(source)、途径(path)、目标(goal)。70 年代开始,菲尔莫尔认为语义角色理论无法满足详细描写动词语义的要求,于是提出了动词的"语义框架(semantic frame)",建立了"框架语义学(frame semantics)"理论[46]。他主张,欲理解动词(及其他词汇)的语义,须先了解动词所描绘的经验结构。例如"图式化场景",就试图将事件解释为用某个特定的词激活一个框架,这个框架提供了理解该词所需要的连贯的经验或知识。一个框架常常可以激活一系列词汇,每个词汇可凸显框架的某个方面。凸显的成分被称为这一特定框架的"框架元素(frame element)"。框架语义学将意义的理解置于一个个认知框架中,并使这些框架(场景)连接成一个较大的网络。因此,对某个词的理解可以激活该词所关联的框架的知识网络。

在菲尔莫尔的框架网络体系中,位移事件框架描述某个实体(动体 theme)从某一地方(源点 source)开始,经过某一空间(途径 path),最终到达另一地方(目标 goal)。这样,在格语法框架下的三个语义角色发展成了框架语义学中的有关位移的四个抽象、概括的框架元素:theme(运动的物体)、source(运动的起点)、goal(运动的终点)、path(涵盖的路径)。另外,位移事件框架还有 10 个框架成分:区域(area)、方式(manner)、致使者(agent/cause)、距离(distance)、司机(driver)、货物与乘客(cargo and passenger)、交通工具(vehicle)、共移动体(co-theme)、路(road)和自主移者(self-mover)。

后来,菲尔莫尔又构建了框架网络体系(FrameNet),在框架网络体系中,一个主框架和一系列相关框架可构成一个"域"(domain)。主框架概括本域的具体框架所共有的基本概念结构,同时把其基本概念结构映射在每个具体框架中。相反,具体框架凸显着从主框架延伸而出的具体语义属性。位移事件主框架就包括了 12 个具体框架的综合框架:到达(arriving)、致使移动(cause-to-motion)、离开(departing)、共同移动(co-theme)、伴随声响移动(motion-noise)、途径形状(path-shape)、自主移动(self-motion)、腾空(emptying)、注满(filling)、路径形状(path-shape)、放置(placing)、换位移动(removing)、运送(transportion)等,每个具体框架凸显位移事件的某一方面,但也共享大框架的基本语义结构。

菲尔莫尔的框架概念强调把框架作为描写词语、解释词义的工具,不仅要表现一个典型的场景,而且要表现词语之间的语义关系,展示句法——语义表现。后来,框架发展成为认知建构机制。

(2)莱柯夫和约翰逊的位移图式。

莱柯夫和约翰逊把位移图式描述为位移主体、起源位置、目标、路线、位移的实际路径,即在一个给定时间位移主体的位置、特定时间位移的方向、位移主体最终的位置。莱柯夫和约翰逊认为,可以把位移图式做可能的扩展,例如有如下的概念延伸:"位移图式、移动工具、位移速度、对位移的阻碍、推动力、交通工具、另外的位移主体等等。[47]"。他们的研究重在关注"源点—途径—目标"图式从一个基本源域向其他抽象域映射的结构特点,并不重视位移事件自身的概念化。

不同于菲尔莫尔的框架分析的是,莱柯夫和约翰逊区分了"动体在某一特定时间内的位置"和"途径"这两个概念,把运动体(trajector)在某一特定时间的位置从路线(route)中分离出来,突出了位移物体的方向(direction)。这两个概念成分在菲尔莫尔的框架语义学中没有区分,都为"途径"概念。

(3)兰盖克的时空凸显理论。

兰盖克在其认知语法框架内对位移事件进行描述,给位移事件的定义是:"某个实体在单位时间的位置变化"[48],主要分析在单位时间内某个实体位移时的一系列空间变换。他根据凸显原则来解释位移事件,认为位移好似运动体在时间流中不同的时刻占据不同的位置而产生的一系列改变,三个基本成分是:动体 m(mover)、处所 l(location)和时间 t(conceived time)。说话人通过渐次扫描这种认知操作对位移事件进行概念化,即运动体在时点 t_1 占位 l_1、在 t_2 占位 l_2 ……t_n 占位 l_n。综合看,时(t)和空(l)一一对应,任一位移状态皆指向相应时点,动体在不同时间点占据的不同位置构成一个序列。概念化主体 c(conceptualizer)在不同的时间通过"渐次扫描(sequential scanning)"的认知方式来表征位移事件。在兰盖克的描写框架内,时间与运动的关系对于位移的描写是极其重要的。兰盖克没有使用传统的位移事件概念表达的术语,比如"源点、途径、目标、方向"等,也没有分析位移的"空间—方向"特征。兰盖克对时间特征的关注是观察位移结构的一个独特角度。但他没有详细解释时间特征如何反映在自然语言中,即如何从时间与运动的关系角度来分析对位移事件的描述。

(4)杰肯道夫的"功能—论元"概念框架。

杰肯道夫在概念语义学理论下对位移事件的概念框架进行分析,他独特在把位移事件看成一个更抽象、概括的概念结构,即"功能—论元"框架。其所概括的抽象范畴有:事物(thing)、事件(event)、状态(state)、行动(action)、场所(place)、路径(path)等。杰肯道夫用"功能—论元"解析这些概念单位,基本的概念功能有:移动(go)、状态(stay),致使(cause),源点(from)、目标(to)、途径(via)等,其中功能 go 包括位移事件。杰肯道夫对功能 go 概念结构可用图 8-2 表示如下[49]:

$$\text{EventGo}\left\{[\text{THING}], \text{Path}\left\{\begin{array}{l}\text{FROM}\left\{\begin{array}{l}\text{THING}\\\text{PLACE}\end{array}\right\}\\\text{TO}\left\{\begin{array}{l}\text{THING}\\\text{PLACE}\end{array}\right\}\end{array}\right\}\right\}$$

图 8-2　杰肯道夫对功能 go 概念结构的图示

如图,go 描述的位移事件有两个论元:"事物"(thing)和"路径"(path)。路径分别有源点功能(from)、目标功能(to)或兼而有之。源点功能和目标功能分别可以带一个论元,如"事物(thing)"或"路径(path)"。

(5)塔尔米的位移事件框架。

塔尔米在对框架理论进行研究时,提出"事件框架(event-frames)"的概念。

塔尔米把事件框架分为五种类型,分别是位移事件框架(motion event-frames),
因果事件框架(causation event-frames),循环事件框架(cyclic event-frames),
参 与 者 事 件 框 架(participant event-frames),和 相 互 关 系 事 件 框 架
(interrelationship event-frames)。位移事件框架是一种基本的认知模式。塔
尔米运用事件框架这一术语,与框架具有统一性,都是指一种较具体的认知模型
或经验图式,一般涉及一个场景。在他的认知语义学理论内对位移事件这样
描述:

A　balloon　flew　over　a house.
　焦点　　运动　路径　　背景

塔尔米首先根据焦点、背景的感知原则,得出三个对位移事件进行认知描述
的关键成分:焦点(figure)、路径(path)、背景(ground)。塔尔米提出了"动体一
位移一路径一参照物"的位移事件概念框架,有四个主要的概念成分:动体、位
移、路径、背景[50]。对位移事件做进一步的概念分析,塔尔米接着发现另外三个
语义成分:运动(motion),方式(manner),动因(cause)。最后,塔尔米认为六种
语义成分在位移事件的概念化结构中起着重要的作用,位移事件的概念化及其
表征包括这六种紧密相连的概念。塔尔米指出,这六种成分并不同等重要,在对
位移事件进行概念化时,"动因"很可能并不明晰,"方式"也可能被忽略,而其他
四种成分则必不可少。

这些理论对位移的概念结构进行了全面深入的认知分析,力图解释位移事
件的所有概念成分,全面描述位移事件的概念要素,全面探讨了位移事件概念要
素在句中的各种表现形式,这给我们的研究带来极大的启迪,但这些理论是基于
语言学视角的研究,主要研究语义成分与句法成分之间的对应关系。而本部分
则是从人工智能视角,探索从句法形式到空间语义的映射方式,探索空间语义的
形式化,为空间关系识别及推理打下基础。

8.2.2.3　移动对象与参照物的基本动态时空关系

为了实体间动态空间关系研究的方便,我们先假设参照物是静止的,这样动
态空间关系研究就是研究移动对象与参照物的空间关系了。移动对象与参照物
的时空关系是指移动对象与参照物之间的随时间的变化而变的空间关系。移动
对象与参照物的基本时空关系有:①移动对象接近参考物;②移动对象到达参考
物;③移动对象交叠参考物;④移动对象进入参考物;⑤移动对象交叠而出参考

物;⑥移动对象移出参考物;⑦移动对象离开参考物;⑧移动对象远离参考物;⑨移动对象穿过参考物;⑩移动对象返回参考物;⑪移动对象围绕参考物。

(1)接近(approach)。

位移对象 A 从远处不断向参照物 B 逼近,即从起点向终点逼近的过程。描述这一时空关系时,只需两个快照就可以描述清楚了。设初次关注到位移对象 A 的时刻为 t_0,最近看到位移对象 A 的时刻为 t_i,则运动轨迹为从起点位置L_{t_0}指向当前位置L_{t_i}并有趋势指向终点(参照物位置)的有向线,$Top_{t_0} =$相离(disjiont),$Top_{t_i} =$相离,且$Dis_{t_i} < Dis_{t_0}$,我们可以用如图 8-3 的动态图表示,也就是说,从 t_0 到 t_i 位移对象 A 与参照物 B 的拓扑关系依然是"相离",但两者的距离越来越近,与具体方向无关。在"接近"这一动态过程中,唯一改变的是距离,越来越近。

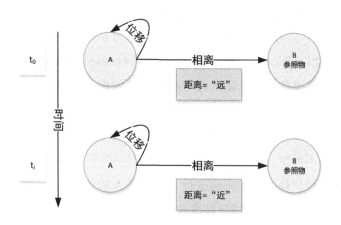

图 8-3 表示"接近"动态时空关系的动态图

现代汉语中表达"接近"这一动态时空关系的方式有:

①X+近。这里又可分为两种情况:一种是已经成词,只有为数不多的几个词,如逼近、靠近、接近等,通过词义来表达"接近"时空关系;另一种是"动词+近",其中动词表示具体的位移方式,如走、跑、跳、飞、爬、滚等,后面的"近"从语义上表示这是一个位移事件,并且是表示向参照物"接近"的时空关系。如:

小艇逼近了岸边。

火车慢慢靠近了车站。

刚走近村口。

他跑近摩托艇。

飞机逐渐飞近宁波。

他爬近地道口喊了一声。

②来/过来。这种表达方式以说话人为参照中心,表示在位移事件中移动对象向终点(观察者参照点)趋近,逐渐进入观察者视野,可以是来自任何源点的运动。如:

你过来。

有人来了。

老人在从长沙来宁波的路上了。

③V+来/过来。前面的动词表示具体的位移方式,如走、跑、跳、飞、爬、滚等,后面的"来/过来"在语义上表示这是一个位移事件,并且是表示向说话人参照点"接近"的时空关系。如:

一位老者向我走过来。

赞扬语从四面八方飞来。

怎么跑来两条蜈蚣!

螃蟹也爬来作伴。

上面这些例子,用动态图来表示时,基本框架都一样,只需要根据句子的意义,对节点 A 和节点 B 进行进一步细化,然后对"位移"这一动态作用关系进行进一步细化,如位移方式、速度等进一步细化就可以了。

(2)到达(arrive)。

位移对象 A 从远处向参照物 B 逼近,并且最终到达参照物 B。描述这一时空关系时,只需两个快照(起点、终点)就可以描述清楚了。设位移对象 A 开始出发的时刻为 t_0,与参照物 B"相接(meet)"的时刻为 t_i,则运动轨迹为从起点位置 L_{t_0} 指向终点(参照物位置)的有向线,$Top_{t_0}=$ 相离,$Top_{t_i}=$ 相接,且 $Dis_{t_0}>0$,$Dis_{t_i}=0$,也就是说,从 t_0 到 t_i 位移对象 A 与参照物 B 的拓扑关系从"相离"变为"相接",且两者的距离变为 0,与具体方向无关(见图 8-4):

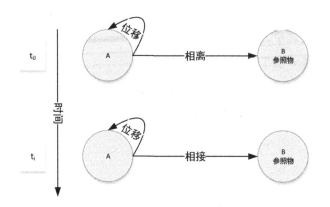

图 8-4　表示"到达"动态时空关系的动态图

现代汉语中表达"到达"这一动态时空关系的方式有：

①"到"类动词。直接运用"到"类动词来表达"到达"参照点的时空关系,如到、到达、抵达、来到。如果说话人认为起点、终点信息都是新信息,则会在句中"明示"起点、终点信息;如果起点信息已经是已知信息,则只会在句中"明示"终点信息;如果起点、终点信息都是已知信息,两者在句中都可以不提及。如:

我到了。(起点、终点信息在语境中是明确的)

快递到达宁波了。(起点信息需要调用背景知识,终点为宁波)

大家同时抵达终点。

他从北京来到宁波了。

②V+到。前面的动词表示具体的位移方式,如走、跑、跳、飞、爬、滚、开等,后面的"到"在语义上表示这是一个位移事件,并且是表示"到达"参照点的时空关系。如:

一个人从中国飞到了英国。

走到火车站买票。

从城市跑到了农村。

白蚁爬到树枝上。

老鼠跳到牛背上。

火车开到拉萨啦!

上面这些例子,用动态图来表示时,基本框架都一样,只是具体细节不同。

下面我们以"他从北京来到宁波了。"为例,作为用动态图表示"到达"类句子意义的一个范例。

从分析句意可知,"来"说明说话人在宁波;在 t_0 时"他"在北京,与宁波"相离";通过"位移"(具体方式未知),在 t_i 时"他"在宁波了,与北京"相离";"了"说明位移时间在说话时间之前。根据分析,我们创建节点表示相应的实体,并用两个快照来描述实体间的关系变化,最后构建出了其动态图(见图 8-5)。

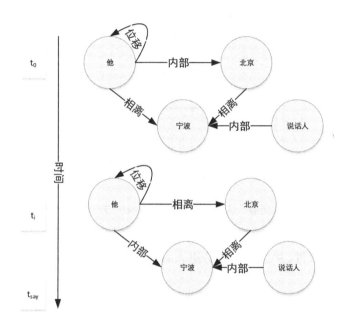

图 8-5　他从北京来到宁波了

(3)交叠(overlap)。

位移对象 A 从近处向参照物 B 逼近,直到 A 部分进入 B 里面。虽然在这一过程中,A 与 B 实际经过了"相离""相接""相交"这些拓扑关系,描述这一时空关系时,只需三个快照来描述。设位移对象 A 在逼近参照物 B 的某一时刻为 t_0,与参照物 B 相接的时刻为 t_1,位移对象 A 最终与参照物 B"相交(overlap)"的时刻为 t_i,则运动轨迹为从起点位置 L_0 指向终点(参照物位置)的有向线,Top_{t_0}=相离,Top_{t_1}=相接,Top_{t_i}=相交(见图 8-6),也就是说,从 t_0 到 t_i,位移对象 A 与参照物 B 的拓扑关系从"相离"变为"相交",与具体方向无关。

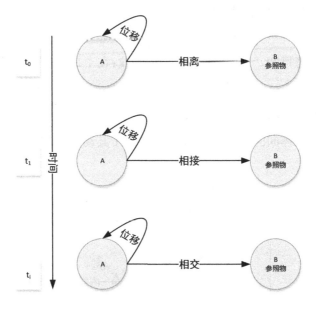

图 8-6　表示"交叠"动态时空关系的动态图

现代汉语中表达"交叠"这一动态时空关系的方式是：V＋进。这里的动词表示该位移事件的具体位移方式，如刺、扎、插、捅等，后面的"进"在语义上表示这是一个位移事件，并且是 A 部分进入 B 的位移事件，因而 A 往往为长条状的尖锐物，如：

把刀插进腰间。

一刀子捅进另一人的肚子里。

把筷子插进鼻孔。

把叉子插进鱼里。

熟练地把针扎进皮肤。

（4）进入（enter）。

"进入"时空关系是指位移对象 A 从参照物 B 的外面进入参照物 B 的里面的过程，这时位移对象 A 的面积或体积明显小于参照物 B。从逻辑上来说，一个移动对象 A 要进入参照物 B，要先后经过相离、相接、相交、内部这些拓扑关系。只是在日常言语交流中，人们主要就关注从 B 的外面进入 B 的里面，也就是说，只关注起点和终点。我们在构建动态图时，依然要用四个快照来分别描述相离、相接、相交、内部这些拓扑关系。如图 8-7 所示：

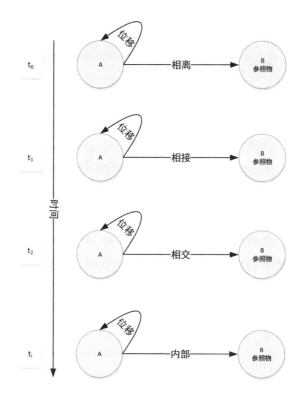

图8-7　表示"进入"动态时空关系的动态图

现代汉语中表达"进入"这一动态时空关系的方式有如下三种。

①"进"类动词。直接运用"进"类动词来表达"进入"参照物的时空关系,这一类动词有进、进入、进来、进去。如:

她进了办公室。

敌人进入了伏击圈。

有同学进来了。

你进去吧。

这里"进来"与"进去"表示的时空认知模式有明显的区别,"进来"的时空认知模式中观察点在参照物内,而"进去"的时空认知模式中观察点在参照物外。

②V+进(入、进去)。前面的动词表示具体的位移方式,如走、跑、冲、钻、飞、爬等,后面的"进(入、进去)"在语义上表示这是一个位移事件,并且是表示"进入"参照物内部的时空关系。如:

同学们走进了教室。

鸟儿飞进了林子。

人们纷纷走入洞中。

野猪跑入了菜地。

球擦地滚入网内。

小偷从狗洞中爬进去了。

③V+到……里。前面的动词表示具体的位移方式,如走、跑、跳、飞、爬、滚、开等,后面的"到……里"在语义上表示这是一个位移事件,并且是表示"进入"参照物内部的时空关系。如:

大货车开到一个村子里。

他竟跳到河里了。

她骑车骑到路边沟里。

蜈蚣全跑到院子里了。

野鸡飞到饭锅里。

(5)交叠而出(pull out of)。

"交叠而出"时空关系是指位移对象 A 从部分在参照物 B 的里面到完全到参照物 B 的外面的过程。从逻辑上来说,一个移动对象 A 从与参照物 B"相交",到"相离",必须经过"相接",也就是说,描述这一时空关系时,需要三个快照来描述。设位移对象 A 部分在参照物 B 的里面的时刻为 t_0,与参照物相接的时刻为 t_1,位移对象 A 在参照物 B 的外面的某个时刻为 t_i,则运动轨迹为从起点位置 L_{t_0} 指向终点位置 L_{t_i} 的有向线,Top_{t_0}=相交,Top_{t_1}=相接,Top_{t_i}=相离,且 $Dis_{t_i}>0$,即,从 t_0 时刻到 t_i 时刻位移对象 A 与参照物 B 的拓扑关系从"相交"变为"相离",与具体方向无关,与位移对象 A 在参照物 B 里面的具体部位无关。如图 8-8 所示。

现代汉语中表达"交叠而出"时空关系的方式是:拔出(出来),实施该位移事件的条件是移动对象 A 与参照物 B 处于"相交",如:

他把刀从血肉里拔出来。

从石头中把剑拔出!

硬生生地把箭从体内拔出来。

从地里拔出一个胡萝卜。

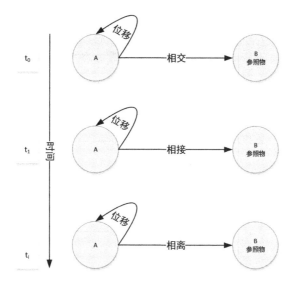

图8‑8　表示"交叠而出"动态时空关系的动态图

（6）移出（come out of）。

"移出"时空关系是指位移对象 A 从参照物 B 的里面出到参照物 B 的外面的过程。从逻辑上来说，一个移动对象 A 要从参照物 B 里面出来，要先后经过内部、相交、相接、相离这些拓扑关系，也就是说，描述这一时空关系时，需要四个快照来描述。其动态图如图8‑9所示。

现代汉语中表达"移出"时空关系的方式有四种。

①"出"类动词。直接运用"出"类动词来表达"出来"的时空关系，这一类动词仅有出、出来、出去。如：

我出地铁站了。

有考生从考场出来了。

从房间里出去。

这里"出来"与"出去"表示的时空认知模式有明显的区别，"出来"的时空认知模式中观察点在参照物外，而"出去"的时空认知模式中观察点在参照物内。

②V＋出（出来、出去）。前面的动词表示具体的位移方式，如走、跑、冲、钻、飞、爬等，后面的"出（出来、出去）"在语义上表示这是一个位移事件，并且是表示从参照物内部"出来"的时空关系。如：

那人从口袋里掏出枪。

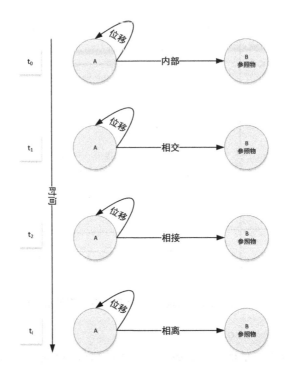

图 8-9 表示"移出"动态时空关系的动态图

恶狗突然从院子里跳出来。

小明从书包里拿出考卷。

从这个洞口爬出去。

③V+到……外。前面的动词表示具体的位移方式,如走、跑、跳、飞、爬、滚、开等,后面的"到……外"在语义上表示这是一个位移事件,并且是表示"出来"的时空关系。如:

心早已飞到了窗外。

两人走到屋外。

他跳到了墙外。

(7)离开(leave)。

"离开"时空关系是指位移对象 A 从参照物 B 所在位置到远离参照物 B 的过程。描述这一时空关系时,只需两个快照(起点:相接,终点:相离)就可以描述清楚了。设位移对象 A 与参照物 B 相接的时刻为 t_0,位移对象 A 与参照物 B 相

离的某个时刻为 t_i，则运动轨迹为从起点位置L_{t_0}指向终点位置L_{t_i}的有向线，$Top_{t_0}=$相接，$Top_{t_i}=$相离，且$Dis_{t_i}>0$，也就是说，从 t_0 时刻到 t_i 时刻位移对象 A 与参照物 B 的拓扑关系从"相接"变为"相离"，与具体方向无关。如图 8 - 10 所示：

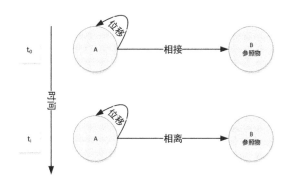

图 8 - 10　表示"离开"动态时空关系的动态图

现代汉语中表达"离开"时空关系的方式有如下两种。

①离开(离去)。直接运用动词来表达"离开"的时空关系，这一类动词仅有离开、离去。如：

小李 10 岁就离开了家乡。

他 2000 年就离开了公司。

他牵着马离去了。

顾客必定愤然离去。

②V＋开。前面的动词表示具体的位移方式，如走、跑、跳、飞等，后面的"开"在语义上表示这是一个位移事件，并且是表示"离开"的时空关系。如：

她的马从她身边跑开了。

号兵刚刚从门口走开。

快从这儿滚开！

她尖叫着从他身边跳开了。

(8)远离(go far away)。

"远离"时空关系是指位移对象 A 从参照物 B 的外面较近的位置不断位移到更远位置的过程。描述这一时空关系时，需要两个快照(起点：外面较近位置，终点：稍远位置)就可以描述清楚。设位移对象 A 在参照物 B 的外面较近位置的某

个时刻为 t_0，在参照物 B 的外面较远位置的某个时刻为 t_i，则运动轨迹为从起点位置 L_{t_0} 指向位置 L_{t_i} 并有趋势指向更远位置的有向线，Top_{t_0} —相离，Top_{t_i} —相离，且 $\text{Dis}_{t_0} > 0$，$\text{Dis}_{t_i} > \text{Dis}_{t_0}$，即从 t_0 时刻到 t_i 时刻位移对象 A 与参照物 B 的拓扑关系虽然一直是"相离"，但距离变得越来越大了，与具体方向无关。如图 8 - 11 所示：

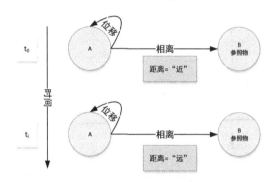

图 8 - 11　表示"远离"动态时空关系的动态图

现代汉语中表示"远离"时空关系的方式有如下三种。

①远去、远离。直接用动词来表示"远离"时空关系，这类动词主要有远去、远离。如：

客轮渐渐远去。

朱教授的背影渐渐远去。

脚步声也渐渐远离了。

②V+远。这里的动词表示位移的具体方式，如走、跑、飞等，这里的"远"表示这是一个"远离"位移事件。如：

刘备已经走远了。

她跑远了，我才喊出"谢谢"。

海鸥飞远了。

③越 V 越远。这里的动词表示位移的具体方式，如走、跑、飞等，这里的构式，如越走越远、越滑越远、越飘越远等，表示一个"逐渐远离"的位移事件。如：

船离岛礁越来越远了。

荷花灯越飘越远。

鸟儿飞上蓝天，越飞越远。

（9）"穿过"（cross）。

　　"穿过"时空关系是指位移对象 A 从参照物 B 的外面进入到里面,并从非进入点出到参照物 B 的外面的过程。从逻辑上来说,一个移动对象 A 要"穿过"参照物 B,要先后经过相离、相接、相交、里面、相接、相交、相离这些拓扑关系,也就是说,描述这一时空关系时,需要七个快照来描述。其中"出"的部位不能与"进"的部位完全相同。如图 8‑12 所示:

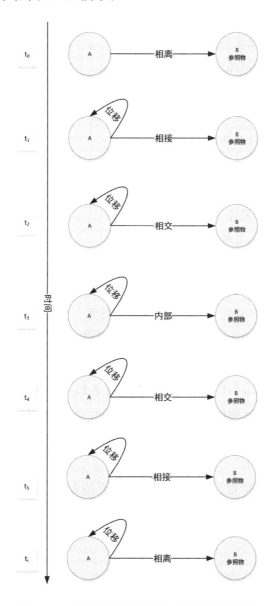

图 8‑12　表示"穿过"动态时空关系的动态图

现代汉语中表达"穿过"时空关系的方式有如下两种。

①"穿过"类动词。直接运用动词来表达"穿过"的时空关系,这一类动词仅有过、穿过、通过、越过。如:

小孩安全地过了马路。

我们乘车穿过宫殿的大门。

小车穿过几条马路。

红军终于胜利通过草地。

三过草地,两次越过雪山……

②V+过。前面的动词表示具体的位移方式,如走、跑、跳、飞、跨等,后面的"过"在语义上表示这是一个位移事件,并且是表示"穿过"的时空关系。如:

鸡妈妈一惊飞过了马路。

红军爬过了一座座雪山。

走过了塞纳河……

越过了山林,那马停了下来。

志愿军 10 月 25 日跨过了鸭绿江。

(10)返回(return)。

"返回"时空关系是指位移对象 A 从参照物 B 离开后,然后又回到参照物 B 的所在位置的过程。描述这一时空关系时,需要三个快照(起点:相接,经过点:相离,终点:相接)才可以描述清楚。设位移对象 A 与参照物 B 相接的时刻为 t_0,与参照物 B 相离的某个时刻为 t_1,重新与参照物 B 相接的时刻为 t_i,则运动轨迹为从起点位置 L_{t_0} 指向位置 L_{t_1},然后从位置 L_{t_1} 指向终点位置 L_{t_i} 的有向线,$Top_{t_0}=$ 相接,$Top_{t_1}=$ 相离,$Top_{t_i}=$ 相接,且 $Dis_{t_1}>0$,即从 t_0 时刻到 t_i 时刻位移对象 A 与参照物 B 的拓扑关系从"相接"到"相离"再变为"相接",与具体方向无关。如图 8-13 所示。

现代汉语中表达"返回"这一动态时空关系的方式有如下两种。

①"回"类动词。直接用"回"类动词表示"返回"时空关系,这类动词有回、返回、重返等,如:

回家啦!

毕业后马上返回祖国。

金庸重返故土。

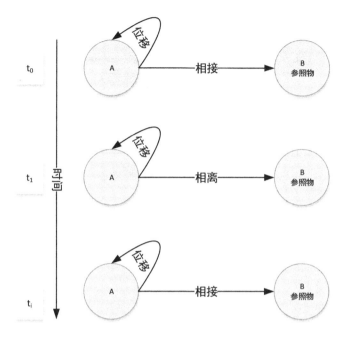

图 8-13 表示"返回"动态时空关系的动态图

②V+回。前面的动词表示具体的位移方式,如走、跑、跳、飞等,后面的"回"在语义上表示这是一个位移事件,并且是表示"返回"的时空关系。如:

我慢慢走回了家。

他马上飞回了宁波。

从车窗爬回车上。

(11)围绕(around)。

"围绕"这种动态时空关系是指位移对象 A 与参照物 B 始终处于"相离"关系,在参照物 B 的四周进行运动的过程。描述这一时空关系时,需要四个快照来表示位移对象 A 的不同方位,才可以描述清楚。设最初的观察时间为 t_0,位移对象 A 与参照物 B 的方位发生变化的时刻为 t_1,方位再次发生变化的时刻为 t_2,方位又发生变化的时刻为 t_i,这样我们可以把"围绕"这种动态时空关系用图 8-14表示如下:

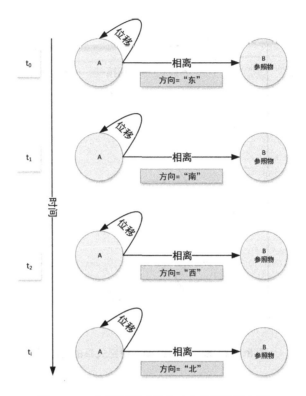

图 8－14　表示"围绕"动态时空关系的动态图

现代汉语中表达"围绕"这一动态时空关系的方式有 A 围着 BV 或 A 围绕
(着)BV。其中 V 表示具体位移方式,如:

地球围着太阳转,月亮围着地球转。

小狗也亲热地围着他汪汪叫。

五只天鹅围着那凤鸟飞来飞去。

七只出生不久的小虎围绕着一只母虎转。

卫星是围绕行星运行的天体。

8.3 上下文语境的动态构建

8.3.1 实体整合

(1)实体确定。

这是实体整合的第一步。我们往往用名词、代词来指称现实中的实体,当然如果在语境中该实体不言而明,有时也可能用省略的方式。实体确定就是要确定上下文中所谈论的实体到底是不是交际现场中的某个实体。

名词给出的是实体的类别,其具体指称意义取决于具体语境。如 A 站在车旁说"车坏了",这里的"车"可以指称身旁的那辆车,但 A 站在车旁说"车丢了",这时的"车"肯定不是指身旁的那辆车。

同样地,代词所指的实体取决于具体语境,在不同的话语中意义可能不同,如 A:"我早告诉你了。"B:"你什么时候告诉我的?"第一句的"你"是指 B 这个人,第二句的"你"却是指 A 这个人。同一句中的同样的代词意义也可能不同,如:"你,你,还有你,来一下。"这句中的三个"你"分别指称现场中三个不同的人,需要根据发话人的现场姿态来确定他们的具体意义。

上下文中所谈论的实体与现场语境中的同类实体的关系有以下三种情况:

①一对一。上下文中所谈论的实体就是现场语境中的实体,并且现场语境中的该类实体就只有一个。如 A 前面曾对 B 说"你妈来了",这时说"她带了一大包东西"。首先这里的"你妈"所指称的对象肯定是现实的实体;其次,由于 B 只有一个妈,这里的"妈"肯定是指 B 的妈。

②一对多。上下文中所谈论的实体是现场语境中的实体,但现场语境中的这一类实体有多个,需要其他知识才能确定具体所指对象。如老师在教室里对学生说"把书本放进课桌里",在教室里"书本"和"课桌"都有很多,但根据常识学生们明白,老师说的"书本"是指学生自己的书本,老师说的"课桌"是指学生自己的课桌。

③不相关。上下文中所谈论的实体与现场语境中的实体无关,如两位在校车上聊天,A 问 B:"车买好了吗?"这里的"车"与现场语境中的校车没有任何联系,需要调用 A 与 B 过去谈论过"买车"方面的相关背景知识才能明白。

实体确定就是要弄清楚上下文中所谈论的实体,针对前面讨论的三种情况,实体确定先要厘清话语中所谈论的实体是不是现场语境中的实体。如果不是,就需要在动态图中新增节点来表示该实体;如果是,还需进一步确定是现场语境中的哪个实体。如果现场语境中该类实体只有一个,那就将该实体的相关信息整合在动态图表示该实体的节点上;如果现场语境中的该类实体有多个,还需进一步调用相关知识确定具体的实体,然后将该实体的相关信息整合在动态图表示该实体的节点上。

(2)实体属性整合。

确定好实体后,就可以进行实体属性的整合了。根据实体属性的易变性,实体属性整合又分为三种情况:

①不易变的属性整合。有些实体属性是不易发生变化的,如"性别"。进行这类属性的整合时,根本不用考虑谈及该属性的时间问题,直接将该属性值添加进该实体节点中就可以了。

②规律性变化的属性整合。有些实体属性是规律性变化的,如"年龄"是每年增加一岁,如果知道某人某一年的年龄,那么就能推算出这个人今年的具体年龄。这时进行这类属性的整合时,可以根据规律直接推定当前的属性值,并且将该属性值添加进该实体节点中。

③易变的属性整合。有些实体属性是极易发生变化的,在极短的时间内就可能发生很大的变化,如"心情",由过去某一时刻的心情很难推定现在的心情。这时进行这类属性的整合时,只能在该实体节点中标明该时段的属性值,无法推得当前的属性值。

(3)实体关系整合。

根据实体间关系的易变性,实体关系整合又分为两种情况:

①不变的实体关系整合。有些实体间关系是不会发生变化的,如血缘关系,如果 A 与 B 是"父子关系",那么这种关系永远都不会发生改变。进行这类实体关系的整合时,根本不用考虑提及该实体关系的时间问题,直接在当前时间的两实体节点间添加一条表示该关系的边就可以了。

②可变的实体关系整合。有些实体间关系是会随时间的变化而发生变化的,如空间关系,实体 A 与实体 B 在 t_1 时是某种空间关系,到 t_2 时又变成了另一种空间关系。进行这类实体关系的整合时,需要考虑该实体关系的存在时间,只

能与该实体关系的存在时间所对应的动态图中,标明该实体关系,即在两实体间添加一条表示该关系的边。

8.3.2　事件整合

(1)事件确定。

事件确定就是弄清楚话语中所谈论的事件到底是不是现场语境中发生的事件。话语中所谈论的事件与现场语境中发生的事件的关系分为两种情况:

①不相关。话语中所谈论的事件与现场语境中发生的事件没有关联,如多年未见的两位老同学坐在咖啡厅里聊天,谈及过去一起经历过的美好回忆。话语中所谈论的各种事件都是过去一起学习时的事件,与现场语境中发生的事件并不相关。这种情况下进行事件整合,就需要在动态图中新增边来表示话语中所谈论的事件。

②相关。话语中所谈论的事件就是现场语境中发生的事件,如 A 看见 B 狼吞虎咽,就对 B 说:"慢慢吃!"这里话语中所提及的"吃"事件就是现场语境中发生的事件。这种情况下进行事件整合,需要将该事件的相关信息整合在表示该事件的动态图中。

(2)事件参与实体整合。

每一个事件都有一定的事件参与实体,事件参与实体整合就是在动态图中找到该事件的参与实体,并将相关信息整合进动态图中。如果该事件的参与实体在动态图中还没有相应的节点来表示,就需要新增相应的节点来表示该实体。

(3)事件关系整合。

事件关系整合就是将事件间的关系厘清,并清晰地在动态图中表示出来。事件关系整合主要包括三方面:

①层次关系整合。层次关系也就是上下位关系,即逻辑学上的种属关系。如"煮饭"事件就包含"淘米"事件。层次关系整合就是弄清楚两事件间的层次关系,并在动态图中在两事件间标明其层次关系。

②时间关系整合。事件间的时间关系可以简要地分成三类:之前、同时、之后。事件间的时间关系要详尽地分类的话,有 13 种:之前、之后、后接、前接、后叠、前叠、相同、之间、包含、起段、起于、止段、止于。可以根据需要来选择具体的类别。时间关系整合就是在动态图中在两事件间标明其时间关系。

③逻辑关系整合。事件间的逻辑关系主要有因果关系、条件关系、选择关系、目的关系、并列关系、跟随关系、递进关系、实例化等。逻辑关系整合就是在动态图中在两事件间标明其逻辑关系。

本章参考文献：

[1] 王今铮.简明语言学词典[M].呼和浩特:内蒙古人民出版社,1984.

[2] 张涤华,胡裕树,张斌,等.语法修辞词典[M].合肥:安徽教育出版社,1988.

[3] 冯广艺.语境适应论[M].武汉:湖北教育出版社,1999.

[4] 哈特曼,斯托克.语言和语言学词典[M].上海:上海辞书出版社,1981.

[5] 王建华.现代汉语语境研究[M].杭州:浙江大学出版社,2002.

[6] 刘宁生.汉语怎样表达物体的空间关系[J].中国语文,1994(3):169-179.

[7] 齐沪扬.现代汉语空间问题研究[M].上海:学林出版社,1998.

[8] 储泽祥.现代汉语方所系统研究[M].武汉:华中师范大学出版社,1998.

[9] 方经民.论汉语空间方位参照认知过程中的基本策略[[J].中国语文,1999(1):12-20.

[10] 方经民.汉语空间方位参照的认知结构[J].世界汉语教学,1999,50(4):32-38.

[11] 方经民.地点域/方位域对立和汉语句法分析[[J].语言科学,2004(6):27-41.

[12] 方经民.现代汉语方位成分的分化和语法化[[J].世界汉语教学,2004(2):5-15+2+16.

[13] 刘礼进.汉语空间参照系和拓扑关系表达[J].北京第二外国语学院学报,2014,234(10):24-32.

[14] 崔希亮.空间方位关系及其泛化形式的认知[A].语法研究和探索(十)[C].北京:商务印书馆,2000.

[15] 蓝纯.从认知角度看汉语和英语的空间隐喻[M].北京:外语教学与研究出版社,2003.

[16] 曾传禄.汉语空间隐喻的认知分析[J].云南师范大学学报,2005(2):31-35.

[17] 白丽芳."名词+上/下"语义结构的对称与不对称[J].语言教学与研究,2006(4):58-65.

[18] 徐丹.从认知角度看汉语的两对空间词[J].中国语文,2008(6):504-510+575.

[19] 蔡永强.汉语方位词及其概念隐喻系统[M].北京:中国社会科学出版社,2010.

[20] 高原.现代汉语空间关系构式认知研究[D].长春:东北师范大学,2016.

[21] 任永军.现代汉语空间维度词语义分析[D].延边:延边大学,2000.

[22] 崔希亮.汉语方位结构"在……里"的认知考察[M]//语法研究和探索(十一).北京:商务印书馆,2001.

[23] 张旺熹."把"字句的位移图式[J].语言教学与研究,2001(3):1-10.

[24] 栗爽.现代汉语位移动词研究[D].上海:上海师范大学,2008.

[25] 刘海琴.现代汉语位移动词研究[D].上海:复旦大学,2011.

[26] 韩卢丹.现代汉语位移动词词义属性研究[D].石家庄:河北师范大学,2013.

[27] 范立珂.位移事件的表达方式研究[D].上海:上海外国语大学,2013.

[28] 陈军.Voronoi 动态空间数据模型[M].北京:测绘出版社,2002:67-74.

[29] 曹菡.空间关系推理的知识表示与推理机制研究[D].武汉:武汉大学,2002.

[30] 虞强源,刘大有,谢琦.空间区域拓扑关系分析方法综述[J].软件学报 2003,14(4):777-782.

[31] 乐小虹,杨崇俊,于文洋.基于空间语义角色的自然语言空间概念提取[J].武汉大学学报(信息科学版),2005,30(12):1100-1103.

[32] 杜世宏,王桥,李治江.GIS 中自然语言空间关系定义[J].武汉大学学报(信息科学版),2005,30(6):533-538.

[33] 黄茂军,杜清运,杜晓初.地理本体空间特征的形式化表达机制研究[J].武汉大学学报(信息科学版),2005,30(4):337-340.

[34] 邓敏,刘文宝,黄杏元,孙电.空间目标的拓扑关系及其 GIS 应用分析[J].中国图象图形学报,2006,11(12):1743-1749.

[35] 李晗静.基于自然语言处理的空间概念建模研究[D].哈尔滨:哈尔滨工业大学,2007.

[36] 马雷雷.空间关系本体描述与推理机制研究[D].郑州:解放军信息工程大学,2012.

[37] 杜世宏,雒士群,赵文智,郭舟.多尺度空间关系研究进展[J].地球信息科学,2015,17(2):135-146.

[38] 周琦.基于语义文法的实体空间关系知识的获取方法研究[D].镇江:江苏科技大学,2015.

[39] 周琦,陆叶,李婷玉等.基于语义文法的地理实体位置关系的获取[J].计算机科学,2016,43(7):208-217.

[40] 王彦坤.室内位置描述中空间关系的不确定性建模与定位研究[D].武汉:武汉大学,2018.

[41] 高勇,刘瑜,邬伦等.移动点对象与参考地物空间拓扑关系[J].计算机工程,2007,33(22):57-59.

[42] 张彩丽,吴静,邓敏.移动点与参考地物时空关系的自然语言描述方法研究[J].地理与地理信息科学,2015,31(3):12-16.

[43] RENZ J. A Spatial Odyssey of the Interval Algebra:1. Directed Intervals[J]. Proceedings of the 17th International Joint Conference on Artificial Intelligence Seattle (Volume 1),2001:51-56.

[44] SAMANY N N, DELAVAR M R, CHRISMAN N, et al. Spatial Relevancy Algorithm for Context-Aware Systems(SRACS)in Urban Traffic Networks Using Dynamic Range Neighbor Query and Directed Interval Algebra[J]. Journal of Ambient Intelligence and Smart Environments,2013,5(6):605-619.

[45] REIS R M P, et al. Conceptual Neighborhoods of Topological Relations Between Lines [C]//The 13th International Symposium on Spatial Data Handling. Montpellier, France:Springer,2008:557-574.

[46] FILLMORE C J. Frame Semantics[C]//The Linguistic Society of Korea, ed., Linguistics in the Morning Calm, Seoul:Hanshin Publishing Company,1982,111-122.

[47] LAKOFF G, JOHNSON M. Philosophy in the Flesh:The Embodied Mind and Its Challenge to Western Thought[M]. New York:Basic Books,1999:33.

[48] LANGACKER R W. Foundations of Cognitive Grammar (Vol. 1): Theoretical

Prerequisites[M]. Redwood City: Stanford University Press, 1987:167.

[49] JACKENDOFF R. Semantic Structures[M]. Cambridge, MA: MIT Press,1990,43.

[50] TALMY L. Toward a Cognitive Semantics. Vol. I: Concept Structuring Systems. Cambridge, MA: MIT Press. Vol, II, 2000:21 - 37.

9 背景语境构建

9.1 背景语境的定义

我们根据语境知识的来源,进一步把语境分成上下文语境、现场语境和背景语境。正因为在语境构建中,只要这些被激活的知识是来源于受话者的长时记忆的,都被称为背景语境,所以背景语境是一个意义抽象而广泛的概念。对于背景语境究竟包括哪些因素,学者们的分歧较大。如王建华认为语境由言内语境、言伴语境、言外语境构成[1],这里的言外语境就是我们讨论的背景语境,他认为它主要包括社会心理、时代环境、思维方式、民族习俗、文化传统、认知背景。周明强认为背景语境由社会背景(政治思想、社会制度、经济发展、文化教育)、文化背景、认知心理背景组成[2]。曹京渊认为语境由语言语境、情景语境、文化语境、认知语境构成[3],其中文化语境、认知语境就是我们讨论的背景语境。索振羽认为,语境是由上下文语境、情景语境、民族文化传统语境构成[4],其中民族文化传统语境相当于我们讨论的背景语境,他认为该部分包括历史文化语境、社会规范和习俗、价值观三部分。

以往对背景语境构成要素的研究存在如下一些问题:

①对于常识没给予足够的重视。其实常识对话语意义的理解至关重要,如A:"别忘了明天老爸的生日。"B:"蛋糕早就订好了。"这里A要理解B的回答,就需要激活、调用庆祝生日的相关常识:唱生日歌、切生日蛋糕等。离开常识,我们是无法完成语用推理,获得说话人的交际意图的。

②都没包括交流经历。正常情况下,人们都在长时记忆中保存了与他人的交流经历,一般都大体记得与谁曾经说过什么;只有某些老年人,出现功能性障

碍,才会把一个故事反反复复地讲给别人听。为了交流的高效率,人们往往把交流经历作为背景知识。如 A 碰到 B 就问:"办好了吗?"B:"谢谢你,办好了。"旁人因为缺乏 A 与 B 间的交流经历,完全不知道他们所谈论是什么事情。但 A 与 B 两人正因为前面两人有过交流经历,讨论过这件事情,所以交流非常顺畅。

③细分标准不统一或切分不完全。以往学者们往往从背景语境研究角度,也就是同行间讨论的视角来分析背景语境,是给语境研究专家看的,只需要讨论那些特别有特色的部分,并没有考虑每一个可能的构成要素。从 AI 视角来看,要为智能机器人配备相应的知识库,需要对所有的背景知识进行分类。

总之,从动态语境的构建视角来看,目前对背景语境构成要素的研究还有待进一步深入。我们首先根据背景语境的知识信息的社会性,即这些知识信息是全社会都应知道的,还是仅仅只是言语交际双方才知道的,把背景知识分为社会知识和个人信息。然后,根据社会知识的普及性,把社会知识细分为常识和专业知识两部分;根据个人信息的来源,进一步把个人信息进一步细分为发话人信息和受话人信息两部分。我们可以用图 9-1 把背景语境构成要素表示如下:

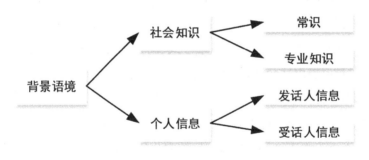

图 9-1　背景语境的构成要素

当交际双方谈论的是专业话题时,肯定需要调用相关的专业知识才能顺利完成沟通。专业知识由各领域的专业知识组成,可以分别构建相应的分领域专业知识库,根据讨论的专业领域来激活调用相关专业知识。过去为了构建专家系统所建立的知识库主要是具体领域的专业知识,相关文献非常多,本书就不再讨论专业知识的相关问题了。下面我们主要讨论常识、发话人信息和受话人信息。

9.2　常识

在国际人工智能界,一直公认常识性知识的处理是人工智能的核心难题。所谓常识,是相对于专业知识而言的,专业知识被广泛应用于各类专家系统和应用软件之中,人类积累的专业知识虽浩如烟海,但比起常识来,专业知识还只如小巫见大巫,当前专家系统的一大弱点就是缺乏常识。

正因为常识对人工智能来说非常重要,而且现在又缺乏可用的常识知识库,因此也有学者在此方面进行了探索,如莱纳特等人正在建的 CYC 海量知识库,但该知识库没有考虑到专业知识和常识的界限,其重点没有放在常识本身,难以使常识性知识库真正达到实用的地步,人们至今未见到 CYC 实际应用的报告。

我国学者也在探索常识知识库的建设,如陆汝钤等人正在建立一个大规模的常识知识库,并探讨利用常识知识库来解决一些实际任务(如机器翻译、自然语言理解)中涉及的常识问题,在此基础上进一步探讨一般的常识性知识的处理和实用问题[5]。该常识知识库具有如下几个方面的特点:①其研究对象主要不是专业知识,而是地地道道的日常生活中的常识;②其研究对象不仅是自然现象中的常识,而且包括社会生活中的常识;③该常识库不是目前已有的各种知识的堆积,而是在深刻分析了常识性知识的本体论后,按其内在联系有机地组织起来的;④该常识知识库将面向广泛的应用,而不仅仅是简单的知识查询;⑤由于有实际应用背景,该常识知识库避免了 CYC 的毛病:过于一般地收集百科全书式的知识,将更加实际有效。

我们的研究目标不在常识知识库的建设,而是以此为基础,探讨动态语境构建,即探索如何根据话语和现场语境的信息,从常识知识库中激活、调用相关的知识送至工作记忆中,参与语用推理,最终实现交际意图识别。为了能从常识知识库中准确激活、调用相关的知识,需要进一步研究常识,为此我们把常识进一步分为实体常识、事件常识、语言常识几个方面来进行深入研究。

9.2.1　实体常识

实体是指客观存在并可相互区别的事物,它可以是具体的人、事、物,也可以是抽象的概念或联系。我们在第五章详细讨论过实体知识的本体,根据实体的特征,我们可以把实体分为时间、空间、构件、万物几大类,其中每一类都又可以进一步细分。

每一个实体又可以从结构、属性、关系三个角度来分析。从结构视角来看,实体是由若干内部构件和外部构件组成,而每一个构件又可以从结构、属性、关系三个角度来分析,直到无法细分为止。从属性视角来看,实体的存在状态表现为若干属性的集合,如形状、体积、颜色等,这些属性可以从若干方面进行归类,如可以分为物理属性、生理属性、心理属性和社会属性四大类。从关系视角来看,实体间存在各种各样的关系,这些关系主要可以分为静态关系和动态关系;静态关系如静态空间关系,动态关系就是事件关系,指实体间因某种事件而产生的关系。本书将动态关系放在事件知识中进行讨论。

9.2.2 事件常识

事件常识,顾名思义,就是指与事件相关的常识。本书在前面把事件定义为:实体状态在时间流中的变化。具体来说,事件是指在一定的时空中的某实体,由于某种作用(自身的作用或其他实体的作用),而导致的实体存在状态发生变化的过程。事件常识就是指这些事件参与实体在变化过程中的各种存在状态的变化、导致变化的前提及变化的原因等方面的知识。由于事件所表达的变化过程可大可小,因此事件常识既可以指时间跨度非常小的事件的相关常识,如煮饭、开门等;也可以指时间跨度非常大的事件的相关知识,如宇宙演变、社会发展等。为此,我们把事件常识区分为事件内事件常识和事件间事件常识。

(1)事件内事件常识。

我们曾把事件过程定义为一系列的事件快照的总和,把事件快照定义为事件过程中某一时刻的事件的参与对象、事件发生空间、事件作用关系的具体存在状态。事件内事件常识就是指单个事件的事件常识,也就是指该事件的每一个快照的发生前提、事件快照要素在那一时刻的具体存在状态。前面我们也讨论了采用"事件动态过程分级描写模型"来描述事件的动态过程,并运用动态图来实现事件的动态过程知识的描述。下面我们以"煮饭"为例来展示如何描述单个事件的事件常识。

示例:"煮饭"常识

煮饭的工具比较多,如用锅、电饭煲、电压力锅、竹筒等都可以煮饭,虽然用不同的工具煮饭大体过程差不多,但还是存在一定的差别。我们这里讨论的是用电压力锅煮饭的相关常识,指明煮饭工具以便我们更加精准地挖掘"煮饭"的相关常识。

根据"事件动态过程分级描写模型",我们首先把"煮饭"这一事件细分为如下几个子过程:①洗锅;②量米;③淘米;④加水;⑤放好内胆;⑥开始加热;⑦停止加热;然后根据这些子过程本身的特点,看能否进一步细分为子阶段,子阶段又能否进一步细分,直到细分为具体的原子行动;最后用快照对原子行动进行详细描写,揭示事件的详细过程。

譬如,"洗锅"这一子过程不用进一步细分为子阶段,可以把它直接细分为如下的原子动作:①打开锅盖;②取出内胆;③移至水槽;④加水;⑤清洗;⑥倒水。最后根据原子行动的特定,运用相应数量的快照对原子行动的过程进行详细描写,揭示原子行动的每一个细微的过程。详细情况见表 9-1。

表 9-1 "洗锅"的常识挖掘

时间	原子行动	条件	快照	具体存在状态
t_0	①打开锅盖	存在智能体,存在电压力锅,电压力锅有锅盖,锅盖是盖着的,智能体在电压力锅附近,电源有电,电压力锅功能正常等	t_{01}	智能体的手与锅盖相离,锅盖是盖着的
			t_{02}	智能体移动手,手与锅盖相接,手抓住锅盖,锅盖是盖着的
			t_{03}	智能体移动手,手与锅盖相接,锅盖打开了
			t_{04}	智能体移动手,手与锅盖相离,锅盖是打开的
t_1	②取出内胆	存在智能体,电压力锅有内胆,内胆在电压力锅里面	t_{11}	智能体的手与内胆相离,内胆在电压力锅里面
			t_{12}	智能体移动手,手与内胆相接,手抓住内胆,内胆在电压力锅里面

（续表）

时间	原子行动	条件	快照	具体存在状态
t_1	②取出内胆	存在智能体,电压力锅有内胆,内胆在电压力锅里面	t_{13}	智能体向上移动手,手与内胆相接,内胆与电压力锅相交
			t_{14}	智能体向上移动手,手与内胆相接,内胆与电压力锅相离
t_2	③移至水槽	手抓着内胆,存在水槽	t_{21}	智能体向水槽位移,智能体与水槽相离,手抓住内胆,手与内胆相接,内胆与水槽相离
			t_{22}	智能体与水槽相离,距离很近;内胆与水槽相离,距离很近
			t_{23}	智能体向水槽移动手,手与水槽相交,内胆与水槽相交
			t_{24}	手与水槽相交,内胆在水槽里面
t_3	④加水	水槽有龙头,龙头功能正常,龙头里有水,龙头是关闭的	t_{31}	智能体的另一只手与龙头相离,智能体向龙头移动这只手,龙头是关闭的,内胆与龙头相离
			t_{32}	智能体的一只手与龙头相接,这只手打开水龙头,龙头打开了,水从龙头里流出,内胆与龙头相离
			t_{33}	智能体移动拿着内胆的手,内胆在龙头下方,水落在内胆里面
			t_{34}	手关闭龙头,龙头关闭了,水不再流出,一只手拿着内胆,另一只手与内胆相离

（续表）

时间	原子行动	条件	快照	具体存在状态
t_4	⑤清洗	智能体的两只手功能正常	t_{41}	智能体的一只手拿着内胆,向内胆移动另一只手,这只手在内胆里面
			t_{42}	这只手在内胆里面,擦洗内胆
			t_{43}	向内胆外移动这只手,这只手在内胆外面
t_5	⑥倒水	水槽下水道通畅,存在重力	t_{51}	智能体倾斜内胆,水在内胆里
			t_{52}	智能体倾斜内胆,水从内胆里流到水槽中,流到下水道中
			t_{53}	内胆里没有水了,智能体回正内胆

这些快照我们可以用动态图来表示,这样我们就实现了事件的一个原子动作的相关常识的挖掘及表示;我们按照这样的方式,对某一事件的所有原子动作的相关知识进行挖掘、表示,也就实现了整个事件的常识的挖掘及表示。事件的常识挖掘出来以后,可以用第七章讨论的 Neo4j 图模式数据库来保存这些事件的常识,以便于以后调用。

事件内的相关常识对话语理解是非常重要的,我们在日常交流中往往利用这些常识来为我们的交流服务,如我们可以利用事件发生的前提条件使我们的交流更加高效流畅:

A:床单有很久没洗了。

B:①天气预报说,今天有雨。

②我得赶个材料。

③洗衣机坏了。

④刚刚停电了。

……

在上面的例子中,B 理解 A 要 B 洗床单的意图后,根据实际情况可以选择其中之一来表示拒绝,而拒绝的方式都是说明,实施某行为的条件不满足:如句

①是没阳光,句②是没时间,句③是洗衣机坏了,句④是没电。

我们还可以运用事件过程的相关常识来帮助我们高效交流,如:

A:落地了吗?

B:在等行李。

在这里,说话双方都明白对方知道乘飞机的相关常识,知道乘飞机的整个过程,都在调用相关常识来进行言语交流,不言自明的双方共知的常识绝不会说,确保了交流的效率。

(2)事件间的事件常识。

事件间的事件常识,与我们前面讨论的单个事件内的常识不同,它主要是指事件间存在的关系方面的常识。我们先从时间跨度的角度来讨论事件间的关系,如时间跨度较大、与人的生活关系最为密切的常识有如下几种情况。

人的一生相关常识:出生后到 3—4 岁开始上幼儿园;然后就读小学、初中;然后参加中考,读高中;参加高考后,读大学或就业;有的还要考研、读博;然后参加工作,再买房,结婚、生子;到 60 岁退休,退休数年后生命结束。

中国人的一年的相关常识:除夕过后,开始走亲访友,最迟正月十五开始上班、上学;然后"五一"小长假;继续工作或学习到暑假;暑假结束后,继续工作或学习,直到"十一"小长假;然后继续工作或学习到寒假;有的工作到春节的前几天,然后回家过年。

中国人的一周的相关常识:星期一至星期五工作或学习,星期六、星期天休息。

中国人的一天的相关常识:一般 7 点起床,然后刷牙、洗脸、吃早餐,然后去上班或上学;中午 12 点左右吃中饭,短暂午休后继续上班或学习,下午 5—6 点下班,回家做晚饭;晚上在家学习、工作或休闲,晚上 10 点睡觉。

时间跨度很小的事件间常识是指两个有联系的、时间间隔很短的事件间的相关常识,相对于前面那些时间跨度较大的事件而言。如一个人想出门旅行了,他往往要坐高铁或者乘飞机。

但无论时间跨度的大小,事件间的事件常识揭示的都是事件间的相互联系,即事件间的关系。我们该如何表示这些事件间的事件常识呢?由于这些知识并没有时间的变化,即在可见的时间内,这些事件间的关系都不会发生变化,所以无法用动态图来表示。如果用静态图来表示,又无法表示事件间的推理关系,如一个人饿了，他就会想吃东西。

在智能系统的开发中，单一知识表示方法都具有一定的局限性。在一个智能系统中综合使用两种或两种以上知识表示方法，做到扬长避短，可以达到良好的知识表示效果，通常我们将此类智能系统称为混合智能系统。混合智能系统通过结合、继承、融合和协调数种知识表示方法来增强和提高系统的整体能力和性能。

Petri 网是一种用网状图形表示知识模型的方法，它具有恰当描述和处理并发和不确定现象的能力，是动态系统建模和分析的有效工具之一。方平分析了基本 Petri 网在知识表示时存在的冲突和冲撞等问题，给出了更加适合知识表示和推理的知识 Petri 网的知识表示模型[6]，推理算法充分利用了 Petri 网的并行能力，完全采用矩阵运算实现，简单高效。因此我们采用基于知识 Petri 网的知识表示模型来表示事件间的事件常识。Petri 网的具体表示方法见本书第三章的相关讨论。

我们以"补充能量"的常识为例：

如果一个人饿了(P_1)，他就会想补充能量(P_2)。如果这时有烹饪好了的食物(P_3)，他就会马上吃这些食物(P_4)。如果这时没有烹饪好了的食物(P_5)，但有现存的食材(P_6)，他就会马上进行烹饪(P_7)。如果他想烹饪(P_7)，他就要煮饭(P_8)和炒菜(P_9)。

在知识表示和推理时，人们通常选用 Petri 网模型的输入库所表示命题，输出库所表示结论。Petri 网用变迁表示状态的变化，用有向弧表示命题和结论之间的关系，命题和结论的出现与否用托肯(标志符号)出现来表示。知识推理过程就是根据 Petri 网中命题是否存在或得到网络的初始状态标识，并通过一系列的变迁将托肯传播到输出库所得到新的标识，以输出库所是否有托肯来表示推理的结论。如果输出库所出现托肯，则代表对应的结论成立，反之则不成立。我们可以用知识 Petri 网将上述这些"补充能量"常识表示为图 9-2。

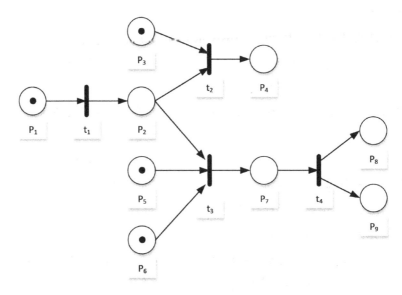

图 9 - 2 "补充能量"常识的 Petri 网表示

当然,生活中补充能量的常识要比这复杂得多,这里描述的只是其中的一小部分。但无论这些常识多么复杂,我们都可以按照这种表示模型,一步一步逐步构建,最终实现这些常识的 Petri 网表示,为后续的常识推理打下基础。这里我们并不想穷尽这方面的相关常识,只是展示用知识 Petri 网来描述事件间的事件常识的可行性。

9.2.3 语言常识

语言常识也包括很多方面,我们主要讨论词、句、语用这三方面的常识。

9.2.3.1 词的常识

对非语言学专业人员来说,词的相关常识,主要是词的意义以及该词怎么用。词怎么用实际就是词的语法意义,也是词义的构成部分。一般认为,词义包括语法意义和词汇意义,下面我们对语法意义和词汇意义分别进行讨论。

(1)语法意义。

词的语法意义,也称功能意义,它是词语言中的结构功能的反映。因为任何词在使用中都要同其他词发生一定的结构关系,所以任何词都具有语法意义。当然,词的语法意义与词汇意义不同,它是词在语言构造中的一种类聚意义,所以它是一种更抽象、更概括的意义。例如,"狗、牛、马、演员、红旗"等词,都是表示事物的名称,都常与数量短语组合,如"一条狗、一匹马、一头牛"等;可以在句子中充当主语、宾语和定语,如"狗在叫""我家养了一条狗""狗的窝",这些组合能力就是它们共有的语法意义。

(2)词汇意义。

词汇意义可以分为概念义和色彩义。概念义反映的是人们对词所指对象的固有属性及其特定范围的认识。色彩义附着在词的概念义之上,表达人们或语境所赋予的特定感受。色彩义种类很多,比较重要的有四种:评价义、语体义、理据义和搭配义。概念义是每个实词都有的,色彩义则不一定:有的多一些,有的少一些,有的明显,有的不明显。

①概念义:它反映的是人们对词所指对象的固有属性及其特定范围的认识,它是人们对所指对象或现象的区别性特征的概括反映。如词典中"狗"的概念义:"哺乳动物。种类很多,嗅觉和听觉都很灵敏,毛有黄、白、黑等颜色。是一种家畜,可以训练来追踪、守卫、导盲及救生等,有的用来帮助打猎、牧羊等。一般饲养为宠物,也叫犬。"

②评价义:指一个词所体现出来的,反映了说话人对所指对象的评价和主观态度。它可以分为两个方面:感情义和含蓄义[7]。感情义主要是表示说话人对有关事物和现象的褒贬情感和态度。如看到一个打扮新潮入时的女人,可以说她"时髦",也可以说她"娇艳"。含蓄意义是说话人对所指对象的一种相对委婉含蓄的评价。比如我们说"男子汉"除了表示其概念义"成年男性"外,还含有坚强、健壮、有气度、充满阳刚之气等意味。

③语体义:又称风格义,是一些词经常用于某些特定场合而形成的风格色彩。可以分为两大类:口头语体和书面语体。口头语体通俗活泼,自然随便,有时带有方言色彩;书面语体严谨规范,庄重典雅,常常带有文言色彩。如爱人——配偶,老爸——父亲。

④理据义:是由造词的理由和依据所形成的字面表层意义及其形象色彩。一般来说,比较明显的理据义有两种:形象意义和文化意义。形象意义是指构词的语素所显示出来的一种具体生动的直觉形象感。根据人的感官,形象意义大致可以分为:形感,如仙人掌、白头翁、鸡冠花;动感,如上钩、开夜车、闯江湖、炒鱿鱼;色感,如雪豹、墨鱼、白茫茫、绿油油;声感,如轰隆隆、笑哈哈、嘻嘻哈哈、稀

里哗啦。文化意义主要有三种情况：历史信息、异域信息、文学信息。

⑤搭配义：主要指某些词由于特定的搭配习惯而形成的相互制约关系，它反映了词与词的选择关系和使用范围。如"交流"和"交换"都指双方把自己的东西给对方，但他们的搭配对象却不同。"交换"可以和"礼物、意见、资料、产品"等搭配；"交流"则与"思想、经验、文化、物质"等搭配。"交换"搭配的对象，大多是意义较具体的或所指范围较小的词；"交流"搭配的对象，大多是意义较抽象或所指范围较大的词。

9.2.3.2　句的常识

对非语言学专业人员来说，句的相关常识主要有句模和时制。下面我们对句模和时制分别进行讨论。

①句模。言语是无限的"句子"的集合。语言是有限的句子"模型"的集合。研究语法就要全面深入地研究有限的"句子模型"的组合规律。在句法平面上的句子模型叫作"句型"，在语义平面上的句子模型叫作"句模"。

鲁川认为，句模的语义单位是概念、事元、事件。一个句模代表一种句子模式，表达一类语用"句意"，其语义成分是"中枢事元"和"周边事元"。一个"事件"由一个"中枢事元"和若干个相关的"周边事元"组成。中枢事元和周边事元所充当的语义角色分别叫作"中枢角色"和"周边角色"。他把汉语句子的句模首先分成 26 个基本类，基本类再分小类，最终把汉语的基干句模和特殊句模共分成 122 类[8]。如 001 位于类：句模意为"某物'在'某处"，句模可以抽象为[当事]＋【V】＋[（在）空间]，动词常为"在，处，位于，坐落，分布，倒映，附着"，如塑像坐落在广场中间。

黄曾阳认为，人们在认识世界的过程中形成了很多图式，这些图式反映在句中便形成了句模，句模是人们认知图式的凝结。"每一基本句类对应着一定的世界知识和语言知识"[9]。如在现代汉语中，作用句的认知图式为：施事＋作用＋受事，如张三打了李四。

②时制。汉语的句子有时制范畴。以言说者说话的时间为时点，分为三个时段、五个时态。三个时段是过去、现在、将来。时段是用实词表达逻辑意义即词汇意义的；时态是用虚词表达语法意义的，是动词的前加成分，三个时段的长短是相对的。时态范畴可以概括为五类：过去时（已经、曾经、早已）、近过去时（刚刚、才）、现在时（正、在、正在）、近将来时（就、快、马上、立即）、将来时（将、将

要）。时态范畴的助词在动词前,决不能放在动词后;体貌范畴的助词恰恰相反,都放在动词后,决不能放在动词前。

9.2.3.3 语用常识

美国社会学家戈夫曼(Erving Goffman)提出的社会戏剧论对我们研究言语交流规范具有重要价值。戏剧论首先强调情境对于个体自我的意义。戈夫曼认为情境创造出相应的要求或期望,并且迫使个体跟随。在《日常生活中的自我表演》中,戈夫曼指出生活本身就是一个充满了戏剧行为的舞台,生活中人与人的际遇如同演戏,每个人都是表演者,并且都有自己的戏目,这些戏目并非单调或者唯一,而是因应于不同的情境而变换。如同演员面对着不同的观众[10]。

情境有前台与后台之分。前台是让观众看到并从中获得特定意义的表演场合,在前台,人们呈现的是能被他人和社会接受的形象。后台是相对于前台而言的,是为前台表演做准备、掩饰在前台不能表演的东西的场合,人们会把他人和社会不能或难以接受的形象隐匿在后台。在后台,人们可以放松、休息,以补偿在前台区域的紧张。

戈夫曼认为,人们不能将前台行为用于后台,也不能将后台行为用于前台,而是应该在不同的场合表现出该场合应有的行为,而其标准是社会的规范,即社会对角色行为的规定。一个成功的社会成员就是要知道在什么场合应该怎么做,判断场合并用适当的方式去行动。

在日常生活中,人们的前台行为与真实舞台上的戏剧是不同的,并不是"装出来的",而是他们的正常生活的一部分。

总之,戈夫曼的戏剧论给我们的启示是:在言语交际中,不同的社会场合存在着相应的社会规范和社会准则,这是人们内化了的一系列的惯例和共识,也是人们在社会生活舞台上不同场合进行交际的依据。

语用常识主要包括交际场合、交际角色、交际规范。其中,社会交际场合具有决定性,有社会交际场合决定了该场合下的交际角色,也就决定了该角色的交际规范。社会空间实体就是为了实现特定的社会功能而建造出来的,为了实现这些社会功能,就必须配备相应的人员,而这些人员由于各自承担不同的社会分工,于是形成了各种各样的社会角色,如教室上课的场合,就有教师、学生的角色,学生具有认真听课的义务,也有获得教育的权利。而考场考试的场合,就有监考、考生的角色,即使监考老师还是同一个授课老师,但身份已经发生改变,就不能在考场上进行任何考试内容的讲解。即使考试还是那些学生，但考场上他们没有要求老师进行讲解的权利。

语用常识就是如何根据社会交际场合和交际双方的情况来确定发话人、受话人的交际角色，并调用相关角色间的交际规范进行交际的常识。

(1)交际场合的识别常识。这个环节是在现场语境构建时完成的，但在实现交际场合的识别时，需要相关常识的支持，即每个场合(交际空间实体)都包括哪些实体？这些实体间是怎样的空间关系？这些实体间还存哪些关系？

(2)交际角色的识别常识。人们都是根据交际场合的常识得到其交际角色集，如由医院就可以得知有医生、护士、病人、病人家属以及保洁人员、门卫等角色。人们根据这些人员使用的道具，如服饰、工作牌、办公场所等来识别其具体角色，这些人员的说话方式也是我们推断角色的依据之一。

(3)角色间的交际规范。虽然角色本身对交际方式有很大的影响，但真正起决定性作用的是角色间的关系，是角色间的关系决定了该角色的权利、义务、交际规范，如"护士"与"病人"进行交际时，护士有权要求病人服从她的安排，什么时候打针，什么时候吃药，病人必须服从；同时病人有权要求护士表现出护士角色应有的行为，如及时送药、按时打针、认真护理等。而"护士"与"医生"进行交际时，护士虽然也有权要求医生明确告知病人的具体护理要求，但主要是有责任遵照医生的要求及时送药、按时打针、认真护理。

(4)交际角色间的交际意图识别。交际角色是人们推理交际意图的重要依据，人们往往根据交际角色的权利、义务、交际规范来推理。我们可以根据交际意图与交际角色的关系把交际意图分为角色内的交际意图和角色外的交际意图。前者是指发话人按照当前交际角色的权利、义务、交际规范来表达的意图，如医生向护士下达具体的护理任务；后者指发话人没有按照当前交际角色的权利、义务、交际规范来表达的意图，如医生邀请护士约会；这也可以看成一次转换交际角色，如恋人，的努力。

虽然语用常识是推断发话人交际意图的重要依据，但目前这方面的知识还没引起人们的高度重视，还没得到深入挖掘。

9.3 个人信息

9.3.1 发话人信息

第 7 章在讨论现场语境构建中发话人的相关知识时,指出发话人的相关知识可以从动态、静态两个角度来看,静态的角度又分孤立视角、联系视角两种,并用图 7 - 5 表示了发话人的认知结构。但这些对于构建背景语境来说,都还不够,还需要进一步补充。

从背景语境构建的视角来看,发话人信息包括基本信息、偏好信息、交流经历、对受话人的了解情况。

(1)基本信息。基本信息是指保存在长时记忆中的受话人的方方面面的信息,如相貌、年龄、职业、学历、工作单位等。这些信息可以分为结构视角、属性视角、联系视角的知识,属性视角还可以进一步区分为生理、心理、社会属性。由于本文在第七章已详细讨论过,这里不再重复。

这些基本信息是受话人识别交际角色的重要依据。受话人先据此信息来区分发话人是陌生人还是熟人。如果受话人在长时记忆中查找不到发话人的相关信息,那发话人就是陌生人;否则,就是熟人。是熟人,就得调用相关的偏好信息、交流信息、对受话人的了解情况等,以确保交流顺畅。

(2)偏好信息。受话人在比较了解发话人的基础上才知道的发话人的特殊偏好信息,如有的人酷爱下围棋,有的人嗜酒如命,有的人离不开咖啡,等等;也包括价值观,有的人特别节俭,有的人特别好学,有的人是工作狂,等等。

发话人的偏好信息是受话人推断具体交际意图的重要依据,譬如,"等会儿一起切磋一下。",如果是酷爱下围棋的人说的,又没有其他明示,那么这句话的真实意图就是邀请受话人一起下围棋。如果是热爱打乒乓球的人说的,又没有其他明示,那么这句话的真实意图就是邀请受话人一起打乒乓球。

(3)交流经历。人们在日常交际中,总是把过去的交流经历作为双方共享的知识,在言语交流时直接调用,而不会重复提及,如 A:"今天老地方开会。"B 与A 常去某某家搓麻将,B 知道 A 常称之为"开会",于是立马就知道 A 的真实意图:A 邀请 B 今晚一起去某某家搓麻将。交流经历就是指发话人与受话人在何时何地一起从事什么活动时说过什么,表达的真实意图是什么。交流经历可以按言语交际事件的知识框架来保存。

在调用交流经历时，双方谈论主题的重要程度是首要的索引项，双方谈论过的最重要的事应该最先调用；其次是交流的时间，时间越近，就越重要，应该先调用。如老师 A："最近状态还好吧？"学生 B："很好！"因为老师 A 知道 B 正在全心备战考研，这是 B 最重要的事，并且 A 与 B 交流过考研复习的关键在于保持良好的心态，所以不用重复该主题。而 B 认为前不久刚与 A 讨论过考研复习中的心态的重要性，A 肯定是询问考研复习的状态，从而顺利地完成了交际。

（4）对受话人的了解情况。对受话人的了解情况这里是指，受话人记忆中，发话人对受话人的相关信息的掌握情况。一般来说，交流时间越长，交流频率越高，双方关系越亲近，受话人对发话人的了解越深入。

受话人在解读话语时，会根据发话人对受话人的了解情况，来确定发话人是有意还是无意表达某一意图的。如电视剧《壮志高飞》中有一片段，吴迪一直梦想成为一名飞行员，但她妈妈一直反对。母亲："什么飞行员，不就是个司机？"女儿："你为什么就不尊重我？"吴迪知道她母亲一直知道她想成为一名飞行员，此刻仍然说出这样故意贬低飞行员的话，就是坚决反对她的选择，所以她才会非常生气。

9.3.2　受话人信息

受话人信息这里是指保存在长时记忆中的有关受话人自己的相关信息。这些信息主要包括结构信息、属性信息、关系信息。

（1）结构信息。受话人对自身身体的认知，主要是身体的各部分是否正常，自身各构件的相对位置。

（2）属性信息。受话人对自身的各种属性状态的认知，如自己性别、民族、职业、职称、学历、身高等；也包括自身的各种经历，如学习经历、工作经历、感情经历等。

（3）关系信息。包括两个方面：一个是受话人的社会关系，如血缘关系、家庭关系、朋友关系、同事关系等；另一个是受话人与物品的关系，自己拥有哪些物品。

这些信息在需要时就会被激活、调用至工作记忆中。如果说前面讨论的发话人信息主要解决了"对方是谁"的问题，那么受话人信息主要为了解决"我是谁"的问题。只有弄清楚了这两个问题,才能确定在当前交际场合下发话人的交际角色以及受话人的交际角色,也才能明白现在的交流是上行沟通、下行沟通还是平行沟通,然后才能遵循相应的交际规范顺畅完成交际。

9.4 背景语境的动态构建

本书在第二章中提出,理解语境是在言语交际中,受话者为了理解发话者的一段主体话语所传递的真正意义(交际意图)而激活的交际双方共有的相关知识命题。因此理解语境的构建实质是受话者根据发话者给出的各种"线索",激活交际双方共有的相关知识命题的过程,其目的是理解发话者的真实意义:交际意图。在此基础上,我们提出了语境动态构建模型。在该语境动态构建模型中,背景语境的动态构建有三个方面:①根据现场语境信息调用背景知识;②根据话语信息调用背景知识;③根据语用推理信息调用背景知识。

9.4.1 根据现场语境信息调用背景知识

现场语境的构建要经过实体识别、实体关系识别、场景识别、行为识别这几个阶段,每完成一个阶段后,语境构建系统都会根据现场语境取得的阶段性成果,激活、调用相应的背景知识,整个过程如图 9-3 所示。

①实体识别阶段:智能机器人在此阶段识别出交际空间中的各种实体,其中最重要的是识别发话人。根据相貌特征,搜索个人信息库,可以识别出发话人是不是已经认识了的人。如果是熟人,则从背景知识库中获取相关的个人信息,如基本信息、偏好信息、交流经历、对发话人的了解情况。另外,语境构建系统还需获取已经识别出的其他实体的相关常识。

②实体关系识别阶段:智能机器人在此阶段识别出实体间可以现场感知的相关关系,主要是空间关系。语境构建系统需要从背景知识库中获取相关的实体间关系的常识,如两实体间一般最常见的空间关系,尤其是发话人与受话人的社会关系。

③场景识别阶段:智能机器人在此阶段根据交际空间的相应特征识别出具体场景的名称。语境构建系统根据场景的名称,从背景知识库中获取相关的场

景常识,如一般情况下,该场合有哪些交际角色,各个交际角色有哪些权利与义务等。

④行为识别阶段:智能机器人在此阶段识别出发话人的相关体态行为,以及交际伴随行为。语境构建系统根据发话人的体态行为,从知识库中获取相关的体态行为常识,如微笑的意义、鞠躬的意义等;语境构建系统根据发话人的交际伴随行为,从背景知识库中获取相关常识。

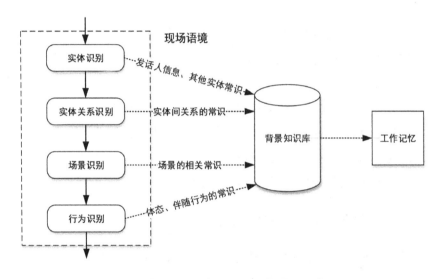

图9-3 根据现场语境信息调用背景知识的过程

9.4.2 根据话语信息调用背景知识

这里所说的根据话语信息调用背景知识,是指受话人在解读发话人的话语的字面意义时,就需要调用相关的背景知识。调用的背景知识可以分为语言知识和非语言知识。

9.4.2.1 语言知识

语言知识到底是不是背景知识? 根据我们对语境的定义,语境是在言语交际中,受话者为了理解发话者的一段主体话语所传递的真正意义(交际意图)而激活的交际双方共有的相关知识命题。如果这些知识来源于受话者的长时记忆,则可以称之为背景语境。语言知识肯定来源于受话者的长时记忆,那就应该属于背景语境。

受话者如果听到用自己不熟悉的语言表达的话语,他无法获取相应的语言知识,也就无法解读话语的意义。即使运用的是自己的熟悉的语言,但如果不知道相应的语言背景知识,话语理解也同样会有困难,如受话人如果不知道"小姐姐"的相关语言知识,那么听到"有个小姐姐过来了"时,也就会有些困惑。

当然这里是指发话者、受话者共有的语言知识,而不是个人的语言知识,如一般人在通常情况下,是不会将"您"理解为"心上有你"的,但"5201314"的约定意义却是一般人都知道的。

理解话语时,需要获取话语中的每一个词的相关语言知识,既包括词汇意义,也包括语法意义,如词的类别、常见的组合方式等。

9.4.2.2 非语言知识

如果发话者在话语中明确激活了语言知识以外的背景知识,那么受话者也必须激活相应的背景知识才能解读出话语的字面意义,如"老地方见",受话者必须激活相应的背景解读出"老地方"的具体含义,这时激活的就是双方的交际经验。

话语分析过程大体要经过词语识别、句法语义识别、字面意义确定这三个阶段,语境构建系统都会根据话语分析取得的阶段性成果,激活、调用相应的背景知识。

(1)词语识别阶段。

自动语音识别(ASR)技术的目的是让机器能够"听懂"人类的语音,将人类语音信息转化为可读的文字信息,是实现人机交互的关键技术,也是长期以来的研究热点。最近几年,随着深度神经网络的应用,加上海量大数据的使用和云计算的普及,语音识别取得了突飞猛进的进展,在多个行业突破了实用化的门槛,越来越多的语音技术产品进入了人们的日常生活,包括苹果的 Siri、亚马逊的 Alexa、讯飞语音输入法、叮咚智能音箱等都是其中的典型代表[11]。

自动语音识别输出的是词的序列,语境构建系统则根据自动语音识别的结果,从背景知识库中的语言词典中获取相关词语的各项知识。

(2)句法语义识别阶段。

句法分析是自然语言处理领域的经典任务之一,其目标是分析输入句子并得到其句法结构。在经典的自然语言理解流程中,句法分析是非常关键的一个步骤,是后续语义分析的基础。目前常见的句法分析形式包括成分句法分析和依存句法分析。成分句法分析旨在发现句子中的短语及短语之间的层次组合结构。依存句法分析旨在发现句子中单词之间的二元依存关系。

在很长一段时间里,基于符号的形式文法和统计机器学习相结合的方法是句法分析技术的主流。但 2017 年以来,随着神经网络和深度学习在自然语言处理领域的快速崛起,基于神经网络的句法分析方法进展迅速,取得了显著超越传统方法的精度。

但是在 2018—2019 年,神经网络方法所带来的性能提升似乎已经达到一定的上限。因此,有监督句法分析方向的论文更多的是分析性研究,主要通过实验从各个角度深入探索神经网络句法分析方法的特性。目前有监督句法分析方向的实验分析工作集中于依存句法分析[12]。

句法语义识别阶段也需要调用相应的背景知识,我们主要讨论其中的命名实体识别和句法识别过程中调用背景知识的情况。

①命名实体识别。所谓的命名实体就是人名、机构名、地名以及其他所有以名称为标识的实体。在命名实体的识别过程中就需要调用相关的识别知识,如人名的构成规则、大学名称的构成规则、公司名称构成规则等。

②句法识别。人们在认识世界的过程中形成了很多图式,这些图式反映在句中便形成了句模,句模是人们认知图式的凝结。"每一基本句类对应着一定的世界知识和语言知识"[9]。

如在现代汉语中,作用句的认知图式为:

施事+作用+受事,如:张三打了李四。

施事+把+受事+作用,如:张三把李四打了。

受事+被+施事+作用,如:李四被张三打了。

转移句的认知图式为:

"发动者+转移作用+转移内容的接受者+转移内容:被转移的物或信息",如:张三给了李四两本书。

自身转移句的认知图式:

"转移作用的发动者(也是被转移的物)+转移作用+广义的空间",如:孙悟空钻进了铁扇公主的肚子。

(3)字面意义确定阶段。

在确定字面意义时,受话人首先会根据现场语境和上下文语境来一一确定每一个词的具体含义,如听到"你,你,还有你,来一下"时,发话人会根据现场语境中发话人的姿态动作来确定三个"你"的具体指称意义。又如 B 回答 A 的问话说"那件事办好了",这时 A 是受话人了,他根据上下文语境自然知道"那件事"的具体所指。

但在很多情况下,还需要进一步调用背景知识才能确定词语或句子的字面意义。如受话人听到"老地方见"时,就需要调用与发话人的交流经历,确定最近经常见面的地方,从而确定"老地方"的真正所指。

句中多义词的具体意义的推定,也需要进一步调用背景知识。如要推定"没油了"中的"油"的具体意义,除了前面调用的语言知识,如油是"动植物体内所含的液态脂肪或矿产的碳氢化合物的混合液体",还需要进一步确定具体是什么油,如到底是食用油还是汽油,这时就需要调用"油"的相关常识,也就是背景知识。

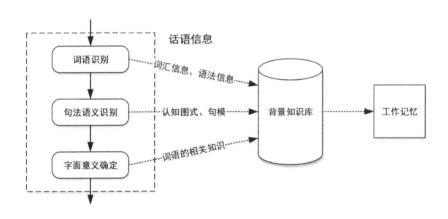

图 9-4　根据话语信息调用背景知识的过程

9.4.3　根据语用推理信息调用背景知识

在受话人根据当前语境得出发话人的话语的字面意义之后,如果字面意义不是直接表明交际意图,受话人还需根据进一步调用相关背景知识构建语境,进行语用推理,直到得出发话人的交际意图为止。

在语用推理过程中,根据需要,不断地调用相关的背景知识应用到推理上来,并依靠同"完型"有关的抽象知识系统及其相关的原则能力来实现语用推理。

在语用推理中,要用背景知识的具体内容补足和/或阐释有"缺省"的显性表述,以使这个显性表述成为一个相对完备的表达。语用推理的实际操作过程主要就是对话语行补足和/或阐释。那么为什么要补足和阐释?为什么能补足和阐释?这一切都同人们感知外界事物的一种重要的心理特征有关:在条件允许的情况下,总是会利用过去的经验使有关的感知场趋向于"完型"。

格式塔心理学把这一心理特征概括为"完型趋向律"。大意是:当有机体接触到一个不完整的感知场时,这个有机体就会以一种"可预见"的方式把这个场"看成"是有秩序的。所谓"可预见"的方式指的是"以过去的经验为依据"沿"好"的完型方向改变这样的方式;但这只是一种心理活动,"改变"并不涉及物理环境的改变,改变的只是有机体如何"看"这个物理环境。"好"的完型的特性是正常的、简单的、稳定的[13]。这就是说,人类对于外界事物的感知,包括对语言表达的感知,总是在条件许可的范围内力趋感知为一个"好"的"完型"。正是人类感知外界事物总是自觉不自觉遵循"完型趋向律",使受话人总是要对并且能对话语进行补足和阐释,使话语"改变"为一个"好"的完型。

那么,什么是补足和阐释?根据戴浩一的说法:人类运用语言"表达必定精简"。而当受话人感知了"表达必定精简"的话语时,"解读则要尽可能推知更多的信息"[14]。受话人解读要尽可能推知更多的信息,就要依靠补足和阐释。即将话语中没有明说的"隐性表述"加以补足或将它阐释明白。补足和阐释就需要调用背景知识进一步构建语境。下面我们主要讨论隐喻意义推理、话语关联性推理、交际意图推理过程中对背景知识的调用情况。

(1)隐喻意义推理。

从心智哲学来看,隐喻是心智以一物(喻体)理解另一物(本体)的过程。这个过程的结果外化为语言表达就成了修辞格的隐喻。语言主体觉知到一个现实的或想象中的事物与本体有同一性,用以作譬,这就可以引起隐喻,成为隐喻的起因。隐喻的发生要涉及主体另一心智过程:隐喻是在对本体和拟议中喻体的认识过程中,在遗传的秩序感的引领下,通过心智里心物同构的作用发生的。隐喻的建构体现为本体的意象在心智里转换为拟议中的喻体的意象,形成"(显性或隐性的)本体+喻体"的隐喻结构;本体转换为喻体就是从对本体的感觉转换为对本体的心理感受,从感觉发展为感受的过程就是意识活动从最初意识发展为反思意识的过程,这个过程要经历一次格式塔转换[15]。

一个词可能有多重隐喻意义,如"猪"的隐喻意义就有胖、贪吃、肮脏、笨等多种可能的意义,并且带有"否定"的情感态度。在隐喻意义推理时,就需要从长时记忆的背景知识库中调用这些相关知识,然后根据语境中的其他相关信息,推断该词的最终意义。

(2)话语关联性推理。

受话者在理解话语时,会寻求话语间的关联性,我们把这一过程称为话语关联性推理。在话语关联性推理过程中,受话者会调用相关的背景知识来实现这种推理。如:

A:"别忘了明天老爸的生日。"

B:"蛋糕我早订好了。"

当 A 听到 B 的回答后,首先会寻找"蛋糕"与自己话语的相关性,会调用庆祝生日的相关常识:亲人们一起来到过生日的人那儿,为他唱生日歌,过生日的人许愿后,吹蜡烛,给大家分享蛋糕。于是 A 确定 B 所说的"蛋糕"肯定是"生日蛋糕"。然后还需进一步调用定制生日蛋糕的常识:来到蛋糕店,选定生日蛋糕款式,付款确认订单,蛋糕店制作蛋糕,订货人来取蛋糕。于是 A 推定 B 明天会取生日蛋糕,然后 B 会去给爸爸庆祝生日。

(3)交际意图推理。

受话人在得到足够的信息后,就会开始进行语用推理,推断发话人的交际意图。这时就需要调用交际意图推理的相关背景知识。

如 A 停下车,对路过的 B 说"没油了。"

B 经过一番认知加工,这时也构建了语境,明白了 A 所说的"没油了"的准确的字面意义是:A 的汽车没有汽油了。当然 B 明白这还不是 A 的最终意义,还需要进一步推理。于是 B 进一步调用相关背景知识构建更全面的语境,如汽车的常识、开车出行的常识等,其中重要的是一定会调用交际意图的推理知识,即发话人为什么对受话人说这个话语,发话人的交际意图究竟是什么。

我们以"感谢"交际意图的推理知识为例,简要讨论一下相关背景知识调用过程。在识别话语表达的是不是"感谢"交际意图,我们往往通过语句中是否标记"感谢"来判断话语是否表达感谢。根据是否含有"谢""感"族词语等分为有标记词和没有标记词两类。

有标记词的话语,一般可以直接表达感谢,类似"谢谢你""谢谢你的帮助",

等等。但有些语句中虽然也包含"谢谢"等字眼,也不一定表达感谢的意图。如在一定的语境下,"我真谢谢你""我谢谢你!"这些句子虽然含有"谢谢"等词,但这一类话语表达却是讥讽、讽刺的意图。

在话语中没有标记词,表达"感谢"交际意图的主要策略有四种:赞美式、关心式、责备式、致歉式。

①赞美式。赞美的话语在生活中使用频率较高。赞美属于评价性话语中的一种,是受谢者发出施惠行为后,收到来自感谢者的认同和赞扬。而在感谢交际意图中,只出现在特定情况下,即感谢者由于受谢者实施行为而赞美受谢者的品格或能力。如"你真厉害!"判断赞美话语中是否包含感谢的交际意图,必须是受谢者帮助感谢者实施某种行为,这种行为对感谢者有利,从而感谢者对受谢者能力和品格的肯定,并通过对能力和品格的肯定从而满足受谢者的内心期待或者弥补不平衡的心理地位,也为下一次施惠行为提供可能性。但是赞美式必须满足真诚条件,否则就成了奉承话语。

②关心式。感谢交际意图还通过关心式体现出来。感谢者因为受谢者帮助自己实施某种行为而产生损耗,感谢者对受谢者的发生损耗表示关心。如 A 和 B 是同事,B 在帮 A 搬家,A 很感激 B 的帮助,说:"辛苦了,赶紧坐下来休息一下吧。"

③责备式。在感谢交际意图的识别过程中,还有一种形式是责备式,即以责备的形式出现,但实际则是表达感谢的交际意图。如母亲看到孩子带来大包小包的补品,嗔怪道:"来就来,你带那么多东西过来干吗?"

④致歉式。感谢交际意图往往夹杂在致歉形式的语句中。感谢者产生感谢的意图是认为受谢者发生损耗造成心理地位不平衡,让感谢者过意不去,感到不好意思。因此,致歉的形式以强调受谢者的损耗、感谢者的获得、受谢者的损耗和感谢者的获得出现。受谢者没有义务一定要帮助感谢者,感谢者感觉不好意思,如:"让你花了这么长时间帮我搬家,真是不好意思。"

目前,交际意图推理的相关背景知识的挖掘整理工作才刚起步,还有很多问题需要进一步探索。如:话语与交际意图的关联方式有哪些?是不是每一种交际意图都需要特定的推理知识?存不存在通用的交际意图推理知识?

本章参考文献：

[1] 王建华. 现代汉语语境研究[M]. 杭州：浙江大学出版社，2002.

[2] 周明强. 现代汉语实用语境学[M]. 杭州：浙江大学出版社，2005.

[3] 曹京渊. 言语交际中的语境研究[M]. 济南：山东文艺出版社，2008.

[4] 索振羽. 语用学教程[M]. 北京：北京大学出版社，2018：21.

[5] 陆汝铃，石纯一，张松懋，等. 面向 Agent 的常识知识库[J]. 中国科学，2000,30(5)：454 - 463.

[6] 方平. 基于 Petri 网的知识表示方法研究[D]. 武汉：武汉理工大学，2013.

[7] 张斌. 简明现代汉语[M]. 上海：复旦大学出版社，2004：141.

[8] 鲁川，缑瑞隆，董丽萍. 现代汉语基本句模[J]. 世界汉语教学 2000,54(4)：11 - 24.

[9] 黄曾阳. HNC(概念层次网络)理论[M]. 北京：清华大学出版社，1998.

[10] 欧文·戈夫曼. 日常生活中的自我呈现[M]. 杭州：浙江人民出版社，1989.

[11] 王海坤，潘嘉，刘聪. 语音识别技术的研究进展与展望[J]. 电信科学，2018,34(02)：1 - 11.

[12] 屠可伟，李俊. 句法分析前沿动态综述[J]. 中文信息学报，2020,34(07)：30 - 41.

[13] BLOSSER P. Principles of Gestalt Psychology and Their Application to Teaching Junior High School Science[J]. Science Education，1973(57)：44.

[14] 戴浩一. 概念结构与非自主性语法：汉语语法概念系统初探[J]. 当代语言学，2002(1)：1 - 4.

[15] 徐盛桓. 隐喻的起因、发生和建构[J]. 外语教学与研究，2014,16(3)：364 - 374.

索　引